全国高等教育自学考试指定教材

Java 语言程序设计

（2023 年版）

（含：Java 语言程序设计自学考试大纲）

全国高等教育自学考试指导委员会　组编

辛运帏　编著

机械工业出版社

本书是根据全国高等教育自学考试指导委员会最新制定的《Java 语言程序设计自学考试大纲》，为参加高等教育自学考试的考生编写的教材，选材简洁且针对要点，符合自学考试的特点与要求。书中通过例题配合关键知识点介绍，每章均给出适量的习题供考生练习使用。

本书从 Java 语言的基本特点入手，全面介绍了 Java 语言的基本概念和编程方法，深入介绍了 Java 的高级特性。全书共分十章，内容涉及 Java 概述、数据和表达式、流程控制语句、面向对象程序设计、数组和字符串、继承与多态、输入和输出流、图形界面设计、Swing 组件、多线程等内容，是进一步使用 Java 进行技术开发的基础。

本书不仅适合作为高等教育自学考试的教材，也可以作为相关专业 Java 语言程序设计课程的教材。同时，对从事 Java 开发的工程技术人员也有一定的参考价值。

本书配有电子课件、习题解答等教辅资源，需要的读者可登录 www.cmpedu.com 免费注册，审核通过后下载，或扫描关注机械工业出版社计算机分社官方微信订阅号——身边的信息学，回复 73850 即可获取本书配套资源链接。

图书在版编目（CIP）数据

Java 语言程序设计：2023 年版 / 全国高等教育自学考试指导委员会组编；辛运帏编著 . —北京：机械工业出版社，2023. 10

全国高等教育自学考试指定教材

ISBN 978-7-111-73850-3

Ⅰ. ①J… Ⅱ. ①全… ②辛… Ⅲ. ①JAVA 语言-程序设计-高等教育-自学考试-教材 Ⅳ. ①TP312. 8

中国国家版本馆 CIP 数据核字（2023）第 173507 号

机械工业出版社（北京市百万庄大街 22 号 邮政编码 100037）
策划编辑：王 斌 责任编辑：王 斌 解 芳
责任校对：张爱妮 李 婷 责任印制：李 昂
河北鹏盛贤印刷有限公司印刷
2024 年 1 月第 1 版第 1 次印刷
184mm×260mm · 17.5 印张 · 426 千字
标准书号：ISBN 978-7-111-73850-3
定价：65.00 元

电话服务 网络服务
客服电话：010-88361066 机 工 官 网：www.cmpbook.com
　　　　　010-88379833 机 工 官 博：weibo.com/cmp1952
　　　　　010-68326294 金 书 网：www.golden-book.com
封底无防伪标均为盗版 机工教育服务网：www.cmpedu.com

组 编 前 言

21世纪是一个变幻难测的世纪，是一个催人奋进的时代。科学技术飞速发展，知识更替日新月异。希望、困惑、机遇、挑战，随时随地都有可能出现在每一个社会成员的生活之中。抓住机遇，寻求发展，迎接挑战，适应变化的制胜法宝就是学习——依靠自己学习、终生学习。

作为我国高等教育组成部分的自学考试，其职责就是在高等教育这个水平上倡导自学、鼓励自学、帮助自学、推动自学，为每一个自学者铺就成才之路。组织编写供读者学习的教材就是履行这个职责的重要环节。毫无疑问，这种教材应当适合自学，应当有利于学习者掌握和了解新知识、新信息，有利于学习者增强创新意识，培养实践能力，形成自学能力，也有利于学习者学以致用，解决实际工作中所遇到的问题。具有如此特点的书，我们虽然沿用了"教材"这个概念，但它与那种仅供教师讲、学生听，教师不讲、学生不懂，以"教"为中心的教科书相比，已经在内容安排、编写体例、行文风格等方面都大不相同了。希望读者对此有所了解，以便从一开始就树立起依靠自己学习的坚定信念，不断探索适合自己的学习方法，充分利用自己已有的知识基础和实际工作经验，最大限度地发挥自己的潜能，达到学习的目标。

欢迎读者提出意见和建议。

祝每一位读者自学成功。

全国高等教育自学考试指导委员会
2022年8月

目　　录

Java 语言程序设计自学考试大纲

Java 语言程序设计

全国高等教育自学考试

Java 语言程序设计
自学考试大纲

全国高等教育自学考试指导委员会　制定

大 纲 前 言

为了适应社会主义现代化建设事业的需要，鼓励自学成才，我国在 20 世纪 80 年代初建立了高等教育自学考试制度。高等教育自学考试是个人自学、社会助学和国家考试相结合的一种高等教育形式。应考者通过规定的专业课程考试并经思想品德鉴定达到毕业要求的，可获得毕业证书；国家承认学历并按照规定享有与普通高等学校毕业生同等的有关待遇。经过 40 多年的发展，高等教育自学考试为国家培养造就了大批专门人才。

课程自学考试大纲是规范自学者学习范围、要求和考试标准的文件。它是按照专业考试计划的要求，具体指导个人自学、社会助学、国家考试及编写教材的依据。

为更新教育观念，深化教学内容方式、考试制度、质量评价制度改革，更好地提高自学考试人才培养的质量，全国考委各专业委员会按照专业考试计划的要求，组织编写了课程自学考试大纲。

新编写的大纲，在层次上，本科参照一般普通高校本科水平，专科参照一般普通高校专科或高职院校的水平；在内容上，及时反映学科的发展变化以及自然科学和社会科学近年来研究的成果，以更好地指导应考者学习使用。

全国高等教育自学考试指导委员会
2023 年 5 月

Ⅰ. 课程性质与课程目标

一、课程性质和特点

Java 语言是一种面向对象编程的语言，兼具功能强大、语法清晰及简单易用特点。作为一种代表性的程序设计语言，很好地实现了面向对象理论。

Java 语言程序设计是高等教育自学考试物联网应用技术（专科）、数字媒体技术（专升本）等专业的一门专业基础课，本课程的设置目的是使考生掌握 Java 语言的基本特点与机制、重要的方法和应用技术，能够掌握面向对象的编程思想，使用 Java 语言来开发相关的应用程序，解决图形界面、事件驱动、多线程等应用问题，为以后从事应用软件开发打下基础。

二、课程目标

通过本课程的学习，应达到以下目标：

1）掌握 Java 语言的基本语法，了解 Java 类库，并在程序中灵活运用。

2）学习面向对象的基本概念和思想，掌握与此相关的各关键字的含义及使用方法，了解继承、封装及多态的特点，能够设计并实现自定义类、编写重载方法、实现方法的覆盖。

3）能够根据需求设计良好的程序界面，理解事件处理机制，实现事件驱动，完成相应的功能。

4）能够使用多线程技术，控制线程的同步，解决互斥问题。

三、与相关课程的联系与区别

本课程的先修课程为程序设计基础和操作系统。学习本课程应具有一定的程序设计能力。学习本课程之后，对基本的应用程序、简单的图形用户界面设计、事件驱动及多线程等都能用 Java 语言编程实现。本课程是开发各种应用系统的基础，Java 语言也是毕业设计中常用的开发工具之一。

四、课程的重点和难点

本课程的重点是面向对象的程序设计语法基础、设计并实现类、Java 类库的使用、图形用户界面的设计、事件驱动及多线程等。难点是掌握和灵活运用面向对象的程序设计思想。

Ⅱ. 考 核 目 标

本大纲在考核目标中，按照识记、领会、简单应用和综合应用四个层次规定其应达到的能力层次要求。四个能力层次是递升的关系，后者必须建立在前者的基础上。各能力层次的含义是：

识记（Ⅰ）：要求考生能够识别和记忆 Java 语言程序设计课程中有关知识点的概念性内容（如教材中给出的定义、语法格式、重要的 API、步骤方法、特点等），并能够根据考核的不同要求，做出正确的表述、选择和判断。

领会（Ⅱ）：要求考生在识记的基础上，能够领悟各知识点的内涵和外延，熟悉各知识点之间的区别与联系，能够根据相关知识点的特性来解决不同的问题，能进行简单的分析。

简单应用（Ⅲ）：要求考生运用 Java 语言的少量知识点，分析和解决一般的应用问题，如进行简单的编程、分析执行结果、填充程序中的空白等。

综合应用（Ⅳ）：要求考生综合运用 Java 语言的多个知识点，分析解决较复杂的应用问题，并可进行程序设计、分析执行结果、填充程序中的空白等。

Ⅲ. 课程内容与考核要求

第一章　Java 概述

一、课程内容

1）Java 语言简介。

2）Java 开发环境的安装与设置。

3）Java 程序示例。

4）使用 Java 核心 API 文档。

5）Java 中的面向对象技术。

二、学习目的与要求

本章的目的是介绍 Java 语言的一般性知识，要求了解 Java 语言的特点，熟悉 Java 程序的基本形式，理解由 Java 虚拟机支持的程序运行机制，熟悉 Java 开发运行环境，掌握查阅 API 文档的方法。

三、考核知识点与考核要求

1）能够概括叙述 Java 语言的特点，了解 OOP 中的核心概念。

识记：字节码、JVM、面向对象。

领会：Java 语言的特点，由 Java 虚拟机支持的程序运行机制。

2）能够独立完成 Java 开发运行环境的安装与环境变量的设置，熟悉 JDK，了解 Java 核心 API 文档，能够查找指定的类和方法。

识记：JDK 和 API 的含义。

领会：系统环境变量及其作用。

简单应用：能够正确下载相关文件，能够正确安装 JDK 并设置环境变量，能够查找指定包或类中的相关内容。

3）了解 Java 程序的基础知识，能够正确编译运行最简单的程序。

识记：Java 程序的基本形式，Java 文件命名规范。

领会：Java 程序的运行机制。

简单应用：能够正确编译并运行最简单的 Java 程序。

四、本章重点、难点

本章的重点是理解 Java 虚拟机和字节码的概念，了解 Java 程序的运行机制，掌握 JDK

的安装设置过程，熟悉 Java 程序的编译运行过程。

本章的难点是 Java 虚拟机和字节码的概念以及 JDK 的安装设置过程。

第二章　数据和表达式

一、课程内容

1）基本语法元素。

2）基本数据类型。

3）表达式。

二、学习目的与要求

本章要求掌握 Java 语言的基本语法，包括关键字与标识符、基本数据类型、运算符及其优先级、表达式、变量声明等，要求能够在程序中正确使用。

三、考核知识点与考核要求

1）掌握 Java 语言命名标识符的规则，能够正确定义标识符，熟记关键字。能够在程序中正确使用注释和空白。

识记：关键字，3 种注释形式。

领会：标识符的命名规则，程序编写格式要求。

简单应用：关键字及标识符的判别。

2）掌握 Java 提供的所有基本数据类型。

识记：表示基本数据类型的关键字，各类型的表示范围。

领会：各类型常量值的含义，转义字符的含义。

简单应用：各类型常量值的表示，转义字符的表示。

3）掌握运算符的语义，掌握变量的声明、初始化及赋值的方法。掌握 Java 表达式的表示方式，掌握表达式提升和转换方法，初步掌握 Java 中提供的数学函数的使用方法。

识记：运算符及其优先级，常用数学函数的含义。

领会：数学函数的调用方法，变量声明的格式，判别变量的作用域。

简单应用：类型的提升和转换，变量的定义及初始化方法，使用常量值给变量赋值。

综合应用：表达式的计算。

四、本章重点、难点

本章的重点是了解关键字及标识符的概念，掌握 Java 语言的基本数据类型，正确表示并计算 Java 中的表达式。

本章的难点是运算符的优先级，表达式中类型提升及转换。

第三章 流程控制语句

一、课程内容

1）Java 程序的结构。
2）流程控制。
3）简单的输入/输出。
4）处理异常。

二、学习目的与要求

本章介绍组成 Java 程序的主要语句，要求理解包的概念，掌握赋值语句、分支及循环等流程控制语句的语法，能够编写简单的程序，能够实现简单的输入/输出功能。理解异常的概念及异常处理机制，能够使用 Java 类库中提供的标准异常。

三、考核知识点与考核要求

1）了解 Java 程序结构，理解包的概念。
识记：包的概念。
领会：package 语句及 import 语句，程序结构。
简单应用：创建自己的包，引入其他的包。
2）掌握 Java 主要的流程控制语句，能够分析简单程序的功能，给出运行结果，能够编写简单的 Java 程序，能够处理简单的输入/输出。
识记：Java 各主要语句的语法格式。
领会：流程控制语句的语义，简单输入/输出语句的语义。
简单应用：使用不同形式的循环语句、分支语句编写功能相同的程序。
综合应用：编写简单的 Java 程序，并实现简单的输入/输出功能。
3）了解 Java 中异常处理的概念及处理机制。
识记：Java 中异常的分类，异常抛出和异常捕获的定义方法与使用规则。
领会：Java 中异常处理的机制，try、catch 和 finally 的使用方法。
简单应用：添加必要的异常处理语句，使用 throw 抛出异常，使用 throws 声明方法中可能抛出的异常。

四、本章重点、难点

本章的重点是掌握各类基本语句的语法，实现简单的输入/输出功能，掌握异常的使用。
本章的难点是使用嵌套语句来表示较复杂的语义逻辑，Java 异常处理的概念和处理机制。

第四章　面向对象程序设计

一、课程内容

1）类和对象。
2）定义方法。
3）静态成员。
4）包装类。

二、学习目的与要求

本章要求初步理解面向对象程序设计的思想，理解 Java 语言的面向对象机制，掌握类及对象的概念，能够声明、设计自己的类，并编写类中的方法。初步掌握方法重载的概念，了解静态变量及静态方法的含义，理解包装类的概念。

三、考核知识点与考核要求

1）理解与面向对象相关的概念和机制，包括类、对象及构造方法等。

识记：类及对象的概念，成员变量及成员方法的概念。

领会：类的声明，访问修饰符的含义，创建对象，对象的初始化，构造方法的语法，构造方法的调用机制。

简单应用：编写构造方法，重载构造方法。

综合应用：定义类，能对类的成员设置访问权限，创建对象并进行初始化，对象的使用。

2）能够正确定义类中的方法，理解按值传送概念，掌握方法重载机制。

识记：定义方法的语法格式。

领会：方法重载，方法的签名，方法按值传送机制。

简单应用：编写重载方法，给出方法的调用结果。

综合应用：编写类中的方法，实现对成员变量的访问，能够正确选择调用重载方法。

3）理解 static 的含义，并能正确使用。

识记：static 的语法。

领会：静态方法和静态变量的含义。

简单应用：静态方法和静态变量的使用。

综合应用：静态方法和静态变量的混合应用。

4）理解包装类的概念。

识记：对应于各基本数据类型的包装类。

领会：包装类的使用方式。

简单应用：包装类的使用，自动拆箱、自动装箱。

四、本章重点、难点

本章的重点是掌握 Java 语言中类的定义，构造方法的编写，对象的创建及实例化，对象的访问，方法的编写及调用结果，静态成员的含义，访问修饰符的种类、定义和使用规则等。

本章的难点是类的定义、方法的重载及按值传送机制。

第五章　数组和字符串

一、课程内容

1）数组。
2）字符串类型。
3）Vector 类。

二、学习目的与要求

本章要求掌握 Java 语言中数组和字符串的定义及使用方法，掌握一维及二维数组的声明、创建及使用，掌握字符串的使用方法，了解向量类的使用。要求能够编写简单的数组、字符串及向量的应用程序。

三、考核知识点与考核要求

1）理解数组的概念，掌握数组的定义及使用方法。
识记：一维数组和二维数组声明及初始化的格式。
领会：数组静态和动态初始化过程。
简单应用：数组元素的访问。
综合应用：数组的应用。
2）理解字符串的概念，掌握字符串的定义及使用方法。
识记：字符串常量的概念，字符串变量的声明及初始化的格式。
领会：String 类和 StringBuffer 类的含义及特点，字符串的比较结果。
简单应用：String 类和 StringBuffer 类的常用方法。
综合应用：字符串的声明和创建，字符串与基本数据类型之间的转换。
3）理解向量的概念，掌握向量的定义及使用方法。
识记：Vector 类的构造方法，向量的声明。
领会：向量初始化。
简单应用：向量的使用，添加、删除、修改及查找等常用方法。

四、本章重点、难点

本章的重点是 Java 语言中数组和字符串的定义、初始化及使用方法，向量的定义及常用方法。

本章的难点是一维及二维数组的创建过程、字符串的比较操作、向量的常用方法。

第六章　继承与多态

一、课程内容

1）子类。
2）方法覆盖与多态。
3）终极类与抽象类。
4）接口。

二、学习目的与要求

本章要求理解类的封装、继承、多态等面向对象程序设计的基本概念，运用相关的设计原则编写程序。能通过继承声明新类，能正确实现方法的覆盖及多态，能按不同要求控制类成员的访问权限。掌握 final 和 abstract 的概念及用法。掌握接口声明、类实现多个接口的方法。

三、考核知识点与考核要求

1）理解子类的概念，了解单重继承机制。
识记：extends 关键字的语法。
领会：继承，对象转型，理解 is a 和 has a 的关系。
简单应用：能够声明具有继承关系的类。
综合应用：能够辨别对象的类型。
2）理解方法覆盖的概念，理解多态概念。
识记：方法覆盖，变量的引用类型及动态类型，动态绑定。
领会：调用本类及父类中的方法，多态机制。
简单应用：覆盖父类中的方法。
综合应用：多态的应用。
3）理解终极类与抽象类的概念，掌握它们的使用方法。
识记：final 及 abstract 关键字的语法及含义。
领会：终极变量、终极方法、终极类的概念，抽象方法及抽象类的概念。
简单应用：final 及 abstract 的使用。
综合应用：final 及 abstract 所修饰成分的应用。
4）理解接口的概念，能够设计接口，让类实现接口。
识记：接口的定义。
领会：接口的声明、接口的定义及实现机制、类实现多个接口的方法。
简单应用：实现接口的类。
综合应用：接口的声明、接口的使用，使用接口实现多重继承的应用。

四、本章重点、难点

本章的重点是继承机制、对象的转型、方法覆盖及绑定、终极类与抽象类、接口。

本章的难点是多态及接口声明、实现多个接口的类。

第七章　输入和输出流

一、课程内容

1）数据流的基本概念。

2）基本字节数据流类。

3）基本字符流。

4）文件的处理。

二、学习目的与要求

理解数据流的概念，掌握 Java 的标准输入/输出方法，掌握 Java 提供的字节流类和字符流类的功能与使用方法，理解数据流与文件的关系，掌握文件的处理方法。

三、考核知识点与考核要求

1）掌握数据流的基本概念和主要的操作方法。

识记：InputStream 流和 OutputStream 流的基本概念与特征。

领会：InputStream 流和 OutputStream 流的基本使用方法，缓冲存储的基本思想。

简单应用：使用主要的操作方法实现基本的输入/输出功能。

2）掌握字节数据流的基本概念和主要的操作方法。

识记：文件数据流、过滤器数据流、对象流、序列化等的基本概念和特征。

领会：文件数据流、过滤器数据流、对象流等的基本使用方法，对象序列化的机制。

简单应用：使用字节数据流的主要操作方法实现基本的输入/输出功能。

综合应用：使用串接功能完成输入/输出功能。

3）掌握字符流的基本概念和主要的操作方法。

识记：字符输入流和字符输出流的基本概念与特征。

领会：缓冲区字符输入流和缓冲区字符输出流。

简单应用：使用缓冲区输入/输出方法实现基本的输入/输出功能。

4）掌握文件操作的基本方法，熟悉对文件操作的 File 类和 RandomAccessFile 随机存取文件类，能编写文件输入和输出应用程序。

识记：文件的概念及文件处理的概念。

领会：File 类和 RandomAccessFile 类中的主要方法。

简单应用：创建 File 对象，使用文件对话框打开和保存文件，JFileChooser 类的使用。

综合应用：实现文件的输入/输出。

四、本章重点、难点

本章的重点是理解 Java 输入/输出的总体结构和意义。掌握流的概念，理解 Java 利用流进行数据访问的方法。掌握字符流与字节流的区别。掌握 Java 利用流进行文件访问的常见类和常用方法，掌握文件读写的一般方法。

本章的难点是 Java 输入/输出的总体结构，利用串接实现数据访问的方法，利用流进行文件访问的常见类和常用方法。

第八章　图形界面设计

一、课程内容

1）AWT 与 Swing。
2）容器。
3）标签及按钮。
4）布局管理器。
5）事件处理。
6）绘图基础。

二、学习目的与要求

本章介绍 Java 图形用户界面设计及绘制图形的基本方法和界面事件的处理方法。要求掌握 Java 图形界面设计的基本概念，了解容器的概念，掌握 AWT 和 Swing 进行图形界面设计的基本方法，掌握常用布局管理器的使用方法。理解事件处理机制，要求能设计简单的界面，能够处理常见的事件。了解并掌握 Graphics 类和 Graphics2D 类的基本功能与常用方法。

三、考核知识点与考核要求

1）掌握 AWT 及 Swing 的特点，了解 AWT 和 Swing 中类的层次结构。
识记：Java 的 AWT 和 Swing 的基本概念。
领会：轻量级组件，重量级组件。
2）掌握容器、面板和框架的概念，要求能正确创建简单的框架窗口，能够创建和使用面板。
识记：容器、顶层容器、框架、面板、内容窗格、滚动条的概念及相关方法。
领会：组件和容器的相互关系，在容器中添加组件的机制。
简单应用：能够正确创建简单的框架窗口，能够创建和使用面板。
综合应用：声明 JFrame 的子类和创建 JFrame 窗口。
3）掌握普通按钮、切换按钮、复选按钮和单选按钮的概念及使用方法。
识记：标签及按钮组件。
领会：标签及按钮的构造方法。
简单应用：声明、创建标签，创建和使用各类按钮。

综合应用：处理按钮事件。

4）掌握布局管理器的概念及使用方法，理解 Java 的组件布局方式，能够对界面进行简单的布局设计，包括嵌套的布局设计。

识记：null 布局与 setBounds 方法。

领会：FlowLayout、BorderLayout、GridLayout、CardLayout 及 BoxLayout 布局管理器对组件的控制方式。

简单应用：各主要布局管理器的使用方法。

综合应用：基于 FlowLayout、BorderLayout、GridLayout、CardLayout 及 BoxLayout 布局策略设计界面。

5）掌握事件处理机制，理解委托事件处理模型，掌握处理鼠标和键盘事件的方法，设计能够响应事件的 Java 图形用户界面。

识记：事件概念及事件驱动概念。

领会：委托事件处理模型，事件驱动的机制。

简单应用：键盘事件处理方法，鼠标事件类型和处理鼠标事件接口。

综合应用：在界面中响应事件。

6）掌握绘图基础，能够显示不同字体、不同颜色的文字，能够绘制各种基本几何形状的图形，能够给图形着色。

识记：Graphics 类和 Graphics2D 类的基本功能，坐标系统。

领会：利用 Graphics2D 类设置绘图状态属性，Color 类及 Font 类的相关方法。

简单应用：能够绘制基本的图形，显示文字。

综合应用：利用 Graphics2D 类对象绘制基本几何图形。

四、本章重点、难点

本章的重点是掌握并使用布局管理器控制组件的显示方式，掌握容器、按钮、标签、滚动条等基本组件的相关内容，掌握委托事件处理模型，能够响应组件上的事件，Java 绘图处理及 Graphics 类、Graphics2D 类、Color 类及 Font 类的使用。

本章的难点是布局管理器的使用、委托事件处理模型及绘图功能的实现。

第九章　Swing 组件

一、课程内容

1）组合框与列表。
2）文本组件。
3）菜单组件。
4）对话框组件。

二、学习目的与要求

掌握 Java 常用组件的定义与组件的使用方法，包括组合框、列表、文本组件、菜单及对话框等。掌握不同组件、不同事件的事件处理方法，设计出能够响应事件的 Java 图形用户界面。

三、考核知识点与考核要求

1）能够正确创建组合框和列表，处理组合框和列表事件。

识记：组合框和列表组件的概念。

领会：组合框和列表的构造方法。

简单应用：声明、创建组合框和列表。

综合应用：响应组合框和列表事件。

2）能够正确创建文本域和文本区，处理文本事件，利用文本组件实现数据的输入和输出。

识记：文本域和文本区组件。

领会：文本域和文本区的构造方法。

简单应用：能够创建文本域和文本区。

综合应用：响应文本组件事件，能够在文本组件中输入/输出数据。

3）在窗口中设置菜单，能够处理菜单项事件。

识记：菜单栏和菜单项的概念。

领会：菜单组件的构造方法。

简单应用：创建菜单组件，设置菜单项。

综合应用：响应菜单事件，处理菜单项事件。

4）能够正确声明和创建对话框。

识记：对话框和标准对话框的概念。

领会：对话框的构造方法及使用方式。

简单应用：声明和创建对话框及标准对话框。

四、本章重点、难点

本章的重点是 Java 各类组件的使用方法及组件上的事件处理机制。

本章的难点是列表、文本、菜单组件的构造及组件上的事件响应。

第十章 多线程

一、课程内容

1）线程和多线程。

2）创建线程。

3）线程的基本控制。

4）线程的互斥。

5）线程的同步。

二、学习目的与要求

理解线程的概念，掌握创建、管理和控制 Java 线程对象的方法。掌握实现线程互斥和同步的方法。

三、考核知识点与考核要求

1) 掌握线程和多线程的概念。

识记：线程和多线程的基本概念，线程的各种状态，线程的优先级。

领会：线程的状态转换，在单 CPU 情况下多线程的含义。

简单应用：线程的结构与优先级。

2) 掌握创建线程的两种方法。

识记：创建线程的语法。

领会：创建线程的两种方法的适用情况。

简单应用：使用 Thread 类和 Runnable 接口创建线程的应用。

3) 掌握线程的控制方法。

识记：与线程控制相关的几个重要方法。

领会：线程调度机制。

简单应用：线程在多个状态之间转换的条件。

综合应用：多线程的应用。

4) 能够实现多线程的互斥和同步要求，实现线程之间的相互通信，掌握 wait( )、notify( )/ notifyAll( )等方法的使用。

识记：线程间的互斥和同步的概念，wait( )、notify( )/notifyAll( )方法的功能。

领会：线程间的同步与互斥机制，synchronized 关键字的用法，wait ( )、notify ( )/ notifyAll( )方法的使用条件。

简单应用：线程互斥和同步的实现方法。

综合应用：多线程应用程序的实现。

四、本章重点、难点

本章的重点是线程和多线程的概念、线程运行的状态及转换关系、创建线程的方法、线程的基本控制、Java 中多线程的应用、线程的同步与互斥。

本章的难点是多线程的概念、线程间的同步与互斥。

Ⅳ. 实 验 环 节

一、类型

课程实验。

二、目的与要求

通过上机实验加深对课程内容的理解，提高编写和调试 Java 程序的能力，全面掌握所学知识。

要求编写的程序能正确运行，并给出程序和类的说明及程序操作说明。列出程序运行结果，并对随机结果进行解释。

三、与课程考试的关系

本课程实验必须在课程笔试前完成，以促进学习者掌握课程内容。实验考试应在课程笔试后择时进行，考生需要提供源程序。

四、实验大纲

学习本课程必须结合实验，实验数量不能少于 8 个，这里给出 12 个实验供考生选择。

1. 字符统计程序。掌握通过标准输入设备读入字符串的方法。编写程序，在提示符后输入字符行，统计输入的字符行中的数字、英文字母个数，并列出结果。重点是熟悉 Java 开发环境。

2. 找质数程序。读入整数 N，编写求 2~N 之间的质数的程序。要求判断 N 的合理性，输出计算得到的全部质数。

3. 类的继承定义。声明几何形状类，类中定义几何形状共有的成员变量和方法，然后继承声明矩形类和圆类，创建矩形对象和圆对象，并显示矩形对象和圆对象的信息。

4. 类的多态。在实验 3 的基础上，给出每个几何形状类中计算面积的方法。要体现对象多态的概念。

5. 设计并实现一个 Vehicle 类及其子类，它们代表主要的交通工具，定义必要的属性信息及访问方法。具体要求如下。

1）设计交通工具类 Vehicle 及它的 3 个子类，包括汽车 automobile、船 ship 及飞机 aircraft。

2）为每个类设计必要的属性，其中公共的属性放到 Vehicle 中，独特的属性放到各子类中。可选择的属性包括名称、类型、自重、尺寸、燃料、使用目的、载客人数、载货吨数、最大时速等。

3）为各个类编写构造方法及访问方法，包括显示对象信息的 message 方法。该方法将对象自身的信息显示在屏幕上。

4）编写测试类。要求创建各个类的对象，显示各自的信息。使用 Vehicle 类引用 aVehicle，分别指向 automobile、ship 及 aircraft 的对象，调用 aVehicle. message（），查看结果。

6. 数组排序程序。编写程序，输入整数序列并保存到数组中，对输入的整数进行排序，输出排序结果。

7. 字符串处理程序。输入程序的源程序代码行，找出可能存在的圆括号和花括号不匹配的错误。

8. 计算器程序。设计一个界面，界面中含有 3 个文本框和加、减、乘、除按钮，在前两个文本框中分别输入两个运算数，单击按钮后，在第三个文本框中显示计算结果。

9. 选择框应用程序。使用选择框选择商品，在文本区中显示商品的单价、产地等信息。

10. 菜单应用程序。设计一个菜单，一个菜单条含 3 个下拉菜单，每个下拉菜单又有 2 个或 3 个菜单项。当选择某个菜单项时，弹出一个对话框显示菜单的选择信息。

11. 数据文件应用程序。数据文件名由输入指定，程序输入文件内容，输出在文本区中。

12. 多线程应用程序。一个模拟吃桃子的程序。父亲和母亲不断往盘子中放桃子，3 个孩子不断从盘中取桃子吃。5 个线程需要同步和互斥协调。约定：盘子最多能放 5 个桃子，父亲和母亲不能同时放桃子，3 个孩子不能同时取桃子吃，并假定 3 个孩子吃桃子的速度不同。

V．关于大纲的说明与考核实施要求

一、自学考试大纲的目的和作用

课程自学考试大纲是根据专业自学考试计划的要求，结合自学考试的特点而制定。其目的是对个人自学、社会助学和课程考试命题进行指导与规定。

课程自学考试大纲明确了课程学习的内容以及深广度，规定了课程自学考试的范围和标准。因此，它是编写自学考试教材和辅导书的依据，是社会助学组织进行自学辅导的依据，是自学者学习教材、掌握课程内容知识范围和程度的依据，也是进行自学考试命题的依据。

二、课程自学考试大纲与教材的关系

课程自学考试大纲是进行学习和考核的依据，教材是学习掌握课程知识的基本内容与范围，教材的内容是大纲所规定的课程知识和内容的扩展与发挥。课程内容在教材中可以体现一定的深度或难度，但在大纲中对考核的要求一定要适当。

大纲与教材所体现的课程内容应基本一致；大纲里面的课程内容和考核知识点，教材里一般也要有。反过来，教材里有的内容，大纲里不一定体现（注：如果教材是推荐选用的，其中有的内容与大纲要求不一致的地方，应以大纲规定为准）。

三、关于自学教材

《Java 语言程序设计》，全国高等教育自学考试指导委员会组编，辛运帏编著，机械工业出版社出版，2023 年版。

四、关于自学要求和自学方法的指导

本大纲的课程基本要求是依据专业考试计划和专业培养目标而确定的。课程基本要求还明确了课程的基本内容，以及对基本内容掌握的程度。基本要求中的知识点构成了课程内容的主体部分。因此，课程基本内容掌握程度、课程考核知识点是高等教育自学考试考核的主要内容。

为有效地指导个人自学和社会助学，本大纲已指明了课程的重点和难点，在章节的基本要求中一般也指明了章节内容的重点和难点。

本课程共 4 学分，其中 1 学分为实验内容的学分。建议学习本课程时注意以下几点。

1）在学习本课程教材之前，应先仔细阅读本大纲，了解本课程的性质和特点，熟知本课程的基本要求，在学习本课程时，能紧紧围绕本课程的基本要求。

2）在自学每一章的内容之前，先阅读本大纲中对应章节的学习目的与要求、考核知识点与考核要求，以便自学时做到心中有数。

3）学习 Java 程序设计的目的是用 Java 语言解决实际问题，程序设计能力的培养除了要学习课程书本知识之外，上机实践是学习程序设计最有效的途径，为此，要求考生能在计算机上求解教材中的习题。

五、应考指导

在学习本课程之前应先仔细阅读本大纲，了解本课程的性质和特点，熟知本课程的基本要求。了解各章节的考核知识点与考核要求，做到心中有数。

学习各章节介绍的基本概念和基本方法，通过练习加深对知识的掌握。同时加强上机实践，提升编程能力。

六、对社会助学的要求

对担任本课程自学助学的任课教师和自学助学单位提出以下几条基本要求：

1）熟知本课程考试大纲的各项要求，熟悉各章节的考核知识点。

2）辅导教学以大纲为依据，不要随意增删内容，以免偏离大纲。

3）辅导还要注意突出重点，要帮助考生对课程内容建立一个整体的概念。

4）辅导要为考生提供足够多的上机实践机会，注意培养考生的上机操作能力，让考生能通过上机实践进一步掌握有关知识。

七、对考核内容的说明

1）大纲各章所规定的基本要求、知识点的知识细目，都属于考核的内容。考试命题覆盖到章节，重点内容覆盖密度会更高。

2）本课程在试卷中对不同能力层次要求的分数比例大致为识记占 20%，领会占 30%，简单应用占 30%，综合应用占 20%。

3）试题的难易程度分为四个等级，分别是易、较易、较难和难。在每份试卷中，不同难度的试题的分数比例一般为 2∶3∶3∶2。

4）试题的难易程度与能力层次有不同的意义，在各个能力层次上都有不同难度的试题。

5）试题的题型有单项选择题、填空题、简答题、程序分析题、程序填空题和程序设计题六种。参见Ⅵ. 题型举例。

6）全国统一考试的考试方式是闭卷、笔试。考试时间为 150 分钟。考试时只允许携带笔、橡皮和直尺，涂写部分、画图部分必须使用 2B 铅笔，书写部分必须使用黑色签字笔。

Ⅵ. 题 型 举 例

一、单项选择题

1. 若 Java 程序中公有类的名字是 OneApp，则保存该程序的文件名是　　　　　【　】
   A. Oneapp. java　　　　B. Oneapp. class　　　　C. OneApp. java　　　　D. OneApp. class

2. 以下选项中，不是转义字符的是　　　　　　　　　　　　　　　　　　　　【　】
   A. \u061　　　　　　B. \t　　　　　　　　C. \141　　　　　　D. \u0061

3. 设 i 的初值为 6，则执行完 j=i--; 后，i 和 j 的值分别为　　　　　　　　【　】
   A. 6，6　　　　　　B. 6，5　　　　　　C. 5，6　　　　　　D. 5，5

二、填空题

1. Java "逻辑与" 和 "逻辑或" 运算符有一个特殊的功能，当左侧操作数能够决定表达式的值时，跳过右侧操作数的运算。这个功能是_____。

2. 表达式 "45&20" 的十进制值是_____。

三、简答题

1. >>>与>>有什么区别？

2. 什么情况下使用静态变量？

四、程序分析题

阅读下列程序，请写出该程序的输出结果。

```
public class Test33{
    public static void main( String [ ] args) {
        char [ ] a={'1','2','3','4','5','6','7'};
        String s1 =new String(a,2,4);
        String s2 ="JavaWorld!";
        System. out. println(s1);
        System. out. println(s2. indexOf("a"));
        System. out. println(s2. replace("t","r"));
        System. out. println(s2. substring(4,6));
    }
}
```

五、程序填空题

下列程序中，先判断 i 的值，如果 i 是奇数，则 h 为 1；如果 i 是偶数，则 h 为 0。请在相应的_____处填上正确的内容。

```
class Break {
    public static void main (String args[]){
```

```
int i, j = 0, k = 0, h;
label1:   for( i = 0; i < 100;i++, j += 2)
label2:   {
label3:       switch( i%2 ) {
              case 1: h=1;  ①  ;
              default:h=0;  ②  ;
              }
              if( i= =50 )break label1;
          }
      Syste. mout. println("i="+i);
    }
  }
```

六、程序设计题

编写方法 int sumS(int n)，计算 S = 1+2+…+n，并返回 S 值。

Ⅶ. 题型举例参考答案

一、单项选择题
1. C　　2. A　　3. C

二、填空题
1. 短路操作
2. 4

三、简答题
1. Java 提供两种右移运算符。逻辑右移运算符（也称无符号右移运算符）">>>"只对位进行操作，而没有算术含义，它用 0 填充移位后左侧的空位。运算符">>"执行算术右移，它使用最高位填充移位后左侧的空位。右移的结果为：每移一位，第一个操作数被 2 整除一次，移动的次数由第二个操作数确定。

2. 当想让一个类的所有对象共享一个值时，可以将这个值表示为静态成员变量。这个成员变量即可被类的全部对象共享。

四、程序分析题
3456

1

JavaWorld！

Wo

五、程序填空题
① break
② 空语句或 break

六、程序设计题

```
int sumS( int n ) {
    int i,sum = 0;
    for(i = 1;i <= n;i++) sum+ = i;
    return sum;
}
```

后　　记

《Java语言程序设计自学考试大纲》是根据《高等教育自学考试专业基本规范（2021年)》的要求，由全国高等教育自学考试指导委员会电子、电工与信息类专业委员会组织制定的。

全国考委电子、电工与信息类专业委员会对本大纲组织审稿，根据审稿会意见由编者做了修改，最后由电子、电工与信息类专业委员会定稿。

本大纲由南开大学辛运帏教授担任主编；参加审稿并提出修改意见的有重庆邮电大学李伟生教授、深圳职业技术学院乌云高娃教授。

对参与本大纲编写和审稿的各位专家表示感谢。

全国高等教育自学考试指导委员会
电子、电工与信息类专业委员会
2023 年 5 月

全国高等教育自学考试指定教材

Java 语言程序设计

全国高等教育自学考试指导委员会　组编

编 者 的 话

本书是根据全国高等教育自学考试指导委员会最新制定的《Java语言程序设计自学考试大纲》编写的自学考试指定教材。

百年大计，教育为本。习近平总书记在党的二十大报告中强调"教育、科技、人才是全面建设社会主义现代化国家的基础性、战略性支撑"，首次将教育、科技、人才一体安排部署，赋予教育新的战略地位、历史使命和发展格局。

计算机科学是建立在数学、物理等基础学科之上的一门基础学科，对于社会发展以及现代社会文明都有着十分重要的意义。程序设计语言是计算机基础教育的最基本的内容之一。

Java语言是目前主流的程序设计语言之一，很多高校相继开设了Java语言程序设计这门课程，某种程度上也反映了这门课程的重要性及语言使用的普遍性。高等教育自学考试物联网应用技术专业、数字媒体技术（专升本）等专业将这门课程作为一门专业基础课列入教学计划，本书为此目的而编写。本书的主要读者是要参加高等教育自学考试"Java语言程序设计"课程的考生，并且需要读者具备一般的编程能力。

本书严格参照高等教育自学考试《Java语言程序设计自学考试大纲》的规范编写，全书共分为十章，从Java语言的基本特点入手，详细介绍了Java语言的基本概念和编程方法，内容涉及Java的基本语法、数据类型、类与接口及其面向对象的程序设计、异常及处理、I/O数据流、界面设计及组件上的事件响应、线程与多线程等内容。本书旨在帮助考生深入了解并掌握Java的基础知识，掌握面向对象的思想，具备基本的程序设计能力，为今后从事应用软件开发打下必备的基础。

Java语言是面向对象的语言，考生在掌握基本语法的同时，还要着重理解面向对象的特点与机制，掌握对象、继承、多态等概念，并能够灵活运用。

程序设计课程的一个重要特点是要结合书本知识进行大量的编程练习，本课程也不例外。教学大纲中给出了实验环节应该完成的编程题目，考生务必要完成。各章最后的各类题目体现了对知识的综合掌握要求，考生也应在力所能及的前提下尽量完成。

本书在编写时既考虑了Java语言这门课程的系统性与完整性，也兼顾了自学考试的特点。选材简洁且针对要点，符合自学考试的要求。本书在介绍重要的语法概念和使用方法后均给出若干例子，以帮助考生正确理解相关概念，熟练使用Java语言。每章最后都给出了一些题目，帮助考生检测是否掌握了所学知识。与本书配套的数字资源中提供了习题的参考答案。

本书各章的内容安排如下。

第一章 Java概述，介绍Java语言的一般性知识，包括Java语言的特点、Java程序的基本形式、Java虚拟机支持的程序运行机制，还介绍了Java开发运行环境和查阅API文档的方法。

第二章 数据和表达式，介绍Java语言的基本语法，包括关键字与标识符、基本数据类型、运算符及其优先级、表达式、变量声明与使用等。

第三章　流程控制语句，介绍组成 Java 程序的主要语句，重点介绍分支、循环等流程控制语句的语法。本章还介绍了简单的输入/输出功能、异常的概念及异常处理的机制。

第四章　面向对象程序设计，介绍了面向对象程序设计的思想。本章重点介绍类及对象的概念，类中的方法及其重载、静态变量及静态方法的含义，以及包装类的概念。

第五章　数组和字符串，介绍了 Java 语言中数组和字符串的定义及使用方法，重点介绍一维及二维数组的声明、创建及使用，可变及不可变字符串的常用方法，向量类的使用。

第六章　继承与多态，在第四章的基础上，深入介绍类的相关知识，包括类的继承、方法的覆盖与多态、终极类和抽象类的概念及 Java 中接口的概念。

第七章　输入和输出流，介绍数据流的概念及 Java 的标准输入/输出方法，详细说明 Java 提供的字节流类和字符流类的功能与使用方法；还介绍了数据流与文件的关系及文件的处理方法。

第八章　图形界面设计，介绍 Java 图形用户界面设计的基本方法和界面事件的处理方法。在简要介绍 AWT 和 Swing 的基础上，重点介绍容器、布局管理器及几个简单组件的使用方法。还介绍了 Java 中事件处理机制、Graphics 类和 Graphics2D 类的基本功能与常用方法。

第九章　Swing 组件，介绍 Java 常用组件的定义与组件的使用方法，包括组合框、列表、文本组件、菜单组件及对话框等。

第十章　多线程，介绍线程的概念，创建、管理和控制 Java 线程对象的方法，以及实现线程互斥和线程同步的方法。

本书由南开大学辛运帏教授主编，重庆邮电大学李伟生教授和深圳职业技术学院乌云高娃教授认真、详细地审阅了书稿，提出了很多宝贵的修改意见，在此向两位审稿老师表示深深的感谢。还要特别感谢全国高等教育自学考试指导委员会电子、电工与信息类专业委员会秘书长上海交通大学韩韬教授。

本书的出版得到机械工业出版社的大力支持。编写过程中，作者得到了南开大学卢桂章教授的指导与帮助，也得到了南开大学计算机学院多位老师的支持，他们的建议都已反映在本书中，在此一并表示衷心的感谢。

由于编者水平有限，书中难免会有错误或不妥之处，敬请广大读者指正。您的任何意见和建议都是我们进一步完善本书的动力。

编　者
2023 年 5 月

第一章　Java 概述

学习目标：

1. 能够概括叙述 Java 语言的特点，了解面向对象的程序设计（OOP）中的核心概念。

2. 能够独立完成 Java 开发环境的安装与环境变量的设置，熟悉 Java 开发运行环境 JDK，了解 Java 核心 API 文档，能够查找指定的类和方法。

3. 了解 Java 程序的基础知识，能够正确编译运行最简单的程序。

建议学时： 2 学时。

教师导读：

1. 本章简单介绍 Java 语言，详细说明搭建并设置执行 Java 程序所需要的环境，介绍查阅 Java 核心 API 文档的方法。通过一个示例，介绍编译及运行 Java 程序的过程。

2. 要求考生了解面向对象的核心概念。能够正确搭建并设置执行 Java 程序所需要的环境，掌握查阅 Java 核心 API 文档的方法。在此基础上，要求考生熟悉编译及运行 Java 程序的过程。

第一节　Java 语言简介

Java 语言源自 Oracle-Sun 公司，是一种可同时适用于高性能企业计算平台、桌面计算平台和移动计算平台的计算机编程技术。目前运行 Java 程序的计算机和手机数以亿计，全球使用 Java 语言开发的程序数不胜数。

进入 21 世纪以来，我国在高新技术领域取得了辉煌的成就。相关的行业应用不断拓展，在这些应用中，有许多是基于 Java 语言开发的。

一、Java 语言的起源

Java 语言的前身是 Oak 语言，这是 Sun Microsystems 公司于 1991 年推出，仅限于公司内部使用的语言。1995 年，Sun 公司将 Oak 语言更名为 Java 语言，并正式向公众推出。在这之后，Java 语言不断更新，其类库越来越丰富，性能逐渐提升，应用领域也显著拓展，已成为当今最通用、最流行的软件开发语言之一，是许多专业开发人员的首选开发语言。2009年，Oracle 公司收购 Sun 公司，从此，Java 语言的更新版本改由 Oracle 公司发布。

Java 语言面向网络应用，主要包含标准版（Java 2 Platform、Standard Edition、Java SE）、面向高性能企业计算的版本（Java 2 Platform、Enterprise Edition、Java EE）和面向高性能移动计算的版本（Java 2 Platform、Micro Edition、Java ME）。本书仅介绍 Java 标准版 Java SE。

Java 是一种功能强大的程序设计语言，既是开发环境，又是应用环境，它代表一种新的计算模式。1993 年互联网的流行，为 Java 提供了发挥潜能的机会。图 1-1 说明了 Java 语言的基本概念。

Java语言	面向对象的程序设计语言
	与机器无关的二进制格式的类文件
	Java 虚拟机（用来执行类文件）
	完整的软件程序包（跨平台的API 和类库）

图 1-1　Java 语言的基本概念

二、Java 语言的特点

Java 是通用的、面向对象的语言，并具有分布性、安全性和健壮性。它的最初版本是解释执行的，现在的版本中增加了编译执行；它是多线程的、动态的语言；最主要的是它与平台无关，解决了困扰软件界多年的软件移植问题。

Java 语言自诞生之日起，就受到了全世界的关注。Java 的出现标志着一个新的计算时代的到来，这就是 Java 计算时代。Java 的众多突出特点使得它受到了大众的欢迎。实际上，Java 符合目前面向对象程序设计的主流，具有如下显著的特点。

1. 语法简单，功能强大，安全可靠

Java 是一种类似于 C++的语言，两种语言中有很多语法及概念是相同或相近的。此外，Java 去掉了 C++中不常用且容易出错的地方。例如，Java 中没有指针、结构和类型定义等概念，不再有全局变量，没有#include 和#define 等预处理器，也没有多重继承的机制。Java 语言具有自动无用内存回收机制，不需要程序员自己释放占用的内存空间，因此不会引发因内存混乱而导致的系统崩溃。Java 是一种强类型语言，编写程序时必须严格遵守编程规范，编译程序能够检查出尽可能多的语法错误。

Java 强调面向对象的特性，是一种纯面向对象的语言。Java 程序通过对象的封装、类的继承、方法的多态等机制，实现了代码复用、信息隐藏、动态绑定等特性，可以开发出非常复杂的系统，但又不失程序的易读性。

Java 程序在语言定义阶段、字节码检查阶段及程序执行阶段进行的三级代码安全检查机制，对参数类型匹配、对象访问权限、内存回收等都进行了严格的检查和控制，可以有效地防止非法代码的入侵，阻止对内存的越权访问，避免病毒的侵害。

2. 与平台无关

Java 语言的一个非常重要的特点就是与平台的无关性，Java 虚拟机（Java Virtual Machine，JVM）是实现这一特点的关键。

JVM 是一台虚拟计算机，是通过在实际的计算机上仿真模拟各种计算机功能来实现的。不同的操作系统有不同的虚拟机，它类似于一个小巧而高效的 CPU。

一般的高级语言程序在不同的平台上运行时，需要针对本计算机的机器指令集而编译成不同的目标文件。而 JVM 屏蔽了具体平台的差异。Java 编译器将 Java 程序编译成虚拟机能够识别的二进制代码，这种代码称为字节码（ByteCode）。字节码就是虚拟机的机器指令，它与平台无关，有统一的格式，不依赖于具体的硬件环境，只运行在 JVM 上。在任何安装 Java 运行时环境的系统上，都可以执行这些代码。JVM 在执行字节码文件时，把字节码解释成具体平台上的机器指令执行。所以 Java 程序在不同的平台上运行时，不需要重新编译。

Java 语言规定了统一的数据类型，有严格的语法定义，在任何平台上，同一种数据类型是一致的，为 Java 程序跨平台的无缝移植提供了很大的便利。

3. 解释编译两种运行方式

Java 程序可以经编译器得到字节码，所生成的字节码经过了精心设计，并进行了优化，因此运行速度较快，突破了以往解释性语言运行效率低的瓶颈。在现在的 Java 版本中又加入了即时编译功能（即 Just-In-Time 编译器，简称 JIT 编译器），编译器将字节码转换成本机的机器代码，然后能够以较快速度执行，使得执行效率大幅度提高，基本达到了编译语言的水平。

4. 多线程

单线程程序一个时刻只能做一件事情，多线程程序则允许在同一时刻同时做多件事情。Java 内置了语言级多线程功能，提供现成的类 Thread，只要继承这个类就可以编写多线程的程序，可使用户程序并行执行。Java 提供的同步机制可保证各线程对共享数据的正确操作，完成各自的特定任务。在硬件条件允许的情况下，这些线程可以直接分布到各个 CPU 上，充分发挥硬件性能，减少用户等待时间。

5. 动态执行且有丰富的 API 文档及类库

Java 执行代码是在运行时动态载入的，程序可以自动进行版本升级。在网络环境下，可用于瘦客户机架构，减少维护工作。Java 为用户提供了详尽的 API 文档说明，Java 开发工具包中的类库包罗万象，应有尽有，程序员的开发工作可以在一个较高的层次上展开。类库随时更新，增加的新方法和其他实例不会影响到原有程序的执行。

第二节　Java 开发环境的安装与设置

在介绍如何编写 Java 程序之前，先介绍如何安装并设置开发环境。

一、文件下载

Java 语言软件开发工具包（Java SE Development Kit，JDK）是 Sun 公司（现已被 Oracle 公司收购）提供的软件包，其中含有编写和运行 Java 程序的所有工具，包括组成 Java 环境的基本构件 Java 编译器 javac. exe、Java 解释器 java. exe 等。编写 Java 程序的机器上一定要安装 JDK，安装过程中还要正确设置 Path 和 CLASSPATH 环境变量，这样系统才能找到 javac 和 java 所在的目录，并能正确执行相关命令。

首先，打开 http://www. oracle. com/technetwork/java/javase/downloads/index. html，这里提供了各主流操作系统下当前最新版本的 JDK。读者可以根据自己机器的配置选择对应的文件来下载。

以 64 位的 Windows 环境为例，下载的文件是 https://download. oracle. com/java/18/latest/jdk-18_windows-x64_bin. exe。

二、软件安装

下载完毕，找到下载文件所在的目录，双击 jdk-18_windows-x64_bin. exe 直接运行，开始安装 JDK。安装的初始界面如图 1-2 所示，按照安装向导进行即可，如图 1-3 所示。

图 1-2　JDK 安装开始

图 1-3　JDK 安装中

读者可以根据自己机器的配置选择合适的安装目录。在图 1-4 所示的窗口中单击"更改"按钮，可以在随后弹出的浏览文件夹窗口中，选择合适的文件夹作为安装目录。安装完毕，会显示如图 1-5 所示的窗口。

图 1-4　修改 JDK 安装目录

图 1-5　JDK 安装完毕

安装后，会在安装目录下看到两个新的目录，分别是 jre1.8.0_341 和 jdk-18.0.2.1。这两个目录中包含编译、调试、运行 Java 程序的相关应用程序。

例如，\lib 目录下是 Java 开发类库。\jre 目录下是 Java 运行环境，包括 Java 虚拟机、运行类库等。\bin 目录中包含 Java 的开发工具，包括 Java 编译器 javac.exe、Java 解释器 java.exe 等。

\bin 目录下主要的 Java 开发工具的用途如下。

- javac：Java 编译器，用来将 Java 程序编译成字节码。
- java：Java 解释器，执行已经转换成字节码的 Java 程序。
- jdb：Java 调试器，用来调试 Java 程序。
- javap：反编译，将类文件还原回方法和变量。
- javadoc：文档生成器，创建 HTML 文件。

三、设置环境变量

安装完成后，需要设置环境变量。在 Windows 操作系统中，打开控制面板，选择"系统"，进入"高级"选项卡，单击"环境变量"按钮，如图 1-6 所示。

现在需要添加系统变量。在图 1-7 所示的窗口中，单击"系统变量"选项组的"新建"按钮，弹出如图 1-8 所示的对话框，在"变量名"文本框输入"JAVA_HOME"，在"变量值"文本框输入 JDK 的安装目录，如"C:\Program Files (x86)\Java\jdk-18.0.2.1"。输入完毕单击"确定"按钮，保存输入的内容。

图1-6 设置环境变量　　　　图1-7 添加系统变量　　　　图1-8 新建系统变量

仍在图1-8所示的对话框中，新建CLASSPATH变量。在"变量值"文本框输入"．；% JAVA_HOME%\lib；%JAVA_HOME%\lib\tools．jar"。输入完毕单击"确定"按钮以保存输入的内容。

接下来，在图1-7所示的对话框中，选择系统变量Path，单击"编辑"按钮，添加所增加的内容。在"变量值"的最后，输入"；%JAVA_HOME%\bin；%JAVA_HOME%\jre\bin"。至此，环境变量设置完毕。重启机器让这些设置生效。

现在来测试这些设置是否正确。在"命令提示符"窗口中，输入"javac"，如果系统给出了帮助信息，如图1-9所示，说明设置正确。

图1-9 测试环境变量的设置

第三节　Java程序示例

一、Java程序的两种形式

Java程序分为两种，一种是Java应用程序（Java Application），另一种是Java小应用程序（Java Applet），或叫Java小程序。本书只介绍前者，书中提到的Java程序均是指Java应用程序。

Java 程序由类构成，含有一个 main( )方法，称为主方法或主函数。程序是通过 Java 解释器来执行的独立程序，可以使用命令行命令直接运行。整个程序的运行入口是 main( )方法，main( )方法执行完毕，整个程序即结束。

Java 程序文件的扩展名是 .java，编译后生成的字节码文件的扩展名是 .class，需要由 JVM 载入并解释执行。

二、Java 程序

现在编写一个最简单的程序。

一个程序可以包含一个或多个 .java 文件。无论文件个数有多少，其中只能有一个 main( )方法。程序 1.1 会在屏幕上显示字符串"Hello World!"，该程序保存在名为 HelloWorldApp.java 的文件中。

程序 1.1 一个基本的 Java 应用程序。

```
1   //
2   //简单的应用程序 HelloWorld
3   //
4   public class HelloWorldApp{
5       public static void main (String args[ ]) {
6           System. out. println ("Hello World!");
7       }
8   }
```

这些程序行包含了在屏幕上打印"Hello World!"所需的最基本的内容。为了解释方便，每行程序的前面加了行号。注：实际的程序文件中是不包含这些行号的。

程序的前 3 行是注释行，它们都是以"//"打头的。

第 4 行说明了一个公有类，类的名字为 HelloWorldApp。一个文件中只能有一个公有类，类的名字即该文件的名字。

类的内容从类名后的花括号"{"（第 4 行）开始，到与之匹配的"}"（第 8 行）结束。编译正确后，系统在当前工作目录下创建一个 classname. class 文件，其中 classname 即源文件中指定的类名。本例中，编译器创建的文件名为 HelloWorldApp. class。这是一个二进制格式的字节码文件。

程序从第 5 行开始执行。执行时，程序名之后输入的内容称为命令行参数，它是动态传递给程序的参数。如果程序执行时给出了命令行参数，则这些参数将放在称为 args 的字符串数组中传给 main( )方法。本例中，没有给出命令行参数，也就是说，在程序名之后直接键入〈Enter〉键，所以 args 数组为空。

Java 语言使用 main( )作为程序运行的入口点。Java 解释器在执行前查找该方法，然后从此处开始执行。如果找不到该方法，程序就不会执行。主方法 main( )的前面有 3 个修饰符，这是语法规定的，不能缺少，也不能替换为其他内容。这 3 个修饰符的次序可以稍有变化，可以如程序中所示，也可以写为

```
static public void
```

第 5 行中各要素的具体含义如下。

- public：该关键字说明方法 main( ) 是公有方法，它可被任何方法访问，包括 Java 解释器。实际上，main( ) 方法只被 Java 解释器调用。
- static：该关键字告诉编译器 main( ) 方法是静态的，可用在类 HelloWorldApp 中，不需要通过该类的实例来调用。如果一个方法不是静态的，则必须先创建类的实例，然后才能调用实例的方法。有关类和实例的内容请参看本书后面的相关章节。
- void：指明 main( ) 方法不返回任何值。这很重要，因为 Java 要进行严格的类型检查，包括对调用方法所返回的值的类型和它们说明的类型之间的检查。如果方法没有返回值，则必须说明为 void，不可省略；如果方法有返回值，则以返回值类型替换 void。
- String args[ ]：表示命令行参数。

第 6 行是程序中唯一的可执行语句，它将字符串"Hello World!"输出到标准输出流中，也就是输出到屏幕上。该行也反映了类名、对象名和方法调用之间的关系。System 是系统包 java. lang 中的一个类，该类中有成员变量 out，这是标准输出流，主要用于为用户显示信息。println( ) 方法接受一个字符串参数，并把它输出到标准输出流中。

程序的最后两行是两个大括号，表示方法 main( ) 和类 HelloWorldApp 的结束。注意程序中大括号的个数一定要匹配。

Java 程序编写好后，如果要在计算机上运行，必须经过编译和运行两个阶段。

三、编译

读者可以使用系统中提供的文本编辑器，如 Windows 系统下的记事本，输入程序 1.1，并将它存储为文件 HelloWorldApp. java。输入时要注意大小写，因为 Java 语言区分大小写。同时，注意存储的文件名要与类名完全一致。也可以使用本书附录 A 中介绍的集成开发环境 Eclipse 编写、编译并运行程序。

源文件是文本形式的文件，Java 的执行系统是不能识别的，它必须经过编译，生成字节码的类文件后才能运行。类文件是二进制格式的，它有统一的格式，JVM 可以识别类文件并执行它。创建 HelloWorldApp. java 源文件后，可以用下面的命令编译它：

```
$javac HelloWorldApp. java
```

这里，符号 $ 表示命令行提示符，前面可能有系统给出的信息，比如计算机的盘符及目录名。提示符依系统不同而有所差异，比如 Windows 系统下是 >。提示符之后的内容是用户输入的。

编译一个程序的命令格式是：

```
javac ［选项］源文件名
```

如果在命令行中输入 javac，则系统会显示所有选项。这些选项都是可选的。如果源文件不在当前目录，则需要在文件名的前面加上目录，比如 javac d:\java\HelloWorldApp. java。

如果编译器没有返回任何错误信息，则表示编译成功，源文件正确，此时系统在同一目录下生成了新文件 HelloWorldApp. class。如果程序是由多个文件组成的，则需要分别编译各个文件，得到各个类文件。

如果编译时出现错误，则需按照错误内容提示进一步修改程序，并重新进行编译，直到正确为止。

四、运行

编译正确后，就可以执行得到的类文件了。JVM 通过解释器解释执行类文件。要运行 HelloWorldApp 程序，输入如下的命令：

$java HelloWorldApp

输入命令后，会在屏幕上看到一行信息"Hello World!"，如图 1-10 所示。

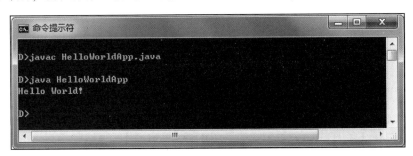

图 1-10　程序 1.1 的执行结果

通常，运行一个 Java 程序的命令格式是：

java [选项] 程序名 [参数列表]

java 是解释器的名字，表示要运行一个由"程序名"指定的程序。程序名也就是类的名字，后面的参数列表是可选的。如果想向程序传送参数值，则可以把这些参数依次列在程序名的后面，参数个数不限。系统将这些参数依次放到 main( ) 方法中参数列表的 args 数组中。该数组各元素是 String 类型的。比如，如果要传给程序 HelloWorldApp 两个参数 arg1 和 arg2，则输入如下的命令：

$java HelloWorldApp arg1 arg2

此时，数组元素 args[0] 中存储参数 arg1，args[1] 中存储参数 arg2，args. length 表示命令行参数的个数。此时，args. length 的值为 2，在命令输入时由系统自动赋值。

注意：java. exe 和 javac. exe 一般存放在系统的 $JAVA_HOME/bin 目录中，系统配置文件的 Path 变量中应包含该目录。在用户工作目录下使用 java 和 javac 命令时，系统自动到 Path 所含的目录中查找这些命令。

五、IDE

IDE 是集成开发环境（Integrated Development Environment）的缩写，这是一个提供给开发人员使用的程序开发环境，通常包括了代码编辑器、编译器、调试器和图形用户界面等工具。借助于 IDE，开发人员可以很方便地编写及运行程序，显示运行结果。如果程序出现错误，在 IDE 中会以更直观的方式指出程序中出现错误的位置及错误的类型。程序运行时可以进入调试模式，在此过程中可以随时查看程序中各变量的当前值，因此程序的调试较为方便。

IDE 通常提供一个图形用户界面，通过菜单项、图标或是快捷键提供所需的功能，不需要在命令行模式下输入命令，方便了开发人员的使用，提高了程序开发的效率。

目前已有多个开发 Java 程序的 IDE，其中使用较多的有 Eclipse 和 NetBeans。

Eclipse 是一款开源免费的、基于 Java 的可扩展开发平台，具体来说，是一个框架和一组服务，通过插件可以构建开发环境。Eclipse 附带了一个标准的插件集，包括 Java 开发工具 JDK，可用来开发 Java 程序。当然，如果更换其他的插件，也可以用来开发其他编程语言的程序，包括 C/C++、JavaScript、Perl、PHP 和 Python 等。

本书附录 A 简单介绍了 Eclipse，读者可以作为参考。

NetBeans 是一款用 Java 编写的开源 IDE，既可用于 Java 开发，也支持其他语言，特别是 PHP、C/C++和 HTML5 等。

第四节　使用 Java 核心 API 文档

JDK 文档中有许多 HTML 文件，这些是 JDK 提供的应用程序编程接口（Application Programming Interface，API）文档，可使用浏览器查看。API 是 Sun 公司提供的使用 Java 语言开发的类集合，用来帮助程序员开发自己的类、Applet 和应用程序。程序员使用最多的是 Java 核心 API。除了 Java 核心 API 之外，可供程序员利用的 API 还有 Java 商业 API、Java 服务器 API、Java 媒体 API、Java 管理 API、Java 嵌入的 API。

核心 API 文档是按层设计的，以主页方式提供给用户，主页按照链接列出包的所有内容。如果选定了一个具体的包，则显示的页面将列出作为包成员的所有内容。每个类对应为一个链接，选择这个链接将提供该类的信息页。每个类文档有相同的格式，不过，根据具体类的不同，有些内容项可能没有。Java 核心 API 中有许多包，每个包中都有若干个类和接口，其中又含有若干个属性。API 文档中依次列出各类的相应内容。

Java 提供的内容如此之多，不可能读了一两本 Java 教科书之后就全部掌握。在实际编程时，API 是不可或缺的工具。实际上，Java 正是因其丰富的 API 才获得了如此巨大的成功。

当要查看文档时，可以浏览公司的网站。Java 官方提供了 Java 8 在线 API 文档，网址是 http://docs.oracle.com/javase/8/docs/api/。打开后，界面如图 1-11 所示。

类文档中主要包括类层次结构、类及其一般目的的说明、成员变量表、构造函数表、方法表、变量详细说明表及每一个变量使用目的的详细描述、构造方法的详细说明及进一步的描述、方法的详细说明及进一步的描述。

必须了解，有些类的许多工具不在该类的文档页中讲述，而是在其"父"类的文档中描述，例如，按钮（Button）派生于组件（Component）这一事实，就是在类层次结构中说明的。要找到 Button 的 setColor( )方法，必须查看 Component 类的文档。

类文档窗口分为三部分：左上部分显示 Java JDK 中提供的所有包的信息，选中某个包后，将在左下部分显示这个包中所有接口及类的信息。例如，选择查看 java.lang 包，左下窗口内将显示与这个包相关的内容。

图 1-11　Java 核心 API 文档的初始页面

如果想进一步查看包中 Integer 类的信息，选中 Integer，右侧窗口部分将显示 java. lang 中 Integer 类的所有接口及类的内容，向下拉动滚动条，定位到所需的位置即可。

一般地，包页面中都会列有接口索引 Interface Index、类索引 Class Index、异常索引 Exception Index、错误索引 Error Index 等。因各包内容不同，有的包中可能只列有其中的若干项。比如，java. applet 包中只列有接口索引和类索引，java. math 中只列有类索引。如果想查看包中任一项的内容，则直接选中该链接，进入相应的页面即可。

总的来说，一个类中的信息包括以下几部分：

- Field Summary。
- Constructor Summary。
- Method Summary。
- Field Detail。
- Constructor Detail。
- Method Detail。

Field Summary 中列出类中成员变量的信息，包括名字、类型及含义。Field Detail 中将详细介绍这些成员变量。

Constructor Summary 中列出类构造方法的信息，包括参数列表并解释所创建的实例。构造方法的详细信息显示在 Constructor Detail 部分中。

在 Method Summary 中可以查找到要使用的方法名，在 Method Detail 中将详细介绍该方法的使用方法，包括调用参数表及返回值情况。

在图 1-11 所示的页面中，最上面一行有几个常用链接。OVERVIEW 列出所有包的名字，PACKAGE 展示所选中包的相关信息，CLASS 展示所选中类的相关信息，USE 展示用法，TREE 列出类的层次关系，DEPRECATED API 中列出已不再使用的 API，INDEX 则将所有的变量和方法按字母序排列。使用变量和方法名的第一个字母可建立一级索引，该一级索引列在页面的顶端，单击一个字母后，将列出以该字母开头的所有变量和方法，可以按名查找。

第五节 Java 中的面向对象技术

一、面向对象技术

面向对象是一种软件开发的方法，在面向对象程序设计方法出现之前，软件界广泛流行的是面向过程的设计方法，这种方法中使用的众多变量名和函数名互不约束，令程序员不堪重负。特别是当开发大型系统时，要由多人合作共同开发项目，这种方法的弊端逐渐显现。

随着开发系统规模的不断扩大，面向过程的方法越来越不能满足开发人员的需求，面向对象的技术应运而生。这种新技术使得程序结构简单，相互协作容易，更重要的是程序的重用性大大提高了。

所谓面向对象的方法学，就是使分析、设计和实现一个系统的方法尽可能地接近人们认识一个系统的方法。通常包括三个方面：面向对象的分析（Object-Oriented Analysis，OOA）、面向对象的设计（Object-Oriented Design，OOD）和面向对象的程序设计（Object-Oriented Programming，OOP）。面向对象技术包含的概念主要有抽象、对象、类、类型层次（子类）、封装、继承性、多态性等。

Java 语言是一种"纯"面向对象语言，它的所有数据类型（包括最基本的布尔型、数值型及字符型）都有相应的类，程序可以完全基于对象来编写。

二、OOP

现实世界中存在很多同类的对象，它们来自同一种原型，具有一样的共性。或者说它们来自同一个模板。这就是类的概念。其中的某个特定实体即为实例或称对象。对象是类的一个具象，类是对象的一个抽象。

OOP 技术把问题看成相互作用的事物的集合，也就是对象的集合。对象具有两方面的特性，一是状态，二是行为。状态是指对象本身的信息，行为是实现对对象的操作。在OOP 中，用属性来描述状态，而把对它的操作定义为方法。属性也称为数据，这样对象就是数据加方法。可以将现实生活中的对象经过抽象，映射为程序中的对象。

OOP 中采用了三大技术：封装、继承和多态。封装体现的特点是将对象的属性及实现细节隐藏起来，只给出如何使用的信息。将数据及对数据的操作捆绑在一起成为类，这就是封装技术。对象是类的实例，外界使用对象中的数据及可用的操作受到类定义的限制。

程序只有一种基本的结构，即类。将一个已有类中的数据和方法保留，并加上自己特殊的数据和方法，从而构成一个新类，这是 OOP 中的继承。原来的类是父类，也称为基类或超类。新类是子类，子类派生于父类，或者说子类继承于父类。继承体现的是一种层次关系，下一层的类可从上一层的类继承定义，同时还可以改变和扩充一些特性。

在一个类或多个类中，可以让多个方法使用同一个名字，从而具有多态性。多态可以保证对不同类型的数据进行等同的操作，名字空间也更加宽松。多态还有一个重要的特点，即使用相同的操作名，能根据具体的对象自动选择对应的操作。

本 章 小 结

本章简单介绍 Java 语言的一般性知识，详细说明如何搭建并设置执行 Java 程序所需要的环境，介绍查阅 Java 核心 API 文档的方法。

通过本章的学习，要了解字节码、JVM 及 JVM 支持的程序运行机制。掌握 OOP 中的核心概念。要能够独立完成 Java 开发运行环境的安装与环境变量的设置，熟悉 JDK，了解 Java 核心 API 文档，能够查找指定的类和方法。在此基础上，了解 Java 程序的基本形式，能够正确编译运行最简单的程序。

思考题与练习题

一、单项选择题

1. 若 Java 程序中公有类的名字是 OneApp，则保存该程序的文件名是 【　　】

    A. Oneapp. java   B. Oneapp. class   C. OneApp. java   D . OneApp. class

2. Java 程序 OneApp. java 编译后的类文件名是 【　　】

    A. Oneapp. java   B. Oneapp. class   C. OneApp. java   D. OneApp. class

3. Java 语言的解释器是 【　　】

    A. JVM   B. javac. exe   C. java. exe   D. JDK

4. 下列选项中，不属于 Java 语言特点的是 【　　】

    A. 类型定义   B. 解释执行   C. 与平台无关   D. 多线程

5. 下列关于 Java 程序的叙述中，正确的是 【　　】

    A. Java 程序必须配合 HTML 文件才能执行

    B. JVM 解释执行 Java 源程序

    C. Java 程序中可以使用指针

    D. Java 程序生成的字节码文件与平台无关

6. 下列选项中，不是 Java 程序主函数 main( ) 前面的修饰符的是 【　　】

    A. class   B. static   C. void   D. public

7. 下列概念中，属于面向对象语言重要概念和机制之一的是 【　　】

    A. 方法调用   B. 模块   C. 继承   D. 结构化

二、填空题

1. 假设 Java 程序保存在文件 MyTest. java 中，则编译这个程序的命令是_____。

2. 类 Testll 经 Java 编译程序编译后，产生的文件是_____。

3. JVM 的全称是_____。

4. Java 程序主函数 main( ) 前面的修饰符是_____。

5. Java 源文件经编译后生成的二进制文件称为_____。

6. 编写好的 Java 源程序在计算机上运行需依次经历两个阶段，分别是_____和解释执行。

7. 公有类 MyFirstTest 所在的文件经 Java 编译程序编译后，产生的文件是_____。

三、简答题

1. 请简要叙述 Java 语言的特点。

2. 为什么说 Java 语言是平台无关的？

3. 什么是 Java 虚拟机？

4. 查阅 API 文档，列出 Java API 文档中的 4 个包名。

5. 查阅 API 文档，列出 java. lang 中的 4 个类。

6. 查阅 API 文档，列出 java. awt. event 中的 4 个接口。

7. 查阅 API 文档，列出 java. lang. Math 类中的 4 个常用方法。

8. 查阅 API 文档，列出 java. lang. String 类中的 4 个常用方法。

9. 查阅 API 文档，列出 java. util. Random 类中的 2 个常用方法。

10. 查阅 API 文档，列出 java. awt. Color 类中的 2 个构造方法。

第二章　数据和表达式

学习目标：

1. 掌握 Java 语言命名标识符的规则，能够正确定义标识符，熟记关键字。能够在程序中正确使用注释和空白。

2. 掌握 Java 提供的所有基本数据类型，包括表示它们的关键字、各类型的表示范围、各类型常量值的含义、转义字符的含义等。

3. 掌握运算符的含义及其优先级，掌握变量的声明、初始化及赋值的方法，能够判别变量的作用域。掌握 Java 表达式的表示方式，掌握表达式提升和转换方法，初步掌握 Java 中提供的数学函数的使用方法。能够正确得到表达式的计算结果。

建议学时： 4 学时。

教师导读：

1. 本章介绍 Java 程序的一些基本语法知识，包括空白、注释、关键字、标识符、数据和表达式等。

2. 本章要求考生了解关键字及标识符的概念，能使用基本数据类型声明变量，并能在表达式中进行正确的提升和转换，得出正确的计算结果。要求考生掌握运算符的优先级。

第一节　基本语法元素

一、空白、注释及语句

1. 空白

在 Java 程序中，换行符及回车符都可以表示一行的结束，它们可被看作是空白。另外，空格键、水平定位键（Tab）亦可被看作空白。为了增加程序的可读性，Java 程序的元素之间可以插入任意数量的空白，编译器会忽略掉多余的空白。

程序中除了加入适当的空白外，还应使用缩进格式，使得同一层次语句的起始列位置相同。程序的设计风格良好，可以增加程序的易读性。

2. 注释

程序中适当地加入注释，也会增加程序的易读性。注释不能插在一个标识符或关键字之中，也就是说，要保证程序中最基本元素的完整性。程序中允许加空白的地方就可以加注释。注释不影响程序的执行结果，编译器将忽略注释。

下面是 Java 中的三种注释形式：

```
//在一行内的注释
/*一行或多行的注释*/
/**文档注释*/
```

第一种形式表示从"//"开始一直到行尾均为注释，一般用它对声明的变量、一行程序的作用进行简短说明。"//"是注释的开始，行尾表示注释结束。第一章的程序1.1中，已经使用了这种形式的注释。

第二种形式可用于多行注释，"/*"表示注释开始，"*/"表示注释结束，"/*"和"*/"之间的所有内容均是注释内容。这种注释多用来说明方法的功能、设计逻辑及基本思想等。

第三种形式是文档注释，以"/**"开头，以"*/"结束。一般，在公有类定义或公有方法头的前面会使用这样的注释。如果程序中含有这种风格的注释，则可以执行一个称为javadoc的实用程序，提取类头、所有公有方法的头，以及以特定形式写的注释。注释中以符号@开头的特定的标签（Tags），标识出方法的不同方面。例如，使用@param标识参数，@return标识返回值，而@throws标识方法抛出的异常。

3. 语句、分号和块

语句是Java程序的最小执行单位，程序的各语句间以分号";"分隔。一个语句可以写在连续的若干行内。大括号"{"和"}"包含的一系列语句称为语句块，简称为块。语句块可以嵌套，即语句块中可以含有子语句块。从语法上，块被当作一个语句看待。

二、关键字

Java语言定义了许多关键字，关键字也称为保留字。它们都有各自的特殊意义和用途，不能把它们当作普通的标识符使用。

Java的关键字如下：

abstract	boolean	break	byte	case	cast
catch	char	class	const	continue	default
do	double	else	extends	false	final
finally	float	for	future	generic	goto
if	implements	import	inner	instanceof	int
interface	long	native	new	null	operator
outer	package	private	protected	public	rest
return	short	static	strictfp	super	switch
synchronized	this	throw	throws	transient	true
try	var	void	volatile	while	

定义的这些关键字中，有少数几个已不再使用，还有几个是预留的关键字，目前尚未使用，这些关键字包括：cast、const、future、generic、goto、inner、operator、outer、rest和var等。

三、标识符

在Java语言中，标识符是由字母、数字、下画线（_）或美元符号（$）组成的字符串，其中，数字不能作为标识符的开头。标识符区分大小写，长度没有限制。除以上所列几项之外，标识符中不能含有其他符号，如+、=、*及%等，当然也不允许插入空白。在程序中，标识符可用作变量名、方法名、接口名和类名等。

例 2.1　正确的标识符。

identifier　　　username　　　User_name　　　_sys_var1　　　$change　　　sizeof

标识符区分大小写，例如，Username、username 和 userName 是三个不同的标识符。sizeof 不是 Java 的关键字，所以它是一个合法的标识符。

例 2.2　错误的标识符。

```
2Sun        //以数字 2 开头
class       //是 Java 的关键字，有特殊含义
#myname     //含有其他符号#
```

Java 源代码使用的是 Unicode 码，而不是 ASCII 码。Unicode 码用 16 位无符号二进制数表示一个字符，因此，Unicode 字符集中的字符数可达 65536 个，比通常使用的 ASCII 码字符集（通常最多只有 256 个）大得多。

Unicode 兼容了许多不同的字母表，包括常见语种的字母。英文字母、数字和标点符号在 Unicode 和 ASCII 字符集中有相同的值。汉字也是"Java 字母"，所以可以出现在标识符中。例如，"这是标识符"是一个正确的标识符。

四、Java 编程风格

编写程序时应该注重自己的编程风格，增加必要的注释和空格，采用缩进格式。除此之外，定义的各种标识符也要遵从惯例，如要注意大小写。程序中应该尽量不使用没有含义的标识符。变量的名字应该表示变量的用途，最好能望名知义，望名知用途。如果变量用于计数，可将它命名为 counter；如果用变量保存税率，可将它命名为 taxRate。这样，无论是自己编写程序、调试程序，还是对其他人阅读程序，都会有帮助。下面介绍一些常见的命名约定。

- 类名或接口名：多为名词，含有大小写，每个单词的首字母大写。比如 HelloWorld、Customer、SortClass 等。
- 方法名：多是动词，含有大小写，首字母小写，其余各单词的首字母大写。尽量不要在方法名中使用下画线。方法名如 getName、setAddress、searchKey 等。
- 常量名：基本数据类型常量的名字应该全部为大写字母，单词与单词之间用下画线分隔。常量名如 BLUE_COLOR。
- 变量名：所有的实例变量、类变量、终极变量和静态变量等都使用混合大小写，首字母用小写，后面单词的首字母用大写。变量名中尽量不要使用下画线。变量名如 balance、orders、byPercent 等。

命名时应尽量避免使用单字符名字，除非是临时使用的要"扔掉"的变量（比如仅在循环体中使用的循环变量）。

除了命名约定外，编码方面也应遵守某些约定。如程序流程方面，对 if-else 或 for 结构中的所有语句要使用一对大括号括起来，哪怕只有一个语句也要使用大括号括起来。每行只写一条语句，用 4 格或 3 格缩进对齐方式增加可读性。在必要的地方增加适量的空格。要习惯用注释来解释意义不明显的代码段。

第二节　基本数据类型

Java 的数据类型分为两大类，一类是基本数据类型，另一类是复合数据类型。基本数据类型共有 8 种，分为 4 小类，分别是整型、浮点型、字符型和布尔型，整型和浮点型有时也合称为数值型。复合数据类型包括数组、类和接口。其中，数组是一个很特殊的概念，它是对象，而不是一个类，一般把它归为复合数据类型中。本节介绍基本数据类型，它们都可用于常量和变量。复合数据类型将在后续的章节中介绍。

Java 中所有类型的长度和表示都是固定的，不依赖于具体实现，因此不需要在程序中动态获得一种数据类型的大小。具体来说，sizeof 运算符已经没有意义。

Java 语言的数据类型见表 2-1。

表 2-1　Java 语言的数据类型

数据类型	基本数据类型	整数类型	byte、short、int、long
		浮点数类型	float、double
		字符类型	char
		布尔类型	boolean
	复合数据类型	类类型	class
		数组类型	
		接口类型	interface

1. 整数类型 byte、short、int 和 long

Java 语言提供了 4 种整型量，对应的关键字分别是 byte、short、int 和 long。表 2-2 列出了 4 种整数类型的字节大小和可表示的范围。Java 语言规范中定义的表示范围用 2 的幂次来表示，这是独立于平台的。

表 2-2　Java 整数类型的表示范围

整数类型	整数长度	字节数	表 示 范 围
byte	8 位	1	$-2^7 \sim 2^7-1$ （$-128 \sim 127$）
short	16 位	2	$-2^{15} \sim 2^{15}-1$ （$-32768 \sim 32767$）
int	32 位	4	$-2^{31} \sim 2^{31}-1$ （$-2\,147\,483\,648 \sim 2\,147\,483\,647$）
long	64 位	8	$-2^{63} \sim 2^{63}-1$ （$-9\,223\,372\,036\,854\,775\,808 \sim 9\,223\,372\,036\,854\,775\,807$）

整型常量可用十进制、八进制或十六进制形式表示，以 1~9 开头的数为十进制数，以 0 开头的数为八进制数，以 0x 或 0X 开头的数为十六进制数。Java 中 4 种整型量都是有符号的。

整型常量是 int 型的。如果想表示一个长整型常量，需要在数的后面明确写出字母"L"。L 表示它是一个 long 型量。这里，使用大写 L 或小写 l 均有效。

例 2.3　整数示例。

```
2          //表示十进制数 2
077        //表示八进制数 77，等于十进制数 63
```

0xBABE	//表示十六进制数 BABE，等于十进制数 47806
2L	//表示长整型十进制数 2
077L	//表示长整型八进制数 77
0XBABEL	//表示长整型十六进制数 BABE

Java 语言还提供了几个特殊的整型常量值，用来表示最大值和最小值，见表 2-3。

表 2-3　Java 整型常量的最大值和最小值

类型	最大值	最小值
int	Integer. MAX_VALUE	Integer. MIN_VALUE
long	Long. MAX_VALUE	Long. MIN_VALUE

2. 浮点数类型 float 和 double

Java 浮点数类型遵从标准的浮点规则。浮点数类型有两种：一种是单精度浮点数，用 float 关键字说明；另一种是双精度浮点数，用 double 关键字说明，它们都是有符号数。浮点数类型的表示范围见表 2-4。

表 2-4　Java 浮点数类型的表示范围

浮点数类型	浮点数长度	字节数	表 示 范 围
float	32 位	4	1. 4e-45f ~ 3. 4028235e+38f
double	64 位	8	4. 9e-324d ~ 1. 7976931348623157e+308d

如果数值常量中包含小数点、指数部分（字符 E），或数的后面跟有字母 F 或 D，则为浮点数。浮点型常量在默认情况下是 double 型的，除非用字母 F 明确说明它是 float 型的。浮点型常量中的字母 F 或 D 既可以是大写，也可以是小写。

例 2.4　浮点数示例。

5. 31	−39. 27	5f	0. 001327e+6

Java 语言中有几个特殊的浮点数常量，它们的含义见表 2-5。

表 2-5　Java 中的特殊浮点数常量

	float 类型	double 类型
最大值	Float. MAX_VALUE	Double. MAX_VALUE
最小值	Float. MIN_VALUE	Double. MIN_VALUE
正无穷大	Float. POSITIVE_INFINITY	Double. POSITIVE_INFINITY
负无穷大	Float. NEGATIVE_INFINITY	Double. NEGATIVE_INFINITY
0/0	Float. NaN	Double. NaN

3. 字符类型 char

单个字符用 char 类型表示。一个 char 表示一个 Unicode 字符，其值用 16 位无符号整数表示，范围为 0 ~ 65535。char 类型的常量值必须用一对单引号（' '）括起来，分为普通字符常量和转义字符常量两种。

使用单引号括住一个字符，表示一个普通的字符常量。但有些字符在 Java 语言中有特殊的含义，表示它们时应使用转义字符。转义字符就是使用特殊格式表示的有特殊含义的字符。常用的转义字符及其含义见表 2-6。

表 2-6　常用的转义字符及其含义

转　义　字　符	含　　义
\b	退格键（Backspace）
\n	换行符
\r	回车符
\t	水平制表符（Tab）
\\	反斜杠 \
\'	单引号'
\"	双引号"

例 2.5　字符常量示例。

```
'a'          //表示字符 a
'\t'         //表示水平制表符 Tab 键
'\??? '      //表示一个具体的 Unicode 字符，??? 是 3 位八进制数字
'\u???? '    //表示一个具体的 Unicode 字符，???? 是 4 位十六进制数字
```

4. 布尔类型 boolean

逻辑值有两个状态，它们常被写作 on 和 off、true 和 false、yes 和 no 等。在 Java 中，这样的一个值用 boolean（布尔）类型表示，布尔类型也称作逻辑类型。boolean 类型有两个常量值：true 和 false，它们全是小写，在计算机内部使用 8 位二进制表示。

Java 是一种严格的类型语言，它不允许数值类型和布尔类型之间进行转换。有些语言，如 C 和 C++，允许用数值表示逻辑值，如用 0 表示 false，非 0 表示 true。Java 则不允许这么做，需要使用逻辑值的地方不能以其他类型的值代替。

第三节　表　达　式

表达式由运算符和操作数组成，对操作数进行运算符指定的操作，并得出运算结果。Java 运算符按功能可分为算术运算符、关系运算符、逻辑运算符、位运算符、赋值运算符和条件运算符，除此之外，还有几个特殊用途运算符，如数组下标运算符等。操作数可以是变量、常量或方法调用等。

如果表达式中仅含有算术运算符，如"＊"，则为算术表达式，它的计算结果是一个数值量（"+"用于字符串连接除外）。如果表达式中含有关系运算符，如"＞"，则为关系表达式，它的计算结果是一个逻辑值，即 true 或 false。如果表达式中含有逻辑运算符，如"&&"，则为逻辑表达式，相应的计算结果为一个逻辑值。

一、操作数

1. 常量

常量操作数很简单，只有简单数据类型和 String 类型才有相应的常量形式。

例 2.6　常量示例。

常量	含义
23.59	double 型常量
-1247.1f	float 型常量
true	boolean 型常量
"This is a String"	String 型常量
'a'	char 型常量

2. 变量的声明及初始化

变量是存储数据的基本单元，它可以用作表达式中的操作数。变量在使用之前要先声明。变量声明的基本格式为

类型 变量名 1[= 初值 1][,变量名 2 [= 初值 2]]…;

其中，类型是变量所属的类型，既可以是简单数据类型，如 int 和 float 等，也可以是类类型。有时也把类类型的变量称为引用。方括号中的初值是可选的。如果没有，则表明仅是声明了一个变量，否则是在声明变量的同时，给变量赋了初值，也称为对变量进行了初始化。

声明变量的地方有两处，一处是在方法内，另一处是在类定义内。方法内定义的变量称作自动变量，也称为局部变量、临时变量或栈变量。这里所说的方法，包括程序员定义的各个方法。类中定义的变量就是类的成员变量。

在说明简单数据类型的变量之后，系统自动在内存分配相应的存储空间。说明引用后，系统只分配引用空间，程序员要调用 new 来创建对象实例，然后才分配相应的存储空间。

Java 程序中不允许将未经初始化的变量用作操作数。对于自动变量，如果变量声明时没有进行初始化，则在变量使用之前必须使用赋值语句进行赋值。编译程序扫描代码时，会判定每个变量在首次使用前是否已被显式初始化。如果编译器发现某个变量没有初始化，那么编译时会出现错误。

创建一个对象引用后，需要使用 new 运算符为其分配存储空间。对于其中的成员变量，程序员可以显式进行初始化，也可以由系统自动进行初始化。自动初始化时，系统按表 2-7 中的默认值初始化各成员变量。

表 2-7　各类型变量的默认初始值

类　　型	初　始　值
byte	(byte) 0
short	(short) 0
int	0
long	0 L
float	0. 0f
double	0. 0
char	'\u0000'(null)

（续）

类　　型	初　始　值
boolean	false
所有引用类型	null

具有 null 值的引用不指向任何对象。如果使用它指向对象，则将导致一个异常。异常是程序运行时发生的一个错误，有关内容将在第三章介绍。

例 2.7　变量初始化示例。

```
int xTest = ( int)( Math. random( ) * 100 ), yValue, zVar;  //仅给 xTest 赋了初值
boolean   flag;
int intValue1 = 1, intValue2 = -4;                    //都有初值
float floatValue = 9. 997E-5f;
if ( xTest > 50) ┆   yValue = 9;  ┆
zVar = yValue + xTest;                //可能在初始化之前使用 yValue，导致编译错误
```

例 2.7 的程序片段中，第一行说明了 3 个整型变量 xTest、yValue 和 zVar。xTest 初始化为表达式的值，yValue 和 zVar 都没有进行初始化。yValue 的赋值包含在后面的 if 语句块中，而该块是否执行要依 xTest 的值而定。xTest 是一个随机数，当它小于或等于 50 时，程序流跳过 if 语句块，不会给 yValue 赋值，而是执行 if 语句块后的赋值语句。此时因 yValue 没有进行初始化，这条语句将导致一个编译错误。

3. 变量作用域

变量的作用域是指可访问该变量的代码范围。类中定义的成员变量的作用域是整个类。方法中定义的局部变量的作用域是从该变量的声明处开始到包含该声明的语句块结束处，块外则是不可使用的。

块内声明的变量将屏蔽其所在类定义的同名变量。但同一个块中如果定义两个同名变量则会引起冲突。Java 允许屏蔽，但冲突将引起编译错误，如程序 2.1 所示。

程序 2.1　错误的变量作用域示例。

```
1    class Customer ┆
2      /* 说明变量屏蔽及作用域示例 */
3      public static void main( String [ ] args) ┆
4          Customer customer = new Customer( );
5          String name = "John Smith";
6          ┆      //下列声明是非法的
7              String name = "Tom David";
8              customer. name = name;
9              System. out. println("The customer's name: " + customer. name);
10          ┆
11      ┆
12      private String name;
13   ┆
```

程序 2.1 中定义了类 Customer，其中有成员变量 name，如第 12 行所示。在方法 main() 中定义了局部变量 name（第 5 行），并赋初值 "John Smith"。该局部变量屏蔽了同名的类成员变量（第 12 行）。第 7 行又声明了变量 name，它与第 5 行声明的变量冲突，导致编译错误，如图 2-1 所示，错误的含义是指变量 "name" 在本方法中已定义。

图 2-1　程序 2.1 的编译结果

现在修改程序 2.1，把第二个局部变量的说明（第 7 行）改为如下的赋值语句：

name = "Tom David";

再次编译，结果是正确的。再看下面的程序。

程序 2.2　变量屏蔽示例。

```
1    class Customer {
2        /* 说明变量屏蔽及作用域示例 */
3        public static void main(String [] args) {
4            Customer customer = new Customer();
5            {            String name = "Tom David";
6                customer. name = name;
7                System. out. println("The customer's name: " + customer. name);
8            }
9            //下面再说明是正确的
10           String name = "John Smith";
11           customer. name = name;
12           System. out. println("The customer's name: " + customer. name);
13       }
14       private String name;
15   }
```

程序 2.2 是正确的。虽然 main() 方法分别在第 5 行和第 10 行两次声明了同名局部变量 name，但第 5 行声明的变量只在第 5~8 行的块内有效，在块外该变量消失。第 10 行不包含在这个块中，也就不在第一次声明的作用域内。该方法的输出结果如图 2-2 所示。

4. 数学函数

进行科学计算时，可能会经常用到数学函数，数学函数往往得到一个数值结果，这也属于操作数。Java 语言提供了数学函数类 Math，其中包含了常用的数学函数，写程序时可以按需调用。下面列出几个常用的数学函数。

图 2-2　程序 2.2 的执行结果

Math. sin(0)	//正弦函数，返回 0.0，这是 double 类型的值
Math. cos(0)	//余弦函数，返回 1.0
Math. round(6.6)	//四舍五入取整，返回 7
Math. sqrt(144)	//开平方函数，返回 12.0
Math. pow(5,2)	//计算乘方，返回 25.0
Math. max(560,289)	//求最大值函数，返回 560
Math. min(560,289)	//求最小值函数，返回 289
Math. random()	//返回一个 0.0~1.0 的双精度随机数值

二、运算符

Java 语言的大多数运算符在形式上和功能上与 C 和 C++对应的运算符类似。

1. 算术运算符

算术运算符包括加（+）、减（-）、乘（*）、除（/）、取模（%），完成整型和浮点型数据的算术运算。许多语言中的取模运算只能用于整型数，Java 对此有所扩展，它允许对浮点数进行取模操作。例如，3 % 2 的结果是 1，15.2 % 5 的结果是 0.2。取模操作还可以用于负数，结果的符号与第一个操作数的符号相同，例如，5 % -3 的结果是 2，-5 % -3 的结果是-2，-5 % 3 的结果是-2。

此外，算术运算符还有"++"和"--"两种，分别称为加 1 和减 1 运算符，前者表示加 1 操作，后者表示减 1 操作。这两种运算符有前缀形式和后缀形式，含义略有不同。比如，++i 和 i++的执行顺序是不一样的，++i 在 i 使用之前先加 1，i++则是在 i 使用之后再加 1。--i 与 i--的情况与此类似。

2. 关系运算符

关系运算符用来比较两个值，包括大于（>）、大于或等于（>=）、小于（<）、小于或等于（<=）、等于（==）和不等于（!=）6 种。关系运算符都是二元运算符，也就是每个运算符都带有两个操作数。运算的结果是一个逻辑值。

Java 允许"=="和"!="两种运算用于任何数据类型。例如，可以判定两个实例是否相等。

3. 逻辑运算符

逻辑运算符包括逻辑与（&&）、逻辑或（||）和逻辑非（!）。前两个是二元运算符，最后一个是一元运算符。

Java 对逻辑与和逻辑或提供"短路"操作功能。进行运算时，先计算运算符左侧表达式的值，如果使用该值能得到整个表达式的值，则跳过运算符右侧表达式的计算，否则计算运算符右侧表达式，并得到整个表达式的值。

例 2.8 短路操作示例。

```
String unset = null;
if ((unset != null) && (unset.length() > 5)) {
        //对 unset 进行某种操作
}
```

unset 是空串，因此不能访问 unset.length()，但该 if 语句中的逻辑表达式是合法的，且完全安全。这是因为第一个子表达式（unset != null）的结果为假，它导致整个表达式的结果为假，所以 && 运算符跳过不必要的（unset.length() > 5）计算。因为没有计算它，从而避免了空指针异常。

4. 位运算符

位运算符用来对二进制位进行操作，包括按位取反（~）、按位与（&）、按位或（|）、异或（^）、右移（>>）、左移（<<）及无符号右移（>>>）。位运算符只能对整型和字符型数据进行操作。

例 2.9 位运算示例。

```
int xValue = 27, yVar= 28;
xValue = xValue & 4;
yVar = 4 & yVar;
```

xValue & 4 的作用是将整数 xValue 与 4 进行按位与运算。xValue 在计算机内部的二进制表示中，最低的 8 位是 0001 1011，4 的二进制表示中，最低的 8 位是 0000 0100。它们进行位运算时采用右对齐的方式，按位与运算的结果是 0。类似的，yVar 的二进制表示中，最低的 8 位是 0001 1100，与 4 进行按位与运算后，得到的结果是 0000 0100，换算成十进制的值是 4。

Java 提供两种右移运算符。运算符"\>>"执行算术右移，它使用最高位填充移位后左侧的空位。右移的结果为：每移一位，第一个操作数被 2 整除一次，移动的次数由第二个操作数确定。

逻辑右移运算符（也称无符号右移运算符）>>> 只对位进行操作，而没有算术含义，它用 0 填充移位后左侧的空位。

算术右移不改变原数的符号，而逻辑右移却不能保证这一点。

例 2.10 右移操作示例。

```
128 >> 1              //得到 64
256 >> 4              //得到 16
-256 >> 4             //得到-16
0xa2 >>> 2           //得到 40
(byte) 0xa2 >> 2     //得到-24
(byte) 0xa2>>>2      //得到 1 073 741 800
(byte) 0x80 >> 2     //得到-32
```

128 的二进制表示中，最低 8 位是 1000 0000。因为是正数，符号位为 0。右移 1 位后，得到的二进制数的最低 8 位是 0100 0000，符号位仍是 0。该值等于十进制数 64，正好是 128 被 2 整除的结果。

0xa2 是整型数，代表十进制数 162，它的二进制表示共 32 位，最低 8 位是 1010 0010，包括符号位在内的其余 24 位都是 0。无符号右移 2 位后，得到的结果的最低 8 位是 0010 1000，符号位仍是 0。结果是 40，等于 162 被 2 整除 2 次的结果。

（byte）0xa2 对应的 8 位二进制数是 1010 0010，在计算机内部，它表示的是十进制数 -94。使用 32 位补码形式表示 -94 时，结果是 1111 1111 1111 1111 1111 1111 1010 0010。算术右移 2 位时，使用符号位填充左边的空位，得到的结果是 1111 1111 1111 1111 1111 1111 1110 1000。这是十进制 -24 的补码表示。

对（byte）0xa2 进行无符号右移操作时，使用 0 填充空位，得到 0011 1111 1111 1111 1111 1111 1110 1000，这是个正数，结果 $= 2^{29}+2^{28}+\cdots+2^7+2^6+2^5+2^3 = 1073741800$。

移位运算中，当左侧操作数是 int 类型时，右侧操作数以 32 取模；当左侧操作数是 long 类型时，右侧操作数以 64 取模。执行

```
int x;
x = x >>> 32;
```

后，x 的结果不改变，而不是 0。这样可以保证不会将左侧操作数的所有位完全移走。

">>>" 运算符只用于整型，它只对 int 或 long 值起作用。如果用于 short 或 byte 值，则在进行 ">>>" 操作之前，使用符号扩展将其提升为 int 型，然后再移位。

5. 其他运算符

Java 中的运算符还包括扩展赋值运算符（+=、-=、*=、/=、%=、&=、|=、^=、>>=、<<= 和 >>>=）、条件运算符（?:）、点运算符（.）、实例运算符（instanceof）、new 运算符及数组下标运算符（[ ]）等。

扩展赋值运算符是在赋值号（=）前再加上其他运算符，是对表达式的一种简写形式，赋值号与运算符之间不能加空格。如果有赋值语句：

```
var = var op expression;
```

其中，var 是变量，op 是算术运算符或位运算符，expression 为表达式，则使用扩展赋值运算符可表示为

```
var op= expression;
```

例 2.11　扩展赋值运算符示例。

```
int x = 3;
x = x * 3;
```

等价于：

```
int x = 3;
x *= 3;
```

条件运算符（?:）是三元运算符，它的一般形式为

逻辑表达式 ? 表达式 1 : 表达式 2;

逻辑表达式会得到一个逻辑值，根据该值的真假来决定执行什么操作。如果值为真，则计算表达式 1，否则计算表达式 2。表达式 1 和表达式 2 需要返回相同的类型，且不能是 void。

6. 运算符的优先次序

在对一个表达式进行计算时，如果表达式中含有多个运算符，则要按运算符的优先顺序依次从高向低进行，同级运算符则根据结合律从左向右或从右向左进行。括号可以改变运算次序。运算符的优先次序见表 2-8。

表 2-8　运算符的优先次序

优先级（从高到低）	运 算 符	运 算 含 义	结 合 律
1	[ ]	数组下标	自左至右
	.	对象成员引用	
	（参数）	参数计算和方法调用	
	++	后缀加 1	
	--	后缀减 1	
2	++	前缀加 1	自右至左
	--	前缀减 1	
	+	求正	
	-	求负	
	~	按位取反	
	!	逻辑非	
3	new	对象实例	自右至左
	（类型）	类型转换	
4	*	乘	自左至右
	/	除	
	%	取模	
5	+	加	自左至右
	+	字符串连接	
	-	减	
6	<<	左移	自左至右
	>>	用符号位填充的右移	
	>>>	用 0 填充的右移	
7	<	小于	自左至右
	<=	小于或等于	
	>	大于	
	>=	大于或等于	
	instanceof	类型比较	

（续）

优先级（从高到低）	运　算　符	运　算　含　义	结　合　律
8	==	相等	自左至右
	!=	不等于	
9	&	按位与	自左至右
10	^	异或	自左至右
11	|	按位或	自左至右
12	&&	逻辑与	自左至右
13	||	逻辑或	自左至右
14	?:	条件运算符	自右至左
15	=	赋值	自右至左
	+=	加法赋值	
	+=	字符串连接赋值	
	-=	减法赋值	
	*=	乘法赋值	
	/=	除法赋值	
	%=	取余赋值	
	<<=	左移赋值	
	>>=	右移（符号位）赋值	
	>>>=	右移（0）赋值	
	&=	与赋值	
	^=	异或赋值	
	|=	或赋值	

三、表达式的提升和转换

　　Java 是一种强类型语言，不支持变量类型间的自动任意转换，有时必须显式地进行变量类型的转换。每个数据都与特定的类型相关，允许整型、浮点型、字符型数据进行混合运算。运算时，不同类型的数据先转换为同一种类型，再进行运算。如果同为整数类型，或同为浮点数类型，那么，转换的原则是位数少的类型可以转换为位数多的类型。对于不同类的数值类型，转换的原则是整数类型可以转换为浮点数类型。有一个特例是字符类型，它可以转换为位数更长的整数类型或浮点数类型。上述这几种转换称作自动类型转换，也就是表达式中不需要显式地指明相关的类型信息。但有些转换是不能自动进行的。

　　例如，int 型表达式可以看作 long 型的，而 long 型表达式不能自动转换为 int 型表达式。当变量类型与表达式类型一致时，表达式的值可以给变量赋值。当变量类型与表达式类型不一致时，如果能进行自动类型转换，则赋值也是被允许的，这称为赋值相容。

　　能够进行自动类型转换的类型顺序为

byte　short　char　int　long　float　double

排在前面的类型可以自动转换为排在后面的类型，具体的转换规则见表 2-9。

表 2-9　不同类型数据的自动转换规则

操作数之一的类型	操作数之二的类型	转换后的类型
byte 或 short	int	int
byte、short 或 int	long	long
byte、short、int、long	float	float
byte、short、int、long、float	double	double
char	int	int

例 2.12 类型转换示例。

```
long bigval = 6;          //6 是整型常量，所以该语句正确
int smallval = 99L;       //99L 是长整型常量，该语句错误
float z = 12.414F;        //12.414F 是浮点型常量，该语句正确
float z1 = 12.414;        //12.414 是双精度常量，该语句错误
```

99L 是长整型常量，smallval 是 int 型变量，赋值不相容。同样，12.414 是双精度常量，不能赋给单精度变量 z1。

虽然 int 型与 float 型占用的位数一样多，long 型与 double 型占用的位数一样多，但由于浮点数表示的数的范围远远大于整型数，所以，由 int 型和 long 型向 float 型或 double 型的转换是可以自动进行的。但是转换过程中，可能会损失数的精度。使用程序 2.3 来说明这个问题，程序运行结果如图 2-3 所示。

程序 2.3 类型转换示例程序。

```
import java.util. * ;
public class DataType{
    public static void main(String[ ] args){
        int intValue= 1234567892;
        long longValue = 1234567890123456789L;
        float floatValue = intValue;
        double doubleValue = intValue;
        char ch='a';
        System.out.println("整型变量          intValue= " + intValue);
        System.out.println("浮点型变量        floatValue= " + floatValue);
        System.out.println("双精度浮点型变量 doubleValue= " + doubleValue);
        floatValue   = longValue;
        doubleValue = longValue;
        System.out.println("长整型变量        longValue= " + longValue);
```

```
            System. out. println("浮点型变量              floatValue = " + floatValue);
            System. out. println("双精度浮点型变量 doubleValue = " + doubleValue);
            intValue = ch;
            longValue = ch;
            floatValue = ch;
            System. out. println("字符型变量                char = " + ch);
            System. out. println("整型变量                intValue = " + intValue);
            System. out. println("长整型变量              longValue = " + longValue);
            System. out. println("浮点型变量              floatValue = " + floatValue);
        }
    }
```

```
Windows PowerShell                                    —    □    ×
PS D:\> javac DataType.java
PS D:\> java DataType
整型变量                intValue= 1234567892
浮点型变量              floatValue= 1.23456794E9
双精度浮点型变量 doubleValue= 1.234567892E9
长整型变量              longValue= 1234567890123456789
浮点型变量              floatValue= 1.23456794E18
双精度浮点型变量 doubleValue= 1.23456789012345677E18
字符型变量                char= a
整型变量                intValue= 97
长整型变量              longValue= 97
浮点型变量              floatValue= 97.0
PS D:\>
```

图 2-3　程序 2.3 的执行结果

从图 2-3 的运行结果可以看出，intValue 中保存的数的位数超出了 float 型的有效位数，但没有超出 double 型的有效位数。故将 intValue 转换为 float 型时，损失了精度，而转换为 double 型时，没有损失精度。longValue 中保存的数的位数，既超出了 float 型的有效位数，也超出了 double 型的有效位数，所以转换为这两种类型时，精度均有所损失。字符型转换为位数多于 16 位的整型或浮点型都是允许的。但转换为小于或等于 16 位的整型（比如转换为 16 位的 short 型），是不允许的。比如，语句 short sh = ch;会提示出现编译错误。

当不能进行自动类型转换时，相关的类型转换需要在程序中明确指明，这种转换称为强制类型转换，使用一对括号再加目标类型来表示。例如

```
        int i = 3;
        byte b = (byte) i;
        long bigValue = 99L;
        int squashed = (int) (bigValue);
```

将 int 型变量 i 赋给 byte 型变量 b 之前，先将 i 强制转换为 byte 型。当位数多的类型转换为位数少的类型时，通常要截断高位，因此可能会导致精度下降等情况。进行强制类型转换时，目标类型用括号括起来，放到要修改的表达式的前面。为避免歧义，被转换的整个表达式最好也用括号括起来。

本 章 小 结

本章介绍了 Java 程序的一些基本语法知识，包括空白、注释、关键字及标识符、数据和表达式等。着重介绍了 Java 语言命名标识符的规则，列出了所有的关键字。介绍了 8 种基本数据类型，包括表示它们的关键字、各类型的表示范围、各类型常量值的含义、转义字符的含义等。

本章还介绍了运算符的含义及其优先级，变量的声明、初始化、赋值方法及其作用域。Java 表达式的表示方式、表达式提升和转换方法也是本章的重点。

思考题与练习题

一、单项选择题

1. 以下选项中，能作为 Java 语言关键字的字符串的是   【   】
   A. define   B. type   C. include   D. switch
2. 以下标识符中，不是 Java 语言关键字的是   【   】
   A. wait   B. new   C. long   D. switch
3. 以下字符串中，能作为 Java 程序中的标识符的是   【   】
   A. Val   B. OK#   C. 2Val   D. catch
4. 以下字符串中，能作为 Java 程序变量名的是   【   】
   A. default   B. final   C. long   D. CASE
5. 下列选项中，能作为 Java 语言注释的是   【   】
   A. 从 / * 开始直到行尾   B. 从 // 开始直到行尾
   C. 从 / * 开始直到 ** 结束   D. 从 / ** 开始直到行尾
6. 标识符 MAIN 不能用作   【   】
   A. 类名   B. 接口名   C. 程序名   D. 主函数名
7. 不属于 Java 基本数据类型的是   【   】
   A. 记录型   B. 整数型   C. 浮点型   D. 布尔型
8. 以下数据类型转换中，必须进行强制类型转换的是   【   】
   A. int→char   B. short→long   C. float→double   D. byte→int
9. 以下数据类型转换中，必须进行强制类型转换的是   【   】
   A. long→byte   B. short→float   C. int→long   D. byte→short
10. 以下选项中，不是转义字符的是   【   】
   A. \u061   B. \t   C. \141   D. \u0061

二、填空题

1. 用来声明 Java 布尔变量（逻辑变量）的保留字是_____。
2. 方法内定义的变量称作_____。
3. Java 逻辑与和逻辑或运算符有一个特殊的功能，当左侧操作数能决定表达式的值时，跳过右侧操作数的运算，这个功能是_____。

4. 一个 byte 类型的操作数和一个 int 类型的操作数进行运算，结果的类型是_____。

5. 当不同数值类型的数据进行运算时，表示范围较小的类型转换为表示范围较大的类型的转换称作_____。

6. 当不同数值类型的数据进行运算时，表示范围较大的类型转换为表示范围较小的类型的转换称作_____。

7. 表达式"45&20"的十进制值是_____。

8. 表达式 1 == 1 >>> 32;的值是_____。

三、简答题

1. Java 支持的数据类型有哪些？列出 Java 语言中所有的基本数据类型。

2. Java 中常用的运算符有哪几类？请每类列出几个，并说明其含义。

3. Java 中运算符优先级是如何定义的？举例说明。

4. 从下列字符串中选出正确的 Java 关键字：

abstract，bit，boolean，case，character，comment，double，else，end，endif，extend，false，final，finally，float，for，generic，goto，if，implements，import，inner，instanceof，interface，line，long，loop，native，new，null，old，oper，outer，package，print，private，rest，return，short，static，super，switch，synchronized，this，throw，throws，transient，var，void，volatile，where，write

5. 请叙述标识符的定义规则。指出下面给出的字符串中，哪些不能用作标识符，并说明原因。

here，there，this，that，it，2to1，标识符，字符串，名字

6. 转义字符是什么？请列举几个转义字符。

7. Java 中的类型转换是指什么？

8. >>>与>>有什么区别？举例说明。

9. 下列表达式中，找出每个操作符的计算顺序，在操作符下按次序标上相应的数字。

a+b+c-d

a+b/c-d

a+b/c * d

(a+b)+c-d

(a+b)+(c-d)%e

(a+b)+c-d%e

(a+b)%e%c-d

10. 什么是变量声明？

四、程序分析题

阅读下列程序片段，请写出程序片段的执行结果。

```
int b1 = 1;
int b2 = 1;
```

```
        b1 <<= 31;
        b2 <<= 31;


        b1 >>= 31;
        b1 >>= 1;


        b2 >>>= 31;
        b2 >>>= 1;
```

第三章　流程控制语句

学习目标：

1. 了解 Java 程序结构，理解包的概念，掌握 package 语句及 import 语句的用法。

2. 掌握 Java 各主要语句的语法格式，能够指出简单程序的功能，给出运行结果，能够编写简单的 Java 程序，能够处理简单的输入/输出。

3. 了解 Java 中异常处理的概念及处理机制，掌握 try、catch、finally、throw 和 throws 的使用方法。

建议学时： 6 学时。

教师导读：

1. 本章介绍 Java 程序结构及构成程序的基本语句。为了能编写完整的程序，本章还将介绍简单的输入/输出语句及异常的处理。

2. 要求考生掌握 Java 语言中各类基本语句的语法，特别是使用嵌套的语句来表示较复杂的语义结构。在理解 Java 异常处理的概念和处理机制的基础上，学会添加必要的异常处理语句，能使用 throw 抛出异常，使用 throws 声明方法中可能抛出的异常。

第一节　Java 程序的结构

一个 Java 程序可以由一个或多个 .java 文件组成，这些文件称为源文件。每个源文件中含有一个或多个类或接口。如果一个源文件中有多个类，则最多只能有一个是 public 类型的类，且该源文件的名字即为该 public 类的名字，大小写也要一致。其他非 public 的类的个数不限。

Java 程序由一条条语句组成。这些语句有严格的结构，一个 Java 程序的结构包含以下内容。

- package 语句：包语句，每个文件最多只有一个，且必须放在文件开始的地方。
- import 语句：引入语句，可以没有，也可以有多个，如果有 import 语句，则必须放在所有类定义的前面。
- 具有 public 权限的类定义：每个文件中最多有一个。
- 类定义：每个文件中包含的非 public 权限的类定义的个数没有限制。
- 接口定义：每个文件中包含的接口定义个数没有限制。

一、Java 包的概念

包是类的容器，包的设计人员利用包来划分名字空间，以避免类名冲突。例如，API 文档中提供了很多包，在 java.util 包中定义了线性表类 LinkedList。程序员可以在自己的包中定义自己的线性表类，名字仍可以叫 LinkedList。Java 中的包一般均包含相关的类，使用包的目的就是要将相关的源代码文件组织在一起。

不但 JDK 提供了已定义好的包，程序员也可以定义自己的包。实际上，前面两章的程序都属于一个默认的无名包，因为程序中没有指明包的名字。如果想将自己编写的程序组织成一个包，可以使用 package 语句来命名。在其他程序中可以像使用 JDK 中的包一样来使用这样命名的包。

包语句的格式为

```
package pkg1[.pkg2[.pkg3...]];
```

程序中如果有 package 语句，该语句一定是源文件中的第一条非注释语句，它的前面只能有注释或空行。另外，一个文件中最多只能有一条 package 语句。

包的名字有层次关系，各层之间以点分隔。包层次必须与 Java 开发系统的文件系统结构相同。通常包名中全部用小写字母，这与类名以大写字母开头且各单词的首字母亦大写的命名约定有所不同。

一个包可以包含若干个类文件，还可以包含若干个包。一个包要放在指定目录下，通常用 CLASSPATH 指定搜寻包的路径。包名本身对应一个目录，即用一个目录表示。由于 Java 使用文件系统来存储包和类，故类名就是文件名，包名就是文件夹名，即目录名。反之，目录名并不一定是包名。

如果某程序文件中有如下的声明：

```
package java.awt.image;
```

那么在 Windows 系统下，该文件中定义的各个类必须存放在 java\awt\image 目录下。该语句说明当前的编译单元是包 java.awt.image 的一部分，文件中的每一个类名前都有前缀 java.awt.image，因此不会与其他目录中的类发生重名问题。

二、引入语句

假设已定义如下的包：

```
package mypackage;
public class MyClass {  ...  }
```

如果其他人在其他的包中想使用 MyClass 类，则需要使用全名，如下：

```
mypackage.MyClass m = new mypackage.MyClass();
```

为了简化程序的书写，Java 提供了引入语句。当要使用其他包中所提供的类时，可以使用 import 语句引入所需要的类，程序中无须再使用全名，语句可以简化为：

```
import mypackage.*;
    ...
MyClass m = new MyClass();
```

从系统角度来看，包名也是类名的一部分。包中类的名字"全称"是包名加类名。例如，如果 abc.FinanceDept 包中含有 Employee 类，则该类可称作 abc.FinanceDept.Employee。

所以虽然不同的包中可能存在相同名字的类，但因为它们所处的包不同，故类名还是不同的，从而可以尽最大可能避免名字冲突。从另一个角度来看，这种机制提供了包一级的封装及存取权限，这也正是使用包的目的。如果使用了 import 语句，则再使用类时，包名可省略，只用 Employee 来指明这个类就可以了。

引入语句的格式如下：

```
import pkg1[.pkg2[.pkg3...]].(类名|*);
```

其中，格式语句中，如果指明具体的类名，则表示引入的是这个具体的类；要引入包中的所有类时，可以使用通配符"*"，例如：

```
import java.lang.*;
```

下面的语句将引入包中的所有类：

```
import java.util.*;
```

下面这个例子只引入了包中的 ArrayList 类：

```
import java.util.ArrayList;
```

源文件中，可以同时出现 package 语句和 import 语句，但要特别注意它们的次序。

例 3.1　表 3-1 给出 3 个语句次序示例，其中第一个示例是正确的，后两个示例的语句次序是错误的。

表 3-1　3 个语句次序示例

示　例	语　句	说　明
示例一	package Transportation; import java.awt.Graphics; import java.util.ArrayList;	正确
示例二	import java.awt.Graphics; import java.util.ArrayList; package Transportation;	错误 错误原因：在包说明语句之前有其他语句
示例三	package Transportation; package House; import java.util.ArrayList;	错误 错误原因：有两个包说明语句

例 3.2　假设有一个包 apack，其中，文件 XX.java 定义了 XX 类，文件 YY.java 定义了 YY 类，其格式如下：

```
//包 apack 中的文件 XX.java
package apack;
public class XX{  /*...*/ }

//包 apack 中的文件 YY.java
package apack;
public class YY{  /*...*/ }
```

当在另外一个包 bpack 的文件 ZZ. java 中使用包 apack 中的 XX 类和 YY 类时，语句形式如下：

```
//包 bpack 中的文件 ZZ. java
package bpack;              //说明当前文件在包 bpack 中
import apack. * ;           //引入包 apack 中的全部类
class ZZ extends XX {       //派生于包 apack 中的 XX 类
    YY y;                   //使用的是包 apack 中的 YY 类
    ...
}
```

在 ZZ. java 中，import 语句表明要到目录 apack 下查找 apack. ∗ 形式的类。因为引入了包 apack 中的所有类，所以使用起来就好像是在同一个包中一样（当然首先要满足访问权限，这里假定可以访问）。

实际上，程序中并不一定要有引入语句。当引用某个类的类与被引用的类存储在同一个包中时，可以直接使用被引用的类。

第二节　流程控制

Java 程序中的语句指示计算机完成某些操作，一条语句的操作完成后会把控制转给另一条语句。

语句是 Java 的最小执行单位，语句间以分号（;）作为分隔符。语句分为单语句及复合语句，单语句就是通常意义下的一条语句；而复合语句是一对大括号（"{" 和 "}"）括起来的语句组，也称为 "块"。块中往往含有多条语句，块后没有分号，经常用在流程控制的语句中，如分支语句及循环语句。

下面介绍几类语句，包括赋值语句、分支语句、循环语句和跳转语句等。它们对应三类语句流，分别是顺序流、分支流和循环流。Java 中去掉了能实现跳转的 goto 语句，代之以 break 语句与 continue 语句，它们常常与分支流和循环流一起使用，实现更加灵活的程序流程控制。

一、赋值语句

在 Java 程序中，表达式可以当作一个值赋给某个变量，这样的语句称为赋值语句。有的表达式也可单独当作语句，这样的语句称为表达式语句。

语句与表达式有相同的地方，也有不同的地方。首先，有的表达式可以当作语句，但并不是所有的语句都是表达式；另外，每个表达式都会得到一个值，即表达式的计算结果。虽然语句也会有一个值，但这个值并不是语句的计算结果，而是执行结果。

下面的语句中，前两条是赋值语句，第三条是表达式语句：

```
customer1 = new Customer( );
x = 12;
x++;
```

方法调用通常返回一个值，一般用在表达式中。有的方法调用可直接当作语句，例如：

```
System. out. println( "Hello World!" );
```

可以将多条语句使用一对大括号"{"和"}"括起来组成块，例如下面的两个块：

```
{  }                //空块
{
    Point point1 = new Point( );
    int x = point1. x;
}
```

第一个块是空块，可以看作含有一个空语句。第二个块含有两条语句。

二、分支语句

分支语句根据一定的条件，动态决定程序的流程方向，从程序的多个分支中选择一个或几个来执行。分支语句有 if 语句和 switch 语句两种。

1. if 语句

if 语句是单重选择，最多只有两个分支。if 语句的基本格式是：

```
if ( 条件表达式)
    语句1;
[ else
    语句2;
]
```

if 关键字之后的条件表达式必须得到一个逻辑值，不能像其他语言那样以数值来代替。因为 Java 不提供数值与逻辑值之间的转换。例如，C 语言中的语句形式：

```
int x = 3;
if ( x) { / * 处理代码 * / }
```

在 Java 程序中应该写为

```
int x = 3;
if ( x! = 0) { / * 处理代码 * / }
```

if 语句中的 else 子句是可选的，语句 1 和语句 2 可以是任意的语句，且只能是一条语句。如果想写多条语句，需要使用大括号把多条语句组成一个块。

语句 1 和语句 2 还可以是 if 语句，这样的 if 语句称为嵌套的 if 语句。使用嵌套的 if 语句可以实现多重选择，也就是可以有多个分支。

if 语句的含义是：当条件表达式结果为 true 时，执行语句 1，然后继续执行 if 后面的语句。当条件表达式结果为 false 时，如果有 else 子句，则执行语句 2，否则跳过该 if 语句。然后继续执行后面的语句。

下面是 if 语句常见的 3 种形式，其中形式 3 就是常见的 if 语句的嵌套。

形式 1，没有 else 子句：

```
if (条件表达式) {
    //条件表达式为 true 时要执行的语句；
}
```

形式 2，包含 else 子句：

```
if (条件表达式) {
    //条件表达式为 true 时要执行的语句；
}
else {
    //条件表达式为 false 时要执行的语句；
}
```

形式 3，嵌套的 if 语句：

```
if (条件表达式 1) {
    //条件表达式 1 为 true 时要执行的语句；
}
else if (条件表达式 2) {
    //条件表达式 1 为 false，但条件表达式 2 为 true 时要执行的语句；
}
else if (条件表达式 k) {
    …
    //条件表达式 1 至条件表达式 k-1 均为 false，但条件表达式 k 为 true 时要执行的语句；
}
else {
    //前面的条件表达式全为 false 时要执行的语句；
}
```

if 语句是可以嵌套的，嵌套时，由于 else 子句是可选的，所以 if 的个数可能多于 else 的个数，这就存在配对匹配的问题。else 对应的是哪个 if？在什么条件下执行某个 else 后的语句？如果不明确 else 与哪个 if 对应，就不能做出正确的判断，程序的执行结果也会有差异。Java 规定 else 子句属于逻辑上离它最近的 if 语句，也就是同一块中还没有匹配 else 的最近的 if。

例 3.3 嵌套 if 语句示例。

```
1    if (firstVal == 0)
2        if (secondVal == 1)
3            firstVal++;
4        else
5            firstVal--;
```

第 4 行的 else 子句与第 2 行的 if 配对，当 firstVal 为 0 且 secondVal 不为 1 时，执行 firstVal--语句。如果想改变 else 的匹配关系，可以使用"{ }"来改变语句结构。

例 3.4 改变匹配关系。

```
1    if (firstVal = = 0) {
2        if (secondVal = = 1)
3            firstVal++;
4    }
5    else
6        firstVal--;
```

这次，else 子句与第 1 行的 if 配对，当 firstVal 不为 0 时执行 firstVal--操作。else 与第 2 行的 if 并不在同一个块中，所以它们不能匹配。

对比例 3.3 和例 3.4 可以看出，大括号{ }可以改变程序的含义。

2. switch 语句

使用 if 语句可以实现简单的分支判断，进而执行不同的语句。当需要进行多个条件的判断时，可以使用嵌套的 if 语句来实现。

为了方便地实现多重分支，Java 语言还提供了 switch 语句，它的含义与嵌套的 if 语句类似，只是格式上更加简洁。switch 语句的语法格式如下：

```
switch (表达式) {
    case c1:
        语句组 1;
        break;                  //break 语句可选
    case c2:
        语句组 2;
        break;                  //break 语句可选
    ...
    case ck:
        语句组 k;
        break;                  //break 语句可选
    [default:
        语句组;
        break;                  //break 语句可选
    ]
}
```

这里，表达式的计算结果必须是 int 型或 char 型，即是 int 型赋值相容的。当用 byte 型或 short 型时，要进行提升。Java 规定 switch 语句不允许使用浮点型或 long 型表达式。c1、c2、…、ck 是 int 型或字符型常量。default 子句是可选的，并且，最后一个 break 语句完全可以不写。

switch 语句的语义是：计算表达式的值，用该值依次和 c1、c2、…、ck 相比较。如果该值等于其中之一，如 ci，那么执行 case ci 之后的语句组 i，直到遇到 break 语句跳到 switch 之后的语句。如果没有相匹配的 ci，则执行 default 之后的语句。也可以将 default 看作一个分支，即前面的条件均不满足时要执行的语句。switch 语句中，ci 之后的语句既可以是单语句，也可以是语句组。无论执行哪个分支，程序流都会顺序执行下去，直到遇到 break 语句为止。

例 3.5 switch 语句示例。

```
//colorNum 是整型变量
switch (colorNum) {
        case 0:
                setBackground(Color. red);
                break;
        case 1:
                setBackground(Color. green);
                break;
        default:
                setBackground(Color. black);
                break;
}
```

例 3.5 根据 colorNum 的值来设置背景色，值为 0 时设置为红色，值为 1 时设置为绿色，为其他值时设置为黑色。这里使用了 Java 预定义的表示颜色的一个类 Color。

有些情况下，switch 语句和 if 语句可以互相代替。例 3.5 中的 switch 语句也可以用 if 语句实现，改写如例 3.6 所示。

例 3.6 替换为 if 语句。

```
if (colorNum == 0)
        setBackground(Color. red);
else if (colorNum == 1)                    //该 else 对应的是第一个 if
        setBackground(Color. green);
else    setBackground(Color. black);       //该 else 对应的是第二个 if
```

例 3.7 中的两段程序实现的逻辑是相同的，都是根据 month 的值返回该月的天数，这里只处理平年的情况，没有考虑闰年的特殊处理。

例 3.7 switch 语句与 if 语句的等价性示例。

使用 if 语句：

```
static int daysInMonth(int month) {
    if (month <= 0 || month > 12)
        return -1;                    //表示月份的数值不合理
    if (month == 2)
        return 28;
```

```
        if ((month == 4) || (month == 6) || (month == 9) || (month == 11))
            return 30;
        return 31;
    }
```

使用 switch 语句:

```
static int daysInMonth(int month) {
    int days;
    if (month <= 0 || month > 12) return -1;          //表示月份的数值不合理
    switch(month) {
        case 2:
            days = 28;
            break;
        case 4: case 6: case 9: case 11:
            days = 30;
            break;
        default:
            days = 31;
    }
    return days;
}
```

下面是 switch 语句的应用示例。程序 3.1 输出第一个命令行参数首字符的分类信息,并进一步输出该字符。

程序 3.1 switch 语句的应用示例。

```
public class SwitchTest {
    public static void main(String [ ] args) {
        char ch = args[0].charAt(0);
        switch (ch) {
            case '0' : case '1' : case '2' : case '3': case '4' :
            case '5' : case '6' : case '7': case '8' : case '9' :
                System.out.println( "The first character is digit " + ch);
                break;
            case 'a' : case 'b' : case 'c' : case 'd': case 'e' : case 'f' : case 'g' :
            case 'h': case 'i' : case 'j' : case 'k' : case 'l': case 'm' : case 'n' :
            case 'o' : case 'p': case 'q' : case 'r' : case 's' : case 't': case 'u' :
            case 'v' : case 'w' : case 'x': case 'y' : case 'z' :
                System.out.println( "The first character is lowercase letter " + ch);
                break;
            case 'A' : case 'B' : case 'C' : case 'D': case 'E' : case 'F' : case 'G' :
            case 'H': case 'I' : case 'J' : case 'K' : case 'L': case 'M' : case 'N' :
```

```
case 'O' : case 'P': case 'Q' : case 'R' : case 'S' : case 'T': case 'U' :
case 'V' : case 'W' : case 'X': case 'Y' : case 'Z' :
        System. out. println( "The first character is uppercase letter " + ch);
        break;
default: System. out. println("The first character " + ch
        + " is neither a digit nor a letter. ");
      }
    }
  }
```

当主程序执行时，如果命令行第一个参数的首字符是数字、小写字母或大写字母，系统会显示这个首字符。如果输入的是非数字或非字母，则显示的不是数字或字母（is neither a digit nor a letter）。比如，输入命令 java SwitchTest 1，则输出信息 The first character is digit 1；输入命令 java SwitchTest Art，则输出信息 The first character is uppercase letter A。

三、循环语句

循环语句控制程序流多次执行一段代码。Java 语言提供 3 种基本的循环语句，分别是 for 语句、while 语句和 do-while 语句。

1. for 语句

for 语句的语法格式是：

```
for (初始语句; 条件表达式; 迭代语句)
     循环体语句;
```

初始语句和迭代语句中可以含有多条语句，各语句间以逗号分隔。for 语句括号内的 3 个部分都是可选的，条件表达式为空时，默认规定为恒真。

for 语句的语义是：先执行初始语句，判断条件表达式的值。当条件表达式为真时，执行循环体语句，执行迭代语句，然后再去判别条件表达式的值。这个过程一直进行下去，直到条件表达式的值为假时，循环结束，转到 for 之后的语句继续执行。

例 3.8 for 语句示例。

```
1     for (int k = 0; k < 3; k++) {
2             System. out. println("Are you finished yet?");
3     }
4     System. out. println("Finally!");
```

该段程序共执行 3 次第 2 行的输出语句（k 为 0、1、2 时）。当 k = 3 时，条件表达式（k < 3）的值为假，退出循环，执行第 4 行语句。程序输出结果为

```
Are you finished yet?
Are you finished yet?
Are you finished yet?
Finally!
```

for 语句中，会在初始语句部分定义循环控制变量，它的值自动修改，也可以在循环体中进行修改。循环控制变量的值只在该块内有效。

例如修改例 3.8，在循环体内显式修改循环控制变量的值：

```
1       for (int k = 0; k < 3; k++) {
2               System. out. println("Are you finished yet?");
3               k++;
4       }
5       System. out. println("Finally!");
```

则输出语句会少执行 1 次，"Are you finished yet?"只输出 2 次。

如果条件表达式的值永远为真，则循环会无限制地执行下去，直到系统资源耗尽为止。比如：

```
for ( ; ; )
        System. out. println("Always print!");
```

该语句等价于：

```
for ( ; true ; )
        System. out. println("Always print!");
```

这个循环不会停止。

例 3.9　多个初始语句和迭代语句示例。

```
int sumi = 0, sumj = 0;
for ( int i = 0, j = 0; j < 10; i++, j++) {
    sumi += i;
    sumj += j;
}
```

在 Java 的新版本中，提供了另一种形式的 for 语句，称为增强 for 语句，也称为 for-each 语句。它对数组的所有元素提供顺序访问，但不能像基本的 for 语句那样可以提供多样化的处理。

比如，程序中定义了一维整数数组 int myTable[ ] = {23, 45, 65, 34, 21, 67, 78};，for-each 语句 for(int element:myTable) System. out. print(element + "　　　");将输出数组中的全部 7 个元素，各元素之间以三个空格分隔。

2. while 语句

for 语句中常常用循环控制变量显式控制循环的执行次数。当程序中不能明确地指明循环的执行次数时，可以仅用条件表达式来决定循环的执行与否。这样的循环可用 while 语句来实现。

while 循环的语法格式是：

```
while (条件表达式)
        循环体语句;
```

和 if 语句一样，while 语句中的条件表达式亦不能用数值来代替。

while 语句的语义是：计算条件表达式的值，当值为真时，重复执行循环体语句，直到条件表达式为假时结束。如果第一次检查时条件表达式为假，则循环体语句一次也不执行。如果条件表达式始终为真，则循环不会终止。

例 3.8 中的 for 语句可以改写为例 3.10 中的 while 语句。

例 3.10 while 语句示例。

```
int i = 0;
while (i < 3) {
        System. out. println("Are you finished yet?");
        i++;
}
System. out. println("Finally!");
```

for 语句中，循环控制变量的值通常是隐式修改的，而 while 语句中，需要显式修改。例 3.10 中，如果没写 i++，则变量 i 的值不会改变，循环会无限执行下去。

3. do-while 语句

do-while 语句与 while 语句很相似，它把 while 语句中的条件表达式移到循环体之后。do-while 语句的语法格式是：

```
do
        循环体语句;
while (条件表达式);
```

do-while 语句的语义是：首先执行循环体语句，然后判别条件表达式的值，当值为真时，重复执行循环体语句，直到表达式的值为假时结束循环。无论条件表达式的值是真是假，do 循环中的循环体都至少执行一次。

例 3.11 do-while 语句示例。

```
//do-while 语句
int i = 0;
do {
        System. out. println("Are you finished yet?");
        i++;
} while (i < 3);
System. out. println("Finally!");
```

实际上，for、while 及 do-while 语句可以互相替代。例如：

```
do
        语句1;
while (条件表达式);
```

等价于：

```
    语句 1;
    while(条件表达式)
        语句 1;
```

四、跳转语句

Java 语言不再提供对有争议的 goto 语句的支持，也就是程序中不能再写 goto 语句。Java 提供了 break 语句和 continue 语句，这是两条特殊的流控制语句，可以完成相关的功能。break 语句和 continue 语句可以用在分支语句或循环语句中，让程序员更方便地控制程序执行的方向。

1. 标号

标号可以放在任意语句之前，通常与 for、while 或 do-while 语句配合使用，其语法格式为

```
    标号：语句；
```

2. break 语句

break 语句可用于三类语句中，第一类是在 switch 语句中，第二类是在 for、while 及 do-while 等循环语句中，第三类是在语句块中。在 switch 语句及循环语句中，break 的语义是跳过本块中余下的所有语句，转到块尾，执行其后的语句。

例 3.12 break 语句示例。

```
for (int i = 0; i < 100; i++) {
    if ( i == 5 )  break;
    System. out. println("i = " + i);
}
```

循环控制条件控制循环应该执行 100 次（i 从 0 到 99）。当 i=5 时，执行 break 语句，它跳过余下的语句，结束循环。实际上，语句 System. out. println( )只执行了 5 次（i 从 0 到 4）。

break 语句的第三种使用方法是在块中和标号配合使用，其语法格式为

```
    break 标号；
```

其语义是跳出标号所标记的语句块，继续执行后面的语句。这种形式的 break 语句多用于嵌套块中，控制从内层块跳到外层块之后。

例 3.13 break 语句示例。

```
int x = 20;
out: for (i=2; i<10; i++) {
    System. out. println ("begin i = "+i);
    while (x<1000) {
        System. out. println ("i= "+i+", x= "+x);
```

```
                      if ( i * x >= 80) break out;
                      else x+=5;
              }
      }
  System. out. println ("after out block");
```

例 3.13 中，当满足 if 语句的条件时，跳出 out 标记的循环，执行块后的语句，即执行输出语句，显示"after out block"。

程序 3.2 break 语句示例。

```
public class Break {
    public static void main (String args[ ]) {
        int i, j = 0, k = 0, h;
        label1:      for( i = 0; i < 100; i++, j += 2)
        label2:      {
        label3:              switch( i%2 ) {
                                 case 1:
                                        h = 1;
                                        break;
                                 default:
                                        h = 0;
                                        break;
                             }
                             if( i == 50 )  break label1;
                      }
                      System. out. println("i=" + i);
        }
    }
```

程序执行后，判断 i 的值。如果 i 是奇数，则 h 为 1；如果 i 是偶数，则 h 为 0。switch 语句中的 break 语句都只是跳过 switch 本身，但并没有跳出 for 循环。当 i 增大到 50 时，进入 if 语句块，执行的结果是跳出 label1 标记的语句块，即 for 语句块。接下来的语句是打印语句，输出 i 的值。程序 3.2 的输出结果是 i=50。

3. continue 语句

在循环语句中，continuc 语句可以立即结束当次循环，开始执行下一次循环，当然执行前要先判断循环条件是否满足。

continue 语句也可以和标号一起使用，其语法格式为

```
continue 标号;
```

该语句立即结束标号标记的那重循环的当次执行，开始下一次循环。这种形式的语句多用于多重循环。

例 3.14 continue 语句示例。

```
out:   for (int i = 0; i < 10; i++) {
            for (int j = 0; j < 20; j++) {
                if ( j>i ) {
                    System. out. println( );
                    continue out;
                }
                System. out. print(" *    ");
            }
        }
```

例 3.14 中，使用变量 i 控制行数，使用变量 j 控制每行中星号的个数。满足 j>i 条件进入 if 语句中时，表示当前行中已经输出了足够多的星号，应该换到下一行继续输出了。该程序的执行结果示意如下：

```
*
*  *
*  *  *
*  *  *  *
*  *  *  *  *
*  *  *  *  *  *
*  *  *  *  *  *  *
*  *  *  *  *  *  *  *
*  *  *  *  *  *  *  *  *
*  *  *  *  *  *  *  *  *  *
```

第三节　简单的输入/输出

程序运行期间交互式地读入用户的输入并将计算结果返回给用户是一个基本要求。本节介绍 Java 提供的用于输入/输出的几个基本类。

1. Scanner 类

Scanner 类属于 java. util 包。它提供了许多方法，可用来方便地读入不同类型的输入值，比如从键盘输入、从文件中输入等。读者可查阅相关的 API 文档来详细了解。

要调用 Scanner 类的方法，必须先创建一个对象。Java 中的对象使用 new 运算符来创建。下面的语句创建了一个 Scanner 类对象，它读入键盘输入：

```
Scanner scan = new Scanner(System. in) ;
```

这个说明创建了一个变量 scan，它代表一个 Scanner 对象。对象本身由 new 运算符来创建，并调用构造方法来建立对象。关于对象及其创建的知识将在后续章节中介绍。

Scanner 类的构造方法接收一个参数，这个参数代表了输入源。System. in 对象代表标准输入流，默认是指键盘。

Scanner 对象用空白（空格、水平制表符及回车换行符）作为输入的分隔元素，这些空白称为分隔符。也可以指定用其他的符号作为分隔符。

Scanner 类的 next( )方法用于读入下一个输入对象，将它作为字符串返回。如果输入的是一串用空白分开的多个字，则每次调用 next( )时都会得到下一个字。nextLine( )方法用于读入当前行的所有输入，直到行尾，然后作为字符串返回。

程序 3.3 输入示例。

```java
import java. util. Scanner;
public class Echo{
        //--------读入字符串并回显在屏幕上--------
        public static void main (String[ ] args) {
            String message;
            Scanner scan = new Scanner (System. in);        //创建从键盘输入的对象
            System. out. println ("Enter a line of text:");
            message = scan. nextLine( );                    //从键盘读入一行
            System. out. println ("You entered: \"" + message + "\""); //回显
        }
}
```

程序 3.3 中的 Echo 程序，用于读入用户输入的一行文本，将它保存到字符串变量 message 中，并回显在屏幕上。第 1 行的 import 语句，表明程序中要使用 Scanner 类。

Scanner 类的不同方法，如 nextInt( )和 nextDouble( )，用来读入不同类型的数据。程序 3.4 的 IntDouble 类，可以读入身高与体重值，并据此计算 BMI 值。

程序 3.4 读入数值数据示例。

```java
import java. util. Scanner;
public class IntDouble{
        //--------计算 BMI--------
        public static void main (String[ ] args) {
            int age;
            double weight, height, bmi;
            Scanner scan = new Scanner (System. in);   //创建从键盘输入的对象
            System. out. print ("请输入您的年龄: ");
            age = scan. nextInt( );                    //从键盘读入一个 int 型数据
            System. out. print ("请输入您的体重(公斤): ");
            weight = scan. nextDouble( );              //从键盘读入一个 double 型数据
            System. out. print ("请输入您的身高(米): ");
            height = scan. nextDouble( );
            bmi = weight / (height * height);
```

```
        System. out. println ( "BMI: " + bmi) ;
    }
}
```

Scanner 对象通过读数据的方法及输入中的分隔符，一次处理一个输入值。所以输入时可以将多个输入值放到同一行中，也可以把它们分在多个行中，视情况而定。

输入的数值类型与所声明的变量类型要赋值兼容。具体到程序 3.4，age 是 int 类型，如果输入浮点数或是字符串，都是不允许的。而对于 weight 和 height，输入浮点数或是整型数都正确，但输入字符串仍然不可以。

2. NumberFormat 类和 DecimalFormat 类

程序 3.4 输出的结果中可能包含了多位小数（比如 15 位），而实际上并不需要这么多位小数（比如最多 2 位就可以了）。为此，可以使用 Java 提供的格式化输出功能，比如 DecimalFormat 类。使用这些类，可使打印或显示的信息看起来比较美观。DecimalFormat 类属于 Java 标准类库，定义在 java. text 包中。

NumberFormat 类提供对数值进行格式化操作的一般功能。不能使用 new 运算符实例化一个 NumberFormat 对象，只能直接使用类名调用一个特殊的静态方法来得到一个对象。比如，NumberFormat 类中的 getInstance( )方法返回当前默认语言环境的默认数值格式，然后使用格式对象来调用 format( )方法，将参数按相应的模式格式化后作为字符串返回。

NumberFormat 类中常用的方法如下。

- getInstance( )：返回当前默认语言环境的默认数值格式。
- getCurrencyInstance( )：返回当前默认语言环境的通用格式。
- getNumberInstance( )：返回当前默认语言环境的通用数值格式。
- getPercentInstance( )：返回当前默认语言环境的百分比格式。
- setMaximumFractionDigits(int)：设置数值的小数部分允许的最大位数。
- setMaximumIntegerDigits(int)：设置数值的整数部分允许的最大位数。
- setMinimumFractionDigits(int)：设置数值的小数部分允许的最小位数。
- setMinimumIntegerDigits(int)：设置数值的整数部分允许的最小位数。

程序 3.5 NumberFormat 使用示例。

```
import java. text. NumberFormat;
public class Test1 {
    public static void main( String[ ] args) {
        Double myNumber = 12345. 123456789;
        Double test = 1. 2345;
        String myString = NumberFormat. getInstance( ). format( myNumber) ;
        System. out. println( "默认格式:" +myString) ;      //按默认数值格式输出
        myString = NumberFormat. getCurrencyInstance( ). format( myNumber) ;
        System. out. println( "通用格式:" +myString) ;      //按通用格式输出
        myString = NumberFormat. getNumberInstance( ). format( myNumber) ;
        System. out. println( "通用数值格式:" +myString) ;   //按通用数值格式输出
```

```
        myString = NumberFormat. getPercentInstance( ). format( test) ;
        System. out. println("百分比格式:"+myString) ;          //按百分比格式输出
        NumberFormat format = NumberFormat. getInstance( ) ;
        format. setMinimumFractionDigits( 3 ) ;
        format. setMaximumFractionDigits(5) ;
        format. setMaximumIntegerDigits( 10 ) ;
        format. setMinimumIntegerDigits(0) ;
        System. out. println( format. format( 123456789. 123456789) ) ;
    }
}
```

和 NumberFormat 类不一样, DecimalFormat 类按惯例使用 new 运算符来实例化对象。它的构造方法要带一个 String 类型的参数, 这个参数表示格式化处理模式。然后可以使用 format( ) 方法对一个具体的值进行格式化。之后, 还可以调用 applyPattern( ) 方法来改变对象要使用的模式。

程序中, 可以自行设置传给 DecimalFormat 构造方法的模式, 它由一个字符串来定义。不同的符号表示不同的格式信息。例如, 模式字符串 "0. ###" 表示小数点左边至少要有一位数字, 如果整数部分为 0, 则小数点左边写 0; 它还表明小数部分要有 3 位数字。

现在修改程序 3.4, 得到程序 3.6。这次的输出结果美观多了。

程序 3.6　设置程序 3.4 输出结果的格式。

```
import java. util. Scanner;
import java. text. DecimalFormat;
public class IntDouble {
        //—————————————————————计算 BMI —————————————————————————
        public static void main (String[ ] args) {
            int age;
            double weight, height, bmi;
            Scanner scan = new Scanner (System. in) ;          //创建从键盘输入的对象
            System. out. print ("请输入年龄: ") ;
            age = scan. nextInt( ) ;                          //从键盘读入一个 int 型数据
            System. out. print ("请输入体重(公斤): ") ;
            weight = scan. nextDouble( ) ;                    //从键盘读入一个 double 型数据
            System. out. print ("请输入身高(米): ") ;
            height = scan. nextDouble( ) ;
            bmi = weight / (height * height) ;
            DecimalFormat fmt = new DecimalFormat ("0. ###") ;//格式对象, 保留 3 位小数
            System. out. println ("BMI: " + fmt. format(bmi)) ;   //使用格式对象进行输出
            fmt = new DecimalFormat ("0. ##") ;                //格式对象, 保留 2 位小数
            System. out. println ("BMI: " + fmt. format(bmi)) ;   //使用格式对象进行输出
        }
    }
```

第四节 处理异常

Java 语言把程序运行中可能遇到的不正常情况分为两类，一类不正常情况是非致命性的，通过某种修正后程序还能继续执行。这类不正常情况称作异常（Exception）。比如打开一个文件时，发现文件不存在。又比如除零溢出、数组越界等。这一类的不正常情况可以借助程序员的处理来恢复。另一类不正常情况则是致命性的，即程序遇到了非常严重的不正常状态，不能简单地恢复执行，这就是错误。比如程序运行过程中内存耗尽。

实际上，异常是程序执行期间发生的不正常的情况或事件，它们的出现会中断程序的执行，而有些异常表示代码中的错误，因此异常是程序员必须要处理的。

处理异常要考虑的问题包括：如何处理异常？把异常交给谁去处理？程序又该如何从异常中恢复？

一、异常及其处理机制

简单扩展程序 1.1，循环打印一些信息，代码如程序 3.7 所示。

程序 3.7 未加异常处理的示例。

```java
public class HelloWorld {
    public static void main (String args[]) {
        int i = 0;
        String greetings [] = {                      //只含有 3 个元素的数组
            "Hello world!", "No, I mean it!", "HELLO WORLD!!"
        };
        while (i < 4) {                              //循环执行 4 次，i = 0、1、2、3
            System. out. println (greetings[i]);    //发生异常的代码行，i = 3 时
            i++;
        }
    }
}
```

程序执行到第 4 次循环时会发生异常，程序 3.7 的输出如图 3-1 所示。

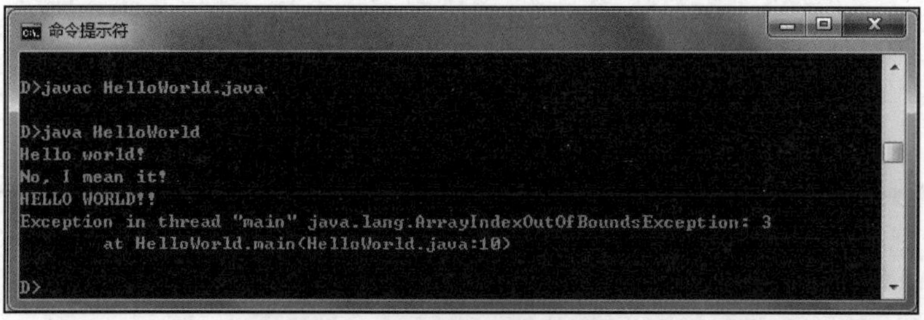

图 3-1 程序 3.7 的执行结果

程序先是输出了部分结果，然后报告发生了异常：ArrayIndexOutOfBoundsException，这个异常的含义是数组下标越界，越界值是 3。下一行告知发生异常的代码所在的行数（第 10 行代码）。

为了解决异常问题，Java 提供了异常处理机制，预定义了 Exception 类。在 Exception 类中定义了程序产生异常的条件。有些常见的异常可以统一处理，提高了效率，代码重用率高。同时还允许程序员自己编写特殊的异常处理程序，以满足更独特的需要。当程序中发生异常时，通常不是简单地结束程序，而是转去执行某段特殊代码来处理这个异常，设法恢复程序继续执行。程序员可以在这段特殊的代码中加入自己的控制。但是如果程序遇到错误，往往不能从中恢复，因此最好的办法是让程序中断执行。

在一个方法的运行过程中，如果发生了异常，则称程序产生了一个异常事件，相应地生成异常对象。该对象可能由正在运行的方法生成，也可能由 JVM 生成。这个对象中包含了该异常必要的详细信息，包括所发生的异常事件的类型及异常发生时程序的运行状态。生成的异常对象传递给 Java 运行时系统，运行时系统寻找相应的代码来处理这一异常。生成异常对象并把它提交给运行时系统的过程称为抛出（Throw）一个异常。

Java 运行时系统从生成对象的代码块开始进行回溯，沿方法的调用栈逐层回溯，寻找相应的处理代码，直到找到包含相应异常处理的方法为止，并把异常对象交给该方法处理。这一过程称为捕获（Catch）。当发现并响应异常时，就是处理（Handle）了异常。

简而言之，发现错误的代码可以"抛出"一个异常，程序员可以"捕获"该异常，如果可能则"处理"它，然后恢复程序的执行。

二、异常分类

Java 语言在所有的预设包中都定义了异常类和错误类。Exception 类是所有异常类的父类，Error 类是所有错误类的父类，这两个类同时又是 Throwable 类的子类。虽然异常属于不同的类，不过所有这些类都是标准类 Throwable 的后代。Throwable 在 Java 类库中，不需要 import 语句就可以使用。异常分为以下 3 种。

- 受检异常，必须被处理。
- 运行时异常，不需要处理。
- 错误，不需要处理。

1. 受检异常

受检异常（Checked Exception）是程序执行期间发生的严重事件的后果。例如，如果程序从磁盘读入数据，而系统找不到含有数据的文件，将会发生受检异常。这个异常所属类的类名是 FileNotFoundException。发生的原因可能是用户给程序提供了一个错误的文件名。好的程序可以提前预见到这个事件，并要求程序使用者再次输入文件名，以便能从中恢复正常。这个异常类的名字正好描述了异常的原因，这是通常的做法，Java 类库中的所有异常类，都是使用名字来描述异常原因。例如，可能会说发生了一个 IOException 异常。受检异常的所有类都是 Exception 类的子类，Exception 类是 Throwable 类的后代。

Java 类库中的下列类表示受检异常：ClassNotFoundException、FileNotFoundException、IOException、NoSuchMethodException 及 WriteAbortedException。

2. 运行时异常

运行时异常（Runtime Exception）通常是程序中逻辑错误的结果。例如，数组下标越界导致 ArrayIndexOutOfBounds 异常；被 0 除导致 ArithmeticException 异常。虽然可以添加代码来处理运行时异常，但一般只需要修改程序中的错误。运行时异常的所有类都是 RuntimeException 类的子类，它是 Exception 类的后代。

Java 类库中的下列类表示运行时异常：ArithmeticException、ArrayIndexOutOfBoundsException、ClassCastException、EmptyStackException、IllegalArgumentException、IllegalStateException、IndexOutOfBoundsException、NoSuchElementException、NullPointerException 和 UnsupportedOperationException。

3. 错误

错误（Error）是标准类 Error 或其后代类的一个对象，Error 类是 Throwable 类的后代。一般来说，错误是指发生了不正确的情况，如内存溢出。这些情况都太严重了，一般程序很难处理。所以，即使处理错误是合法的，通常也不需要处理它们。

运行时异常和错误称为不检异常（Unchecked Exception）。部分异常及错误类的层次关系如图 3-2 所示。

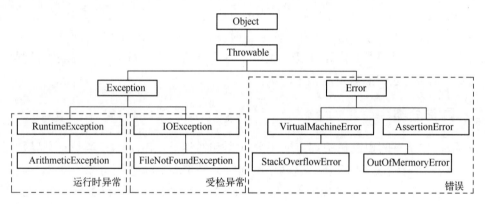

图 3-2　异常和错误类的层次关系

很多异常类都在包 java. lang 中，所以不需要引入。但有些异常类在另外的包中，它们必须要引入。例如，当在程序中使用 IOException 类时，必须要使用引入语句：

```
import java. io. IOException；
```

三、异常处理

当发生异常时，程序通常会中断执行，并输出一条信息。对所发生的异常进行的处理就是异常处理。异常处理的重要性在于，程序不但要发现异常，还要捕获异常。程序员要编写代码来处理它们，然后继续执行程序。

Java 语言提供的异常处理机制，有助于找到抛出的是什么异常，然后试着恢复它们。可能发生受检异常时，必须处理它。对于可能引发受检异常的方法，有两种选择：在方法内处理异常，或是告诉方法的调用者来处理。

比如，方法 method1 调用 method2，method2 又调用 method3，进而 method3 又调用 method4。在方法 method4 中若发生了异常，则在调用栈中的任何一个方法都可以捕获并处理这个异常。方法调用及异常处理的传播路径的示意如图 3-3 所示。

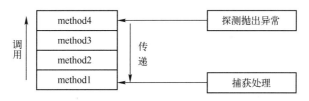

图 3-3　异常处理的传播路径

要处理异常，必须先标出可能引起异常的 Java 语句，还必须决定要找哪个异常。

处理异常的代码有两段，第一段 try 块含有可能抛出异常的语句；第二段含有一个或多个 catch 块，每个 catch 块包括捕获及处理某种类型异常的代码。比如，因为有输入操作而可能要处理 IOException 异常的代码段可能有如下的形式。

```
try {
    //其他的代码
    anObject. readString(. . .);        //可能抛出一个 IOException
    //更多其他的代码
} catch (IOException e) {
    //响应异常的代码，可能含有下面这行
    System. out. println( e. getMessage( ) );
}
```

不管有没有 try 块，块中输入操作的运行都是一样的。如果没有发生异常，则 try 块内的语句全部执行，然后执行 catch 块后的语句。如果在 try 块内发生了 IOException 异常，则执行立即转到 catch 块。此时已经捕获了异常。

catch 块的语法类似于一个方法定义。标识符 e 称为 catch 块参数，它表示 catch 块将要处理的 IOException 对象。虽然 catch 块不是方法定义，但在 try 块内抛出一个异常，类似于调用一个 catch 块，其中参数 e 表示一个实际的异常。实际上，参数是 C 类型的 catch 块，可以捕获 C 类或 C 的任何后代类的异常。

作为一个对象，每个异常都有存取方法 getMessage( )，它返回抛出异常时创建的描述字符串。通过显示这个字符串，可以告诉程序员所发生异常的性质。

catch 块执行完毕，执行它后面的语句。但如果问题很严重，则 catch 块可以调用 exit 方法来中止程序，如下所示：

```
System. exit(0);
```

赋给函数 System. exit 的参数 0，表示虽然遇到了一个严重问题，但程序是正常结束的。单独一个 try 块中的语句，可能会抛出不同类型异常中的任意一个。在这样的 try 块后的 catch 块需要能捕获多个类的异常，为此，可以在 try 块后写多个 catch 块。当抛出一个异常时，为了能使所写的 catch 块真正捕获到相应的异常，catch 块出现的次序很重要。

根据 catch 块的出现次序，程序的执行流程进入到其参数与异常的类型相匹配的第一个 catch 块。

例如，下列 catch 块次序不恰当，因为用于 FileNotFoundException 的 catch 块永远不会被执行：

```
catch (IOException e)
{ ...... }
catch (FileNotFoundException e)
{ ...... }
```

按照这个次序，任何 I/O 异常都将被第一个 catch 块所捕获。因为 FileNotFoundException 派生于 IOException，所以 FileNotFoundException 异常是 IOException 异常的一种，将与第一个 catch 块的参数相匹配。幸运的是，编译程序可能会对这样的次序给出警告信息。

正确的次序是，将多个具体异常放在其祖先类的前面，如下所示：

```
catch (FileNotFoundException e)
{ ...... }
catch (IOException e)              //处理所有其他 IOException
{ ...... }
```

因为受检异常和运行时异常的类都以 Exception 为祖先，故应避免在 catch 块中使用 Exception，而是尽可能地捕获具体的异常，且先捕获最具体的。

try-catch 块的语法格式如下：

```
try {
        //此处为抛出具体异常的代码
{ catch ( 异常类型 1   e) {
        //抛出异常类型 1 异常时要执行的代码，可能含有下面这行
        System. out. println( e. getMessage( ) ) ;
{ catch ( 异常类型 2   e) {
        //抛出异常类型 2 异常时要执行的代码，可能含有下面这行
        System. out. println( e. getMessage( ) ) ;
......
{ catch ( 异常类型 k   e) {
        //抛出异常类型 k 异常时要执行的代码，可能含有下面这行
        System. out. println( e. getMessage( ) ) ;
{finally {
        //必须执行的代码
}
```

其中，异常类型 1、异常类型 2、…、异常类型 k 是产生的异常类型。根据发生异常所属的类，找到对应的 catch 语句，然后执行其后的语句序列。尽量避免在 try 块或 catch 块中再嵌套 try-catch 块。

无论是否捕获到异常，总要执行 finally 后面的语句。一般，为了统一处理程序出口，可将需共同处理的内容放到 finally 后的代码段中。

例 3.15 finally 语句示例。

```
try {
        startFaucet();        //某个方法
        waterlawn();          //某个方法
} finally {
        stopFaucet();
}
```

stopFaucet() 方法总被执行。try 后大括号中的代码称为保护代码。如果在保护代码内执行了 System. exit() 方法，将不执行 finally 后面的语句，这是不执行 finally 后面语句的唯一一种可能。

程序 3.8 改写了程序 3.7。在程序中，捕获所发生的异常，将越界的下标重新置回 0，然后让程序继续执行。当然，经过这样的修改以后，程序将无限制地执行下去，进入死循环。

程序 3.8 添加了异常处理的示例。

```
public class HelloWorld {
    public static void main (String args[]) {
        int i = 0;
        String greetings [] = {
            "Hello world!", "No, I mena it!", "HELLO WORLD!!"
        };
        while (i < 4) {
            try {
                    System. out. println (greetings[i]);
            } catch (ArrayIndexOutOfBoundsException e) {
                    System. out. println("Resetting Index Value");
                    i = -1;
            } catch (Exception e) {
                    System. out. println(e. toString());
            } finally {
                    System. out. println("This is always printed");
            }
            i++;
        } //while 循环结束
    } //主函数 main 结束
}
```

四、公共异常

为了方便处理异常，Java 预定义了一些常见异常，下面列举几个常用到的异常。

1. ArithmeticException

整数除法中，如果除数为 0，则发生该类异常，如下面表达式将引发 ArithmeticException 异常：

```
int i = 12 / 0;
```

2. NullPointerException

如果一个对象还没有实例化，那么访问该对象或调用它的方法将导致 NullPointerException 异常。例如：

```
image im [ ] = new image [4];
System. out. println( im[0]. toString( ) );
```

第一行创建了有 4 个元素的数组 im，每个元素是 image 类型，系统为其进行初始化，每个元素中的值为 null，表明它还没有指向任何实例。第二行要访问 im[0]，由于访问的是还没有进行实例化的空引用，因此导致 NullPointerException 异常。

3. NegativeArraySizeException

按常规，数组的元素个数应是一个大于或等于 0 的整数。创建数组时，如果元素个数是负数，则会引发 NegativeArraySizeException 异常。

4. ArrayIndexOutOfBoundsException

Java 把数组看作对象，并用 length 变量记录数组的大小。访问数组元素时，运行时环境根据 length 值检查下标的大小。如果数组下标越界，则将导致 ArrayIndexOutOfBoundsException 异常。

五、抛出异常

Java 要求，如果一个方法确实引发了一个异常（Error 或 RuntimeException 两类错误除外），那么在方法中必须写明相应的处理代码。

程序员处理异常有两种方法。一种是使用 try 块和 catch 块，捕获到所发生的异常类，并进行相应的处理。其中，catch 块可以为空，表示对发生的异常不进行处理。另一种方法是，程序员不在当前方法内处理异常，而是把异常抛出到调用方法中。当不能使用合理的方式来解决不正常或意外事件的情形下，才会抛出异常。

方法内执行 throw 语句时会抛出一个异常。一般的形式为

```
throw exception_object;
```

throw 语句创建了一个异常对象 exception_object，例如：

```
throw new IOException( );
```

这个语句创建类 IOException 的一个新对象并抛出它，抛出异常时也应该尽可能地具体。相应地，在说明方法时，要使用如下格式：

访问权限修饰符 返回值类型 方法名（参数列表）throws 异常列表

紧接在关键字 throws 后面的是该方法内可能发生且不进行处理的所有异常列表，各异常之间以逗号分隔。例如：

public void troubleSome( ) throws IOException

一般，如果一个方法引发了一个异常，而它自己又不处理，就要由调用者方法进行处理。如果方法内含有一个抛出异常的 throw 语句，则要在方法头添加一个 throws 子句，而不是在方法体内捕获异常。通常，抛出异常及捕获异常应该在不同的方法内，在方法头中用 Java 保留字 throws 来声明这个方法可能抛出的异常，在方法体中用保留字 throw 实际抛出一个异常，这两个保留字不要弄混。

本 章 小 结

包是 Java 中的独特概念，与此相关的语句包括 package 语句及 import 语句。

本章详细介绍了各主要语句的语法格式，使用它们可以编写出基本的程序。此外还介绍了简单的输入/输出语句。

要编写稳定性强的程序，必须对可能出现的错误进行处理。Java 提供了异常处理机制，本章详细介绍了异常处理的概念及处理机制，包括 try、catch、finally、throw 和 throws 的使用方法。介绍了预定义的若干异常，以及编写程序时要注意的事项。

思考题与练习题

一、单项选择题

1. 以下选项中，不属于 Java 语句的是　　　　　　　　　　　　　　　　　【　　】
   A. for 语句　　　　　B. switch 语句　　　　C. while 语句　　　　D. include 语句

2. 以下选项中，不属于 Java 语句的是　　　　　　　　　　　　　　　　　【　　】
   A. break 语句　　　　B. continue 语句　　　C. goto 语句　　　　D. for 语句

3. 设 i 的初值为 6，则执行完 j=i--; 后，i 和 j 的值分别为　　　　　　　　【　　】
   A. 6，6　　　　　　　B. 6，5　　　　　　　C. 5，6　　　　　　　D. 5，5

4. 在一个 if 语句中，下列选项中正确的是　　　　　　　　　　　　　　　【　　】
   A. if 的个数一定多于 else 的个数　　　　B. if 的个数一定与 else 的个数相等
   C. if 的个数一定少于 else 的个数　　　　D. if 的个数可能多于 else 的个数

5. switch 语句中，大多数情况下，每个 case 块中最后一条语句应该是　　　　【　　】
   A. default　　　　　　B. continue　　　　　C. break　　　　　　D. goto

6. switch 语句中，可以不写 break 语句的 case 块是　　　　　　　　　　　　【　　】
   A. 第一个块　　　　　B. 最后一个块　　　　C. 任意一个块　　　　D. 哪个块都不行

7. switch 语句中，如果没有相匹配的条件，则执行 　　　　　　　　　　　　【　　】

    A. 任一个 case 后的语句 　　　　　　B. default 之后的语句

    C. 所有 case 后的语句 　　　　　　　D. 循环执行 switch 语句

8. 下列选项中，不是受检异常的是 　　　　　　　　　　　　　　　　　　【　　】

    A. ClassNotFoundException 　　　　　B. ArithmeticException

    C. FileNotFoundException 　　　　　　D. IOException

9. 下列选项中，与 try 语句配套使用的语句是 　　　　　　　　　　　　　【　　】

    A. default 　　　　B. catch 　　　　C. break 　　　　D. case

10. 处理异常时，catch 语句的后面，一般都会出现的语句是 　　　　　　　【　　】

    A. default 　　　　B. catch 　　　　C. break 　　　　D. finally

11. 假设有定义：String s = null，则下列选项中，能引发异常的是 　　　【　　】

    Ⅰ. if ((s ! = null) & (s. length( ) > 0))

    Ⅱ. if ((s ! = null) && (s. length( ) > 0))

    Ⅲ. if ((s == null) | (s. length( ) == 0))

    Ⅳ. if ((s == null) ‖ (s. length( ) == 0))

    A. 仅Ⅰ 　　　　B. 仅Ⅰ和Ⅲ 　　　　C. 仅Ⅱ和Ⅳ 　　　　D. 仅Ⅲ

二、填空题

1. 能替换 for 语句的语句是＿＿＿＿＿或＿＿＿＿＿。

2. 能替换 if 语句的语句是＿＿＿＿＿。

3. switch 语句中，表示条件的表达式只能是＿＿＿＿＿类型或＿＿＿＿＿类型。

4. while 语句中，while 后面的条件必须是＿＿＿＿＿类型的。

5. 流控制语句有 3 类，对应于顺序流的语句是＿＿＿＿＿。

6. 循环语句有＿＿＿＿＿语句、＿＿＿＿＿语句和＿＿＿＿＿语句。

7. 分支语句有＿＿＿＿＿语句和＿＿＿＿＿语句。

8. 如果想使用其他包中的类，则需要在程序的开头使用＿＿＿＿＿语句。

三、简答题

1. 请说明 switch 语句的执行过程。

2. 如果程序 3.1 中不写某个 break 语句，则程序执行时的输出是什么？举例说明。

3. 请说明嵌套的 if 语句中，else 语句的对应规则。

4. 请简要说明 while 语句与 do-while 语句的不同之处。

5. 请简要说明 while 语句与 for 语句的适用情况。

6. 什么是异常？解释"抛出"和"捕获"的含义。

7. Java 是如何处理异常的？

8. try 及 catch 语句的作用是什么？语法格式是怎样的？

9. 在什么情况下执行 try 语句中 finally 后面的代码段？在什么情况下不执行？

10. Java 中常见的几个异常是什么？它们表示什么意思？在什么情况下引起这些异常？

11. 以下语句要打印从 7 开始不大于 7 的正奇数，但程序中有错误，请改正，然后写出此循环语句的循环次数。

```
    int k = 7;
    do{
        System. out. println(k--);
        k--;
    }while(k != 0);
```

四、程序填空题

1. 某人以年利率 r 向银行存款 m 元，一年后存款额为 m * (1+r)，他想知道存多少年后，存款额会达到原来的 k 倍。以下方法已知 m、r 和 k，计算至少多少年后存款额大于或等于 m * k。

```
    public int calYears(double m, double r, int k){
        double money; int years = 0;
        money =m;
        while(_____){
            years = years + 1;
            money * = _____;
        }
        return years;
    }
```

2. 方法 void Fibonacci(int m)的功能是输出不大于 m 的 Fibonacci 数列中的元素。

注：Fibonacci 数列的前两个数都是 1，从第三个数开始，数列的每个数是其前面两个数之和。

```
    void Fibonacci(int m){
        int f1 = 1, f2 = 1, f3;
        System. out. println(f1);
        System. out. println(f2);
        while(true){
            f3 = f1 + f2;
            if(f3 > m) _____;
            System. out. println(f3);
            f1 = f2;
            _____;
        }
    }
```

五、程序设计题

1. 设 n 为自然数，

$$n! = 1 \times 2 \times 3 \times \cdots \times n$$

称为 n 的阶乘，并且规定 0! = 1。试编写程序计算 2!、4!、6!、8!和10!，并显示计算结果。

2. 已知变量 n，请编写使用 for 语句计算 $s = 1 + \dfrac{1}{2} + \dfrac{1}{3} + \cdots + \dfrac{1}{n}$ 的代码。

3. 已知变量 n，请编写使用 for 语句计算 $s = 1 + \dfrac{1}{3} + \dfrac{1}{6} + \cdots + \dfrac{1}{3*n}$ 的代码。

4. 编写程序打印下面的图案。

```
    * * * * * * *
      * * * * *
        * * *
          *
        * * *
      * * * * *
    * * * * * * *
```

5. 编写程序打印下面的图案。

```
    * * * * * * * * * *
    * * * * * * * * *
    * * * * * * * *
    * * * * * * *
    * * * * * *
    * * * * *
    * * * *
    * * *
    * *
    *
```

6. 编写程序打印乘法口诀表。

7. 编写程序，要求判断从键盘输入的字符串是否为回文（回文是指自左向右读与自右向左读完全一样的字符串）。

8. 编写程序，判断用户输入的数是否为素数，素数是指只能被 1 和自身整除的正整数。

9. 编写程序，将从键盘输入的华氏温度转换为摄氏温度。

10. 编写程序，读入一个三角形的三条边长，计算这个三角形的面积，并输出结果。

提示：设三角形的三条边长分别是 a、b、c，则计算其面积的公式为

$$s = (a+b+c)/2$$

$$面积 = \sqrt{s(s-a)(s-b)(s-c)}$$

11. 编写一个日期计算程序，完成以下功能：

1）从键盘输入一个月份，屏幕上输出当年这个月的月历，每星期一行，从星期日开始，到星期六结束。

2）从键盘输入一个日期，屏幕上回答是星期几，也以当年为例。

3）从键盘输入两个日期，计算这两个日期之间含有多少天。

12. 设有不同面值人民币若干，编写一个计算程序，对任意输入的一个金额，给出能组

合出这个值的最佳可能，要求使用的币值个数最少。例如，给出 1.46 元，将得到下列结果：

1.46 元 =

        1 元　1 个

        2 角　2 个

        5 分　1 个

        1 分　1 个

13. 请编写方法 int revInt(int k)，该方法的功能是返回与十进制正整数 k 的数字顺序相反排列的正整数。如已知正整数是 1234，方法的返回值是 4321。

14. 使用 java. lang. Math 类，生成 100 个 0 ~ 99 的随机整数，找出它们之中的最大者及最小者，并统计大于 50 的整数个数。

提示：Math 类支持 random 方法。

```
public static synchronized double random( )
```

该方法返回一个 0.0 ~ 1.0 的小数，如果要得到其他范围的数，需要进行相应的转换，例如想得到一个 0 ~ 99 的整数，可以使用下列语句。

```
int num = ( int) ( 100 * Math. random( ));
```

第四章　面向对象程序设计

学习目标：

1. 掌握类、对象及构造方法的概念，能够声明类，正确使用访问修饰符。能够创建对象，进行对象的初始化，正确编写及调用构造方法。

2. 能够编写成员方法，实现对成员变量的访问，能够正确编写、选择调用重载方法。

3. 能够正确定义、使用静态成员。理解包装类的概念，掌握自动拆箱与装箱。

建议学时：8 学时。

教师导读：

1. Java 是面向对象的程序设计语言，它为用户提供了类、接口和数组，这些都是不同于基本数据类型的类型。本章介绍如何定义一个类，如何声明一个对象。另外还将介绍静态成员及包装类的概念。

2. 类是 Java 中重要的概念，要让考生重点掌握，包括类的定义、构造方法及成员方法的编写、对象的创建及实例化。在此基础上，了解对象的访问权限，通过方法的调用访问对象，能给出方法的调用结果。还要了解静态成员的含义，访问修饰符的种类、定义和使用规则等。让考生理解方法的按值传送机制，掌握方法签名的概念，能够编写重载的方法。

第一节　类 和 对 象

一、类的定义

类的定义也称为类的声明。类中含有两部分，分别是数据成员变量和成员方法。类定义的一般格式为

```
修饰符 class 类名［extends 父类名］{
    修饰符 类型 成员变量1;
    修饰符 类型 成员变量2;
    ……
    修饰符 类型 成员方法1（参数列表）{
        方法体
    }
    修饰符 类型 成员方法2（参数列表）{
        方法体
    }
    ……
}
```

其中，class 是关键字，表明其后定义的是一个类。含有 class 的这一行称为类头，后面大括号括住的部分称为类体。class 前的修饰符可以有多个，用来限定所定义的类的使用方式。类名是用户为该类所起的名字，它必须是一个合法的标识符，并尽量遵从命名约定。extends 是关键字，如果所定义的类是从某一个父类派生而来的，那么，父类的名字要写在 extends 之后。

　　类定义中的数据成员变量可以有多个。成员变量前面的类型是该变量的类型；类中的成员方法也可以有多个，其前面的类型是方法返回值的类型。如果没有返回值，则写 void。方法体是要执行的真正语句。在方法体中还可以定义该方法内使用的局部变量，这些变量只在该方法内有效。方法的参数列表中可以含有 0 个或多个参数，每个参数的前面要指明该参数的类型。

　　类定义中的修饰符是访问权限修饰符，包括 public、private 和 protected，也可以不写，表示是默认修饰符。它们既可以用来修饰类，又可以用来修饰类中的成员，修饰符决定所修饰成员在程序运行时被访问的方式。具体来说，用 public 修饰的成员表示是公有的，也就是说它可以被其他任何对象访问。类中限定为 private 的成员只能被这个类本身访问，在类外不可见。用 protected 修饰的成员是受保护的，只可以被同一包及其子类的实例对象访问。如果不写任何修饰符，则表明是默认的，相应的成员可以被所在包中的各类访问。

　　访问权限关键字与访问能力之间的关系见表 4-1。

表 4-1　访问权限关键字与访问能力之间的关系

类　　　型	无 修 饰 符	private	protected	public
同一类	是	是	是	是
同一包中的子类	是	否	是	是
同一包中的非子类	是	否	是	是
不同包中的子类	否	否	是	是
不同包中的非子类	否	否	否	是

　　使用类可以构造所需的各种类型。例如，程序中要说明日期这个类型，它含有三个成员变量日、月、年，分别用三个整数来表示。

　　例 4.1　类定义示例 1。

```
public class Date{
        private int day, month, year;              //日、月、年
    }
```

　　如果要描述一个人，可以定义 Person 类，包含名字（name）、年龄（age）、性别（gender）、电话号码（phonenumber）等数据属性。对于一个银行账户，可以定义类 BankAccount，它的数据成员可以有开户人（owner）、余额（balance）、账号（accountNumber）等。

　　例 4.2　类定义示例 2。

```
public class Person{
        private String name;
```

```
                private int age;
                private String gender, phonenumber;
        }
        public class BankAccount {
                private String owner;
                private float balance;
                private long accountNumber;
        }
```

还可以在类定义中加上成员方法。例如对于 Person 类，可以通过 getName( ) 和 setPhoneNumber( ) 等方法来访问一个人的信息。对于类 BankAccount，可以使用 withdraw( )、deposit( )、getBalance( ) 等方法来结算账户中的资产。下面完善例 4.2 的类定义，添加几个访问方法。

例 4.3 类定义示例 3。

```
        public class Person {
                private String name;
                private int age;
                private String sex,phonenumber;
                private String getName( ) { /* 此处是必要的代码... */ };
                private int getAge( ) { /* 此处是必要的代码... */ };
                private void setPhoneNumber( String phonenumber) { /* 此处是必要的代码... */ };
        }
        public class BankAccount {
                private String owner;
                private float balance;
                private long accountNumber;
                private void withdraw( float need) { /* 此处是必要的代码... */ };
                private void deposit( float cash) { /* 此处是必要的代码... */ };
                private float getBalance( ) { /* 此处是必要的代码... */ };
        }
```

关于类定义，总结如下。

- 类定义中，类头与类体是放在一起保存的，整个类必须在一个文件中，因此有时源文件会很大。
- 源文件名必须根据文件中的公有类名来定义，并且要区分大小写。
- 类定义中可以指明父类，也可以不指明。若没有指明从哪个类派生而来，则表明是从默认的父类 Object 派生而来。实际上，Object 是 Java 所有类的直接或间接父类。Java 中除 Object 之外的所有类均有一个且仅有一个父类。Object 是唯一没有父类的类。
- class 定义的大括号之后没有分隔符 ";"。

二、构造方法

1. 构造方法概述

构造方法是一类特殊的方法，有特殊的功能。构造方法的名字与类名相同，没有返回值，在创建对象实例时通过 new 运算符自动调用。同时为了便于创建实例，一个类可以有多个具有不同参数列表的构造方法，即构造方法可以重载。事实上，无论是系统提供的标准类，还是用户自定义的类，往往都含有多个构造方法。

例 4.4 构造方法示例。

```
public class Xyz {
    int x;                              //成员变量
    public Xyz () { x = 0; }            //参数列表为空的构造方法
    public Xyz ( int i ) { x = i; }     //带一个参数的构造方法
}
```

在类 Xyz 中定义了两个构造方法，第一个方法的参数列表是空的，第二个方法带有一个 int 型参数。在创建 Xyz 的实例时，可以使用下列两种形式。

```
Xyz Xyz1 = new Xyz();       //使用第一个构造方法
Xyz Xyz2 = new Xyz(5);      //使用第二个构造方法
```

构造方法是用来创建类的实例的，一般不允许程序员按通常调用方法的方式来调用，它只用于生成实例时由系统自动调用。构造方法中参数列表的说明方式决定了该类实例的创建方式。例如在 Xyz 类中，不能像下面这样创建实例：

```
Xyz err1 = new Xyz(1, 1);   //不含两个参数的构造方法
```

因为，类中没有定义 Xyz(int i, int j)这样的构造方法。

构造方法不能说明为 native、abstract、synchronized 或 final 类型，通常说明为 public 类型的。构造方法不能从父类继承。另外，构造方法没有返回值类型。一般来讲，构造方法应该为所有的成员变量赋初值，成员变量的值亦称为对象的属性值。

2. 默认的构造方法

每个类都必须至少有一个构造方法。如果程序员没有为类定义构造方法，系统就会自动为该类生成一个默认的构造方法。默认构造方法的参数列表及方法体均为空，所生成的对象的各属性值也为零或空。如果类定义中已经含有一个或多个构造方法，则系统不会再自动生成默认的构造方法。

默认构造方法的参数列表是空的，在程序中可以使用 new Xxx( )这种形式来创建对象实例，这里 Xxx 是类名。如果类中定义了带参数的构造方法，那么，最好再包含一个参数列表为空的构造方法，这样，调用 new Xxx( )时也不会出现编译错误。

程序 4.1 调用默认构造方法。

```
class BankAccount{
    public String ownerName;
```

```
            public int accountNumber;
            public float balance;
    }
    public class BankTester{
        public static void main(String args[ ]){
            BankAccount myAccount = new BankAccount( );   //调用默认的构造方法
            System. out. println("ownerName = " + myAccount. ownerName);
            System. out. println("accountNumber = " + myAccount. accountNumber);
            System. out. println("balance = " + myAccount. balance);
        }
    }
```

程序 4.1 中定义了类 BankAccount，并在类 BankTester 中创建了一个实例 myAccount。因为在类定义中没有写任何构造方法，所以这里要调用系统给出的默认构造方法，也就是说，myAccount 的各个域的值为空或零。程序 4.1 的输出结果为

```
ownerName = null
accountNumber = 0
balance = 0. 0
```

因为 BankAccount 中定义的成员变量是 public 的，所以可以在调用默认的构造函数之后直接对其状态进行赋值。

例 4.5　对象的初始化。

```
BankAccount myAccount;
myAccount = new BankAccount( );
myAccount. ownerName = "Wangli" ;
myAccount. accountNumber = 1000234;
myAccount. balance = 2000. 00f;
```

再输出时，就会看到这三个值已经变化了。

3. 构造方法重载

在进行对象实例化时可能会遇到许多不同情况，于是要求针对所给定的不同的参数，调用不同的构造方法。这时，可以通过在一个类中同时定义若干个构造方法，即对构造方法进行重载来实现。有些构造方法中会有重复的代码，或者一个构造方法中可能包含另一个构造方法中的全部代码，为了简化代码的书写，可以在其中一个构造方法中引用另一个构造方法。可以使用关键字 this 来指代本类中的其他构造方法，使用 this 调用本类其他构造方法时，只能用在构造方法的第一行语句。

例 4.6　构造方法的重载及引用。

```
public class Student{
        String name;
        int age;
```

```
    public Student( String s, int n) {            //第1个构造方法
        name = s;
        age = n;
    }
    public Student( String s) {                   //第2个构造方法
        this(s, 20);
    }
    public Student( ) {                           //第3个构造方法
        this("Unknown");
    }
}
```

在例 4.6 中,第 3 个构造方法中没有任何参数,它调用 this("Unknown"),实际上是把控制权转给了只带一个字符串参数的第 2 个构造方法,并为其提供了所需的字符串参数值"Unknown"。而在第 2 个构造方法中,则通过调用 this(s, 20),把控制权转给第 1 个构造方法,并为其提供了字符串参数"Unknown"和 int 型参数的值 20。

4. this 引用

例 4.6 中用到了 this,使用 this 调用了本类中其他的构造方法。this 除了可以用在构造方法中外,还可以用来指明要操作的对象自身。

实际上,this 是一个引用,表示当前对象。this 变量中保存的是对象自身所在的内存地址。当需要指明本对象时,可以使用 this 来表示。当指明本对象中的成员变量时,可以在其前面加上 this 来限定。

例 4.7 用 this 指明本对象的成员变量。

```
    public class Date {
        private int day, month, year;
        public void printDate( ) {
            System. out. println("The current date is (dd / mm / yy): "
                + this. day + " / " + this. month + " / " + this. year);
        }
    }
```

在类定义的方法中,Java 自动用 this 关键字把所有变量和方法引用结合在一起。所以,不管写不写 this,在成员变量和成员方法的前面,系统都自动添加上 this。因此,例 4.7 中的 this 是不必要的,程序中可以不写这个关键字,相应的代码段如例 4.8 所示。

例 4.8 去掉不必要的 this。

```
    public class Date {
        private int day, month, year;
        public void printDate( ) {
            System. out. println("The current date is (dd / mm / yy): "
```

```
                              + day + " / " + month + " / " + year);
        }
    }
```

这样修改后，程序变得很简洁，可读性也提高了。在意思不明确时，可以显式地添加 this。

三、对象的创建和初始化

实际上，类的定义相当于一个"模子"，声明一个个类类型变量的过程就像是拿着模子复制了一个个的副本，程序中使用的就是这样的一个个对象。

以例 4.7 中定义的类 Date 为例，现在可以声明 Date 类型的变量：

```
Date myBirthday, yourBirthday;
```

声明变量后，在内存中为其建立了一个引用，此时它不指向任何内存空间。对象的引用也称为对象的句柄。之后，需要使用 new 申请相应的内存空间，内存空间的大小依 class 的定义而定，并将该段内存的首地址赋给刚才建立的引用。换句话说，用 class 类型声明的变量并不是对象本身，而只是对对象的引用，进一步要用 new 来创建类的对象，对象也称为实例。比如：

```
myBirthday = new Date();
```

调用 new 为新对象分配空间，就是要调用类的构造方法。在 Java 中，使用构造方法是生成实例对象的唯一途径，这个过程称为对象的实例化。说明一个引用变量仅仅是预订了变量的存储空间，此时并没有给实例使用相应的地址空间。进行对象实例化之后，才有真正的实例出现。在调用 new 时，是否带有参数及带多少个、各是什么类型的参数，要视具体的构造方法而定。系统根据所带参数的个数和类型，调用相应的构造方法。

类 X 的一个对象也称为类 X 的一个实例。一个实例是类的一个特定成员，虽然各个实例都有类似的结构，但每个实例都有区别于其他实例的状态，也就是说，类的各实例中保存的值可以不同。使用不同的参数调用构造方法，也就是给出了对象不同的状态，从而创建了一个个独立的对象。

创建对象实例的格式是：

```
变量名 = new 类名(参数列表);
```

也可以与变量声明合在一起使用，格式是：

```
类名 变量名 = new 类名(参数列表);
```

当通过 new 为一个对象分配内存时，如果构造方法中没有为成员变量提供初值，则 Java 进行自动初始化。对于数值变量，赋初值 0。对于布尔变量，初值为 false。对于引用，即对象类型的任何变量，使用一个特殊的值 null 作为初值。

定义类时，可以对成员变量进行显式的初始化，即在声明这些变量的同时，直接给出它们的初值。

例 4.9 成员变量初始化示例。

```
public class Initialized {
        private int x = 5;                    //显式的初始化
        private String name = "Fred";         //显式的初始化
        private Date created = new Date();
        ……
}
```

如果创建了 Initialized 的实例，那么，在系统为其进行默认的初始化之后，还要给实例中的变量 x 赋值整数 5，给变量 name 赋值字符串"Fred"。

最常用的初始化过程是使用 new 对对象进行实例化。

以 Date 类为例，图 4-1 描述了从类引用声明到创建实例的过程。

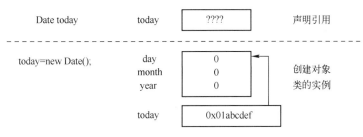

图 4-1　类引用与实例创建

声明了 today 后，它的内存中没有存放任何值（图 4-1 中表示为????）。只有实例化后，也就是执行了 new Date()语句后，才在内存中分配 Date 实例的地址，并在相应的 3 个成员变量内存中存放初值 0，同时将这个实例的首地址存放到引用 today 内。

给定类 Xxxx 的类定义，调用 new Xxxx()创建的每个对象都区别于其他对象，并有自己的引用。该引用存储在相应的类变量中，然后可以使用点操作符来访问每个对象中的各独立成员。

使用对象中的数据和方法的格式为

```
对象引用.成员数据
对象引用.成员方法(参数列表);
```

例 4.10 Point 类的使用示例。

```
class Point {                                 //定义一个二维点类
        public int x, y;                      //横纵坐标
        Point(int x1, int y1) {   x = x1;  y = y1;  } //使用给定值为横纵坐标赋初值
        Point() {    this(0, 0);  }           //使用默认值0为横纵坐标赋初值
        public void moveTo(int x1, int y1) {  //移动到新的位置
                x = x1;  y = y1;
        }
}
```

```
public class PointTest{
    public static void main(String args[ ]){
        Point p = new Point(1, 1);
        p.x = p.y = 20;                    //公有类型才可以直接访问
        System.out.println("  p.x =  " + p.x + "  p.y =  " + p.y);
        p.moveTo(30, 30);
        System.out.println("  p.x = " + p.x + "  p.y = " + p.y);
    }
}
```

因为引用的特殊性，故给引用赋值时，它的含义与基本数据类型变量的赋值不一样。例如例 4.11 中的代码段。

例 4.11　引用变量的赋值。

```
int x = 7;
int y = x;
String s = "Hello";
String t = s;
```

代码中建立了 4 个变量：两个 int 类型和两个对 String 的引用。x 的值是 7，然后将 x 的值赋给 y。x 和 y 都是独立变量，对一个变量的再修改不会影响到另一个变量。例如：

```
x = 5;
```

语句执行后，虽然 x 的值改变了，但 y 的值仍然为 7。

引用之间的赋值就不是这样简单了。对变量 s 和 t 来说，只存在一个 String 对象，它含有字符串"Hello"。s 和 t 都指向这个对象。对任何一个变量的修改，修改的都是这个对象，故都会影响到另一个变量的值，例如：

```
String s = "Hello";
String t = s;
s = "World";
```

执行这 3 条语句后，s 和 t 的值如图 4-2 所示，引用中的地址值是示意值。

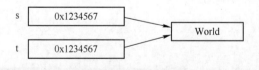

图 4-2　引用变量赋值

在 Java 中，null 值表示引用不指向任何对象。程序运行过程中，系统若发现使用了这样一个引用时，可以立即停止进一步的访问，不会给系统带来任何危险。

第二节 定 义 方 法

一、方法的定义

对对象的操作体现在成员方法上。声明为 private 的成员变量，在类外，不能通过点操作符直接访问，必须通过成员方法才能访问。一般来讲，成员变量应尽量声明为 private 的，同时提供一组相关的访问方法供其他类使用。在 Java 中，方法定义的一般格式为

> 修饰符 返回值类型 方法名（参数列表）块

关于方法定义的说明如下。
- 方法名必须是一个合法的标识符。
- 返回值类型是方法返回值的类型。如果方法不返回任何值，则应该声明为 void。Java 对待返回值的要求很严格，方法返回值必须与所声明的类型相匹配。如果方法声明有返回值，比如 int，那么方法从任何一个分支返回时都必须返回一个整数值。
- 修饰符段可以含有几个不同的修饰符，其中限定访问权限的修饰符包括 public、protected 和 private。访问修饰符的含义见表 4-1。
- 参数列表是传送给方法的参数表。表中各元素间以逗号分隔，每个元素由一个类型和一个标识符表示的参数组成。
- 块表示方法体，即要实际执行的代码段（一对大括号括起来的语句序列）。方法体中一般使用 return 语句表示方法的结束。如果方法的返回值类型不是 void，则需要在 return 语句中指明方法的返回值。

下面在例 4.7 定义的 Date 类中添加 tomorrow( )、daysInMonth( ) 和 printDate( ) 方法，增加 Date 类的功能。

程序 4.2 完善 Date 类。

```
public class Date {
    private int day, month, year;
    Date( ) {                              //构造方法
        day = 1;
        month = 1;
        year = 1998;
    }
    Date ( int i, int j, int k) {          //构造方法, 没有检验数据的合理性
        day = i;
        month = j;
        year = k;
    }
    Date ( Date d) {                       //带一个对象参数的构造方法
```

```java
                day = d. day;
                month = d. month;
                year = d. year;
        }
    public String printDate( ) {
                return (day + "/"  + month + "/" + year);
        }
    public Date tomorrow( ) {                          //计算明天
                Date d = new Date(this);
                d. day++;
                if ( d. day > d. daysInMonth( ) ) {
                        d. day = 1;
                        d. month ++;
                        if ( d. month > 12) {
                                d. month = 1;
                                d. year ++;
                        }
                }
                return d;
        }
    public int daysInMonth( ) {                          //计算各月的天数
                if ( month <= 0 || month > 12) return -1;    //表示月份的数值不合理
                switch (month) {
                        case 1: case 3: case 5: case 7:
                        case 8: case 10: case 12:          return 31;
                        case 4: case 6: case 9: case 11:     return 30;
                        default:
                                if (( year % 4 == 0 && year % 100 != 0 ) || year % 400 == 0 ) return 29;
                                else return 28;
                }
        }
    public static void main (String args[ ]) {
                Date d1 = new Date( );                      //调用第1个构造方法
                Date d2 = new Date(28, 2, 1964);            //调用第2个构造方法
                Date d3 = new Date(d2);                     //调用第3个构造方法
                System. out. println("date d1 is (dd / mm / yy): " + d1. printDate( ));  //调用方法
                System. out. println("date d3 is (dd / mm / yy): " + d3. printDate( ));
                System. out. println("Its tomorrow is (dd / mm / yy): " + d3. tomorrow( ). printDate( ));
        }
}
```

二、按值传送

调用方法时，通常会给方法传递一些值。传给方法的值称为实参，方法的参数列表中列出的各元素称为形参。

Java "按值" 传送实参。如果形参是基本数据类型的，则调用方法时，将实参的 "值" 复制给形参。返回时，形参的值并不会带回给实参，即在方法内对形参的任何修改都不会影响实参的值。

如果形参是引用，则调用方法时传递给形参的是一个地址，即实参指向对象的首地址。方法返回时，这个地址也不会被改变，但地址内保存的内容是可以改变的。因此，当从方法中退出时，所修改的对象内容可以保留下来。

程序 4.3 按值传送示例。

```java
public class PassValueTest {
    private float ptValue;
    public void changeInt (int value) {            //修改当前值的方法
        value = 55;
    }
    public void changeStr (String value) {
        value = new String ("different");
    }
    public void changeObjValue (PassValueTest ref) {
        ref.ptValue = 99f;
    }
    public static void main (String args[]) {
        String str;
        int val;
        PassValueTest pt = new PassValueTest ();        //创建类的实例
        val = 11;                                        //给整型量 val 赋值
        pt.changeInt (val);                              //改变 val 的值
        System.out.println ("Int value is: " + val);     //val 当前的值是什么？打印出来
        str = new String ("hello");                      //给字符串 str 赋值
        pt.changeStr (str);                              //改变 str 的值
        System.out.println ("Str value is: " + str);     //str 当前的值是什么？打印出来
        pt.ptValue = 101f;                               //现在给 ptValue 赋值
        pt.changeObjValue (pt);                          //现在通过对象引用改值
        System.out.println ("Current ptValue is: " + pt.ptValue);   //当前的值是什么
    }
}
```

程序执行时，创建 pt 对象，给方法内局部变量 val 赋初值 11。调用方法 changeInt( ) 返回后，val 的值没有改变。字符串变量 str 作为 changeStr( ) 的参数传入方法内。当从方法中退出后，其内容也没有变化。实际上，方法内创建了另一个字符串常量 "different"，但并没有改变原实参的值。当对象 pt 作为参数传给 changeObjValue( ) 后，该引用中所保存的地址没有改变，而该地址内保存的内容可以变化，因此退出方法后，pt 对象中的 ptValue 改变为 99.0f。changeStr( ) 不改变 String 对象，但 changeObjValue( ) 改变了 PassValueTest 对象的内容。

三、重载方法名

允许多个方法使用同一个方法名，这就是方法名的重载（Overload）。一个类中，如果有多个方法的名字是一样的，为了在调用时不产生混乱，Java 规定，方法的参数列表必须不完全相同。实际上，Java 正是根据参数列表来查找适当的方法并进行调用的，这其中包括参数的个数及各参数的类型以及它们的顺序。一般，方法名称加上方法的参数列表（包括方法中参数的个数、顺序和类型）称为方法签名。方法重载时，方法签名一定不能相同。

程序 4.2 中 Date 类的构造方法，已经使用了方法名的重载。在一个类的定义中，往往会有多个构造方法，根据初始化时的不同条件来调用不同的构造方法，以生成不同的对象。

重载方法有两条规则。

- 调用语句的实参列表必须足够判断要调用的是哪个方法。实参的类型可能要进行正常的扩展提升（如浮点数变为双精度数），但在有些情况下会引起混淆。
- 方法的返回值类型可以相同也可以不同。两个同名方法仅返回值类型不同，而参数列表完全相同，这是不够的，因为在方法执行前不知道能得到什么类型的返回值，因此也就不能确定要调用哪个方法。重载方法的参数列表必须不同。

第三节 静态成员

在类的定义中还可以定义一种特殊的成员，用 static 修饰，称为静态成员或类成员，包括静态变量和静态方法。静态成员是不依赖于特定对象的内容。Java 运行时系统生成类的每个实例对象时，会为每个对象的实例变量分配内存，然后才可以访问对象的成员，而且不同对象的内存空间相互独立，也就是说，对于不同对象的成员，其内存地址是不同的。但是如果类中包含静态成员，则系统只在类定义时为静态成员分配内存，此时还没有创建对象，也没有对对象进行实例化。以后生成该类的实例对象时，将不再为静态成员分配内存，不同对象的静态变量将共享同一块内存空间。图 4-3 表示了这种静态成员的共享形式。

图 4-3 共享静态成员

一、静态变量

在程序设计中，有时一个变量会被类的多个实例对象所共享，以实现多个对象之间的通信，或用于记录已被创建的对象的个数等。假设已经定义了 Point3D 类，用来描述三维空间中的点，现在要记录在某块空间上用 Point3D 类进行实例化的对象的个数，可以通过在类定义中使用一个特殊的成员变量来实现。静态变量也被称为类变量，以区别于成员变量或实例变量。将一个变量定义为静态变量的方法就是将这个变量标记上关键字 static。

程序 4.4 静态变量示例。

```
class Count{
        private int serialNumber;
        static int counter = 0;                        //定义静态变量
        public Count( ){
                counter++;
                serialNumber = counter;
        }
        public int getserialNumber( ){
                return serialNumber;
        }
}
public class UseStatic{
        public static void main(String args[ ]){
                System.out.println("Count.counter is "+Count.counter);//静态变量的使用，前面是类名
                Count Tom = new Count( );
                Count John = new Count( );
                System.out.println("Tom's serialNumber is "+Tom.getserialNumber( ));
                System.out.println("John's serialNumber is "+John.getserialNumber( ));
                System.out.println("Now Count.counter is " + Count.counter);   //静态变量的使用
        }
}
```

在这个例子中，每一个被创建的对象都得到一个唯一的 serialNumber，这个号码由初始值 1 开始递增。由于变量 counter 被定义为静态变量，为所有对象共享，因而当一个对象的构造方法将其递增 1 后，下一个将要被创建的对象所看到的 counter 值就是递增之后的值。

Java 中没有全局变量的概念，静态变量从某种意义上来说相当于其他程序设计语言中的全局变量。静态变量是唯一为类中所有对象共享的变量。如果一个静态变量同时还被定义为 public 类型，那么其他类也同样可以使用这一变量。而且由于静态变量的内存空间是在类的定义时就已经分配的，因此引用这一变量时甚至无须生成该类的一个对象，而是直接利用类名来指向它。在程序 4.4 中，还没有对 Count 类进行实例化就在输出语句中直接引用了静态变量 counter（main 方法的第一行），这在 Java 中是允许的，也经常这样使用。

程序 4.5 数学函数使用示例。

```
class Circle {
    static double PI = 3.14159265;                  //静态变量的定义
    private int radius;
    public double circumference() {
        return 2 * PI * radius;                     //静态变量的使用
    }
    public void setradius(int r) {
        radius = r;
    }
}
public class CircumferenceTester {
    public static void main(String args[]) {
        Circle c1 = new Circle();
        c1.setradius(50);
        Circle c2 = new Circle();
        c2.setradius(10);
        double circum1 = c1.circumference();
        double circum2 = c2.circumference();
        System.out.println("Circle 1 has circumference " + circum1);
        System.out.println("Circle 2 has circumference " + circum2);
    }
}
```

在 Circle 类的 circumference() 方法中，PI 和 radius 的使用方式相同，都是直接调用。但它们的含义并不完全一致。PI 本身是静态成员，所以可以直接使用，而 radius 因为用在类方法的内部，所以也不需要加前缀。写得更明确些的话，语句应该是这样的：

```
public double circumference() {
    return 2 * PI * this.radius;
}
```

如果没有 this 这个关键字，Java 假定就是调用的那个实例的 radius 值。

二、静态方法

与静态变量类似，如果在创建类的对象实例前就需要调用类中的某个方法，那么将该方法标记上关键字 static 即可实现。标记了 static 关键字的方法称为静态方法，或称类方法。与之相对，非静态方法有时也称为实例方法。静态方法不依赖于特定对象的行为。

程序 4.6 静态方法使用示例。

```
class GeneralFunction {
    public static int addUp(int x, int y) {              //静态方法
```

```
                    return x+y;
            }
    }
    public class UseGeneral{
        public static void main(String args[ ]){
            int a = 9,   b = 10;
            int c = GeneralFunction. addUp(a, b);   //使用类名来调用方法, 而不是对象名
            System. out. println("addUp( ) gives " + c);
        }
    }
```

调用静态方法时, 前缀使用的是类名, 而不是对象实例名。如果从当前类中的其他方法中调用, 则不需要写类名, 可以直接写方法名。

使用静态方法时, 有两个特别的限制必须注意。

- 由于静态方法可以在没有定义它所从属的类的对象的情况下加以调用, 故不存在 this 值。因此, 一个静态方法只能使用参数及内部定义的局部变量和类中定义的静态变量, 如果使用非静态变量将引起编译错误。
- 静态方法不能被重写。也就是说, 在这个类的后代类中, 不能有相同名称、相同参数列表的方法。

关于方法的重写, 将在第六章讨论。

例 4. 12 错误的引用。

```
    public class Wrong{
        int x;                          //x 不是静态变量
        public static void main(String args[ ]) {
            x = 9;                      //无法从静态方法中引用非静态变量 x
        }
    }
```

第四节 包 装 类

Java 使用基本数据类型（如 int、double、char 和 boolean）、类和对象来表示数据。要管理的数据仅有两类, 即基本数据类型值及对象引用。但当想用处理对象一样的方式来处理基本数据类型的数据时, 必须将基本数据类型值"包装"为一个对象。为此, Java 提供了包装类。

包装类表示一种特殊的基本数据类型。例如, Integer 类表示一个普通的整型量。由 Integer 类创建的对象只保存一个 int 型的值。包装类的构造方法接受一个基本数据类型的值, 并保存它。例如, 有语句:

```
    Integer rageObj = new Integer(40);
```

执行这条语句后，ageObj 对象就将整数 40 看作一个对象。它可以用在程序中需要对象而不是需要基本数据类型值的地方。

对于 Java 中的每种基本数据类型，Java 类库中都有一个对应的包装类。所有的包装类都定义在 java. lang 包中。表 4-2 列出了全部的基本数据类型及其对应的包装类。

表 4-2　java. lang 包中的包装类

基本数据类型	包　装　类
byte	Byte
short	Short
int	Integer
long	Long
float	Float
double	Double
char	Character
boolean	Boolean
void	Void

注意，对应于 void 类型的包装类是 Void。但和其他的包装类不一样的是，Void 类不能被实例化。它只表示 void 引用的概念。

包装类提供了几个方法，可以对相应的基本数据类型的值进行操作。例如，Integer 类中含有返回存储在对象中的 int 型值的方法，还有将所存储的值转为其他基本数据类型的方法。下面列出 Integer 类中的几个方法，其他的包装类有类似的方法。

- Integer(int value)：构造方法，创建 Integer 对象，用来保存值 value。
- byte byteValue ( )、double doubleValue ( )、float floatValue ( )、int intValue ( )、long longValue( )：按各自对应的基本数据类型返回 Integer 对象的值。
- static int parseInt(String str)：按 int 类型返回存储在指定字符串 str 中的值。
- static String toBinaryString (int num)、static String toHexString (int num)、static String toOctalString(int num)：将指定的整型值在对应的进制下按字符串形式返回。

调用静态方法时不依赖于任何的实例对象。以 parseInt 为例，它将保存在字符串中的值转为对应的 int 型值。如果字符串对象 str 中的值是 "987"，则下行代码将字符串转为整型量 987，并将它保存在 int 型变量 num 中：

```
num = Integer. parseInt( str ) ;
```

Java 的包装类中常常含有常量，这非常有用。例如，Integer 类有两个常量 MIN_VALUE 和 MAX_VALUE，它们分别保存 int 型中的最小值及最大值。其他的包装类中也有相应类型的类似常量。

自动将基本数据类型转为对应的包装类的过程称为自动装箱（Autoboxing）。例如，下面的代码将 int 型值 69 通过变量 num1 赋给 Integer 对象引用 obj1：

```
Integer obj1;
int num1 = 69;
obj1 = num1;                    //自动创建 Integer 对象
```

逆向的转换称为拆箱（Unboxing），需要时也是自动完成的。例如：

```
Integer obj2 = new Integer(69);
int num2;
num2 = obj2;                    //自动解析出 int 型值 69
```

一般来说，基本数据类型与对象之间的赋值是不相容的。自动装箱与自动拆箱仅能用在基本数据类型与对应的包装类之间。其他的情况，如将基本数据类型赋给对象引用变量，或是相反的过程，都会导致编译错误。

本 章 小 结

Java 是面向对象的程序设计语言，它为用户提供了类、接口和数组，这些都是不同于基本数据类型的类型。本章介绍了如何定义一个类，如何声明一个对象并进行初始化，如何编写构造方法及类中的方法。本章还介绍了访问修饰符的含义及使用。这些是面向对象程序设计中最基本的内容。

本章介绍了方法的按值传送机制，介绍了方法的重载及方法签名的概念。此外还介绍了静态成员的含义及调用规则，介绍了包装类的概念及与之相关的自动拆箱与装箱。

思考题与练习题

一、单项选择题

1. 假设满足访问权限的前提下，下列关于实例方法和静态方法的说法中，错误的是

【　　】

    A. 实例方法能直接引用静态变量

    B. 静态方法能直接引用静态变量

    C. 实例方法能直接引用实例变量

    D. 静态方法能直接引用实例变量

2. 下列关于实例方法和静态方法的叙述中，正确的是　　　　　　　　　　【　　】

    A. 类中的实例方法不可以互相调用

    B. 类中的静态方法可以直接调用实例方法

    C. 类中的实例方法可以调用静态方法

    D. 类中的静态方法不可以互相调用

3. 下列选项中，不是构造方法特点的是　　　　　　　　　　　　　　　　【　　】

    A. 构造方法的名字与类名相同

    B. 构造方法可以从父类继承

    C. 构造方法中要为所有的变量赋初值

    D. 构造方法通常要说明为 public 类型的

4. 下列叙述中，不正确的是 【　　】

    A. 构造方法可以有多个

    B. 构造方法没有返回值

    C. 构造方法的参数列表可以不同

    D. 构造方法的调用方式与普通方法相同

5. 不属于方法签名的是 【　　】

    A. 方法名　　　　　B. 方法参数个数　　　C. 方法返回值类型　　　D. 方法参数的类型

二、填空题

1. 方法签名包括方法名称加上方法的_____。

2. 同一个类中多个方法有相同的名字及不同的参数列表，这种情况称为_____。

3. 每个类都有一类特殊的方法，称为_____。

4. Java 程序中调用方法时，参数传送采用的机制是_____。

三、简答题

1. 类是如何定义的？解释类的特性及它的几个要素。

2. 在程序中，类和对象有什么区别？

3. static 关键字是什么意思？

4. 什么是静态方法和静态变量，它们同普通的成员方法和成员变量之间有何区别？

5. 什么情况下使用静态变量？

6. 是否可以在 static 环境中访问非 static 变量？

7. 什么是 null 引用？

8. new 操作符可以完成哪些功能？

9. Java 中访问控制权限分为几种？它们所对应的表示关键字分别是什么？意义如何？

10. 什么是自动装箱、自动拆箱？

四、程序分析题

1. 阅读下列程序，请写出该程序的输出结果。

```java
public class PassTest {
    float   m_float;
    void change1(int pi) {pi = 100;}
    void change2(String ps) {
        ps = new String("Right");
    }
    void change3(PassTest po) {
        po.m_float = 100.0f;
    }
    public static void main(String[] args) {
        PassTest pt = new PassTest();
        int i = 22;
```

```
                pt. change1( i );
                System. out. println("i value is " + i);
                String s = new String( "Hello" );
                pt. change2( s );
                System. out. println("s value is " + s);
                pt. m_float = 22. 0F;
                pt. change3( pt );
                System. out. println("Current pt. m_float is   " + pt. m_float);
        }   //end of main( )
    }   //end of class
```

2. 阅读下列程序，请写出该程序的输出结果。

```
    class Qangle {
        int a, h;
        Qangle ( ) {
            a = 10;
            h = 20;
        }
        Qangle( int x, int y) {
            a = x;
            h = y;
        }
        Qangle( Qangle r) {
            a = r. width( );
            h = r. height( );
        }
        int width( ) {
            return a;
        }
        int height( ) {
            return h;
        }
    }
    public class jex6_8 {
        public static void main( String args[ ] ) {
            Qangle q1 = new Qangle( );
            Qangle q2 = new Qangle( 20, 50);
            Qangle q3 = new Qangle( q1);
            System. out. println( q1. width( ) +" " +q1. height( ));
            System. out. println( q2. width( ) +" " +q2. height( ));
            System. out. println( q3. width( ) +" " +q3. height( ));
```

五、程序设计题

1. 设计并实现一个 Course 类，它代表学校中的一门课程。按照实际情况，将这门课程的相关信息组织成它的属性，并定义必要的访问方法。

2. 完善例 4.10 中类 Point 的定义，增加几个基本方法，例如计算给定点到（0，0）的距离、给定两点间的距离、判断给定的三个点是否能构成一个等腰三角形等。

3. 设计并实现一个 MyLine 类，它表示直线。构造方法中使用两个给定的点确定直线对象。定义一些基本方法，如求直线的斜率、判别给定点是否在线上、计算给定点到给定直线的距离等。

4. 设计并实现一个 MyCircle 类，它表示圆。圆心及半径是它的属性，定义一些基本方法，如计算圆的面积、计算圆的周长、判别两个圆是否相交、判别给定直线与给定圆的位置关系等。

第五章　数组和字符串

学习目标：

1. 理解数组的概念，能够声明一维数组和二维数组，能够使用静态和动态两种方式初始化数组元素，能够编写访问数组元素的程序。

2. 理解字符串的概念，能够定义字符串，并进行初始化。能够进行字符串与基本数据类型之间的转换，能够使用 String 类和 StringBuffer 类中的方法对字符串进行相关的操作。

3. 理解向量的概念，掌握向量的定义及使用方法，能够正确完成向量元素的添加、删除、修改及查找等操作。

建议学时： 5 学时。

教师导读：

1. 本章介绍数组和字符串的概念、Vector 类的使用方法（可以将它看作变长数组）。

2. 对数组和字符串的操作都是最基本的编程技能，要让考生熟练掌握，特别是多维数组的初始化过程。字符串的操作中，经常涉及字符串常量，要让考生理解常量及变量的区别，理解字符串的引用，能够判明字符串的比较结果。

第一节　数　　组

一、数组声明

一个数组是相同数据类型的元素按一定顺序排列的数据序列。使用数组可以将同一类型的数据存储在连续的内存位置。数组中各元素的类型相同，可以通过下标来访问数组中的元素，下标从 0 开始。在 Java 中，数组是对象。Object 类中定义的方法都能用于数组对象。程序员可以声明任何类型的数组，具体来说，数组元素可以是基本数据类型，也可以是类类型或接口类型，当然还可以是数组。数组在使用之前必须先声明，也就是要先定义后使用。一维数组的定义格式为

```
类型 数组名[ ];
```

其中，类型是数组元素的类型；数组名为合法的标识符；[ ]指明定义的是一个数组类型变量。例如，下面两行分别说明了两个合法的数组 s 和 intArray：

```
char s[ ];
int intArray[ ];
```

第一行声明的 s 的每个元素都是 char 类型的，第二行声明的整型数组 intArray 中，每个元素均为整型。

还可以定义类类型的数组，例如：

```
    Date dateArray[ ];
    Point points[ ];
```

这两行声明的数组，其元素都是类类型的，dateArray 的每个元素都是 Date 类型的，points 的每个元素都是 Point 类型的。

在定义数组时并不会为数组分配内存，因此方括号[ ]中不需要指出数组元素的个数，即数组长度。和其他类类型一样，数组声明并不创建数组对象本身，所以这些声明没有创建数组，声明的数组名只是引用变量，用来指向一个数组。

Java 还允许用另一种格式来声明数组，如下所示。

```
    类型 [ ] 数组名;
```

对于以上举出的例子，也可以用这样的格式定义，如下所示。

```
    char [ ] s;
    int[ ]intArray;
    Date[ ]dateArray;
    Point [ ] points;
```

这几行的声明与前面的声明完全等价。在这种格式中，左面是类型部分，右面是变量名，与其他类型声明的格式一致。

Java 中没有静态的数组定义，下面的写法是错误的：

```
    int intArray[5];      //错误
```

二、创建数组

数组声明仅仅是定义了一个数组引用，系统并没有为数组分配任何内存，因此现在还不能访问它的任何元素。必须经过数组初始化后，才算完成数组的创建，之后才能使用数组的元素。

数组的初始化分为静态初始化和动态初始化两种。所谓静态初始化，就是在定义数组的同时给数组元素赋初值。静态初始化使用一对大括号将初值括起来，每个元素对应一个引用。

例 5.1　数组静态初始化示例。

```
    int intArray[ ] = {1, 2, 3, 4};                      //定义了一个含有 4 个元素的 int 型数组
    double[ ] heights = {4.5, 23.6, 84.124, 78.2, 61.5}; //定义了一个含有 5 个元素的 double 型数组
    boolean[ ] tired = {true, false, false, true};       //定义了一个含有 4 个元素的 boolean 型数组
    char vowels[ ] = {'a', 'e', 'i', 'o', 'u'};          //定义了一个含有 5 个元素的 char 型数组
    String names[ ] = { "Georgianna", "Jen", "Simon", "Tom" };
```

以最后一个字符串数组为例，这里用 4 个字符串常量初始化了 names 数组，它等价于下列语句：

```
String names[ ];
names = new String[4];
names[0] = "Georgianna";
names[1] = "Jen";
names[2] = "Simon";
names[3] = "Tom";
```

上述语句进行的是动态初始化，使用运算符 new 为数组分配空间，这和所有对象是一样的。数组声明的方括号中的数字表示数组元素的个数。

对于基本数据类型的数组，其创建格式有两种，如下所示。

```
类型 数组名 [ ] = new 类型 [ 数组大小 ];
类型 [ ] 数组名 = new 类型 [ 数组大小 ];
```

如果前面已经对数组进行了声明，则此处的类型可以不写。比如已经定义了 char [ ] s;，则 s = new char[20];将创建有 20 个字符的数组 s。

对于类类型的数组，使用运算符 new 只是为数组本身分配空间，并没有对数组的元素进行初始化。所以对于类类型的数组，空间分配需要经过两步。

```
第一步先创建数组本身：        类型 数组名 [ ] = new 类型[数组大小];
第二步分别创建各个数组元素：   数组名[0] = new 类型 (初值表);
                          ……
                          数组名[数组大小-1] = new 类型 (初值表);
```

若有 Point 类定义如下：

```
class Point {
    int x, y;
    Point ( int x1, int y1 ) {
        x = x1;
        y = y1;
    }
    Point( ) {
        this(0, 0);
    }
}
```

在声明 Point [ ] points;后，语句 points = new Point[100];只创建了有 100 个 Point 型变量的数组。它没有创建 100 个 Point 对象。因为 Point 型是类类型，这些对象必须再单独创建，如下所示：

```
points[0] = new Point( );
points[1] = new Point( );
……
points[99] = new Point( );
```

图 5-1 说明了 Point 型数组声明与数组创建之间的关系。

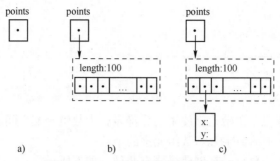

图 5-1　Point 型数组声明与数组创建

执行声明语句 Point [ ] points;后，系统为变量 points 分配一个引用空间，如图 5-1a 所示。执行语句 points = new Point [100];后，系统在内存中为含 100 个元素的数组对象分配存储空间，并把数组的首地址赋给变量 points，如图 5-1b 所示。执行语句 points[1] = new Point( );后，数组中有一个元素已经初始化了，数组的状态由图 5-1b 变为图 5-1c。

数组变量的类型可以不同于所指向的数组类，但应该是它的祖先类。例如，下面的代码：

```
Object [ ] points;
points = new Point [100];
```

是允许的。points 是 Object 类型的数组，第二行创建的数组是 Point 类型的，Point 类派生于公共父类 Object。反之则是不允许的，例如：

```
Point [ ] points;
points = new Object [100];
```

是不允许的。

三、访问数组元素

在 Java 中，数组下标从 0 开始，数组中的元素个数 length 是数组类中唯一的数据成员变量。使用 new 创建数组时系统自动给 length 赋值。数组一旦创建完毕，其大小就固定下来。程序运行时可以使用 length 进行数组边界检查。如果发生越界访问，则抛出一个异常。例 5.2 中创建了一个有 10 个 int 型变量的数组 list，然后顺序访问每个数组元素。遍历时，没有使用常数 10，而是用 list. length 控制数组的下标范围。

例 5.2　使用 length 示例。

```
int list[ ] = new int [10];
for ( int i = 0; i < list. length; i++) {
     /＊进行相应处理的代码＊/
     System. out. print( list[ i ] + " \t" );
}
```

循环中使用的是 list. length，而不是常数 10。这样做不会引起数组下标越界，修改也更方便。

当定义了一个数组，并用运算符 new 为它分配了内存空间后，就可以引用数组中的每一个元素了。数组名加上下标可以表示数组元素，元素的引用格式为

数组名 [下标]

其中，下标的范围是 0 到 length-1。下标可以是整型常数或表达式。

当创建一个数组时，每个元素都会被初始化。如前面创建的字符数组 s，它的每个值被初始化为 0（\0000）。而数组 points 的每个值被初始化为 null，表明它尚未指向真正的 Point 对象。在执行赋值语句

points[0] = new Point();

后，系统创建一个真正的 Point 对象，并让数组的第一个元素指向它。

注意，包括数组元素在内的所有变量的初始化，从系统安全角度来看都是必不可少的，任何变量都不能在没有初始化的状态下使用。但是，编译器不能检查数组元素的初始化情况，所以需要程序员自己多加注意。

例 5.3 数组初始化示例。

```
double[] heights = {4.5, 23.6, 84.124, 78.2, 61.5};
String[] names = {"Bill","Jennifer","Joe"};
System.out.println(heights.length);          //打印 5
System.out.println(names.length);            //打印 3
names[1] = null;                             //擦掉了值"Jennifer"
System.out.println(names.length);            //仍打印 3
```

程序 5.1 给定一组整型数，求它们的平均值及最大值。

```
class Calculator {
    public static double calculateAverage(int[] numbers) {
        int sum = 0;
        for (int i=0; i<numbers.length; i++)
            sum += numbers[i];
        return sum/(double)numbers.length;
    }
    public static int findMaximum(int[] numbers) {
        int max = numbers[0];
        for (int i=0; i<numbers.length; i++)
            if (numbers[i] > max)
                max = numbers[i];
        return max;
    }
}
```

```
public class CalculatorTester2 {
    public static void main(String args[ ]) {
        int numbers[ ] = {23, 54, 88, 98, 23, 54, 7, 72, 35, 22};
        System. out. println("The average is " + Calculator. calculateAverage(numbers));
        System. out. println("The maximum is " + Calculator. findMaximum(numbers));
    }
}
```

四、多维数组

1. 多维数组的定义

数组元素可以声明为任何类型，比如一维数组类型，从而可以建立数组的数组，即二维数组。以此类推，可以得到多维数组。一般来讲，n 维数组是 n-1 维数组的数组。声明多维数组时使用类型及多对方括号。例如，int [ ][ ]是类型，它表示二维数组，每个元素是 int 类型的。

以二维数组为例，定义格式为

```
类型 数组名[ ][ ];
```

例如，int intArray[ ][ ];声明了二维数组 intArray。

也可以采用另外两种定义方式：

```
类型[ ][ ] 数组名;
类型[ ] 数组名[ ];
```

与一维数组一样，二维数组定义时没有为数组元素分配内存空间，同样要在进行初始化后，才可以访问每个元素。

2. 多维数组的初始化

与一维数组一样，多维数组的初始化也分为静态和动态两种。静态初始化时，在定义数组的同时为数组元素赋初值。例如，二维数组 intArray 的初始化如下。

```
int intArray[ ][ ] = {{2,3}, {1,5}, {3,4}};
```

这里，不必指出数组每一维的大小，系统会根据初始化时给出的初值的个数自动计算数组每一维的大小。外层括号所含各元素是数组第一维的各元素，内层括号对应于数组第二维的元素。上面定义的数组 intArray 是一个 3 行 2 列的数组。

使用两个下标可以访问数组中的对应元素，如 intArray[1][1]表示该数组第 2 行第 2 列的元素 5。注意，数组各维的下标均从 0 开始。

对二维数组进行动态初始化时，有两种分配内存空间的方法：直接分配与按维分配。

直接分配就是直接为每一维分配空间，声明数组时，给出各维的大小。仍以二维数组为例，格式为

```
类型 数组名[ ][ ] = new 类型[数组第一维大小][数组第二维大小]
```

例如，int a[ ][ ] = new int[2][3];声明了一个 2 行 3 列的二维数组。

按维分配是从最高维起（而且必须从最高维开始），分别为每一维分配内存，创建二维数组的一般格式为

```
类型 数组名 [ ][ ] = new 类型 [数组第一维大小][ ];
数组名[0] = new 类型 [数组第二维大小];
数组名[1] = new 类型 [数组第二维大小];
……
数组名[数组第一维大小 - 1] = new 类型 [数组第二维大小];
```

如果创建数组时第二维大小是一样的，则创建的是一个矩阵数组，如例 5.4 所示。

例 5.4 矩阵数组声明。

```
int twoDim [ ][ ] = new int [4][ ];
twoDim[0] = new int[5];
twoDim[1] = new int[5];
twoDim[2] = new int[5];
twoDim[3] = new int[5];
```

第一行的声明语句调用 new 创建了一个数组对象，且只说明了第一维的大小（4），此时数组的 4 个元素中各含有一个 null 引用。后续的 4 个声明语句分别让这 4 个元素指向各含 5 个元素的一维数组，由此构成一个 4 行 5 列的二维数组。

直接分配与按维分配的含义是相同的。例如，

```
int matrix[ ][ ] = new int [4][5];
```

等价于下面这段代码：

```
int matrix[ ][ ] = new int [4][ ];
for (int j = 0; j < matrix. length; j++)
    matrix[j] = new int[5];
```

例 5.5 数组说明示例。

```
String s[ ][ ] = new String[2][ ];          //声明了一个 2 行的字符串数组
s[0] = new String[3];                        //表明数组第一行有 3 列
s[1] = new String[3];                        //表明数组第二行有 3 列
s[0][0] = new String("Good");
s[0][1] = new String("Luck");
s[0][2] = new String(" ");
s[1][0] = new String("to");
s[1][1] = new String("you");
s[1][2] = new String("!");
```

创建数组时第二维大小可以是不一样的，这样创建的是一个非矩阵数组，如例 5.6 所示。

例 5.6   非矩阵数组声明。

```
int twoDim[ ][ ] = new int [ 4 ][ ] ;          //声明了一个 4 行的整型数组
twoDim[0] = new int[2];                        //表明数组第一行有 2 列
twoDim[1] = new int[4];                        //表明数组第二行有 4 列
twoDim[2] = new int[6];                        //表明数组第三行有 6 列
twoDim[3] = new int[8];                        //表明数组第四行有 8 列
```

twoDim 数组为 4 行，每行的元素个数分别为 2、4、6 和 8 个，各不相同。
数组形式如下：

```
X X
X X X X
X X X X X X
X X X X X X X X
```

该数组各维的长度分别是 twoDim. length = 4、twoDim[0]. length = 2、twoDim[1]. length = 4、
twoDim[2]. length = 6、twoDim[3]. length = 8。

虽然数组声明格式允许方括号在变量名的左面或右面使用，但在多维数组中使用时应注
意其合法性。

例 5.7   正确的及错误的二维数组声明。

下面是正确的数组声明示例：

```
int a1[ ][ ] = new int [2][3];
int a2[ ][ ] = new int [2][ ];
int [ ]a3[ ] = new int [4][6];
```

下面是错误的数组声明示例：

```
int errarr1[2][3];                       //不允许声明静态数组
int errarr2[ ][ ] = new int [ ][ 4 ]; //维数声明顺序应从高维到低维，先说明高维，再说明低维
int errarr3[ ][4] = new int [3][4]; //数组维数的指定只能出现在 new 运算符之后
```

3. 多维数组的引用

在定义并初始化多维数组后，可以使用多维数组中的每个元素。仍以二维数组为例，引
用方式为

```
数组名[第 1 维下标][第 2 维下标]
```

数组下标也称为索引，它们都可以是整型常数和表达式，都是从 0 开始的。第一维也称
为行，第二维也称为列。例如，声明了数组 myTable 如下：

```
int myTable[ ][ ] = new int[4][3];
```

如果要访问 myTable 的元素，只需要指定其行、列的下标就可以了：

```
myTable[0][0] = 34;
myTable[0][1] = 15;
myTable[0][2] = 3 * myTable[0][1]+11;
```

例 5.8　二维数组使用示例。

```
int myTable[][] = {{23, 45, 65, 34, 21, 67, 78},
                   {46, 14, 18, 46, 98, 63, 88},
                   {98, 81, 64, 90, 21, 14, 23},
                   {54, 43, 55, 76, 22, 43, 33}};
for (int row=0;row<4; row++) {
    for (int col=0;col<7; col++)
        System. out. print(myTable[row][col] + " ");
    System. out. println();
}
```

输出结果示意如下，其中最上面一行和最左面一列分别代表数组的列、行下标，并不是真正的输出内容：

	0	1	2	3	4	5	6
0	23	45	65	34	21	67	78
1	46	14	18	46	98	63	88
2	98	81	64	90	21	14	23
3	54	43	55	76	22	43	33

程序 5.2 计算 myTable 中各行元素之和并查找其和值最大的那一行。

程序 5.2　计算示例。

```
public class TableTester {
    public static void main(String args[]) {
        int myTable[][] = {{23, 45, 65, 34, 21, 67, 78},
                           {46, 14, 18, 46, 98, 63, 88},
                           {98, 81, 64, 90, 21, 14, 23},
                           {54, 43, 55, 76, 22, 43, 33}};
        int sum, max, maxRow = Integer. MIN_VALUE;
        max = Integer. MIN_VALUE;
        for ( int row = 0; row < 4; row++ ) {
            sum = 0;
            for ( int col = 0; col < 7; col++ )
                sum += myTable[row][col];
```

```
                              if ( sum > max ) {
                                  max  =  sum;
                                  maxRow  =  row;
                              }
                      }
              System. out. println ( " Row " + maxRow + " has the MAX sum of " + max ) ;
          }
  }
```

二维数组也有 length 属性，但它只表示第一维的长度。例如有如下的声明：

```
    int ages[ 4 ][ 7 ] ;
```

则 ages. length 的值是 4，而不是 28。

可以分别存取每一维的长度，如下所示：

```
    int[ ][ ] ages = new int [ 4 ][ 7 ] ;
    int[ ] firstArray = ages[ 0 ] ;
    System. out. println ( ages. length  *  firstArray. length ) ;        //输出 28
```

在 Java 中，数组是用来表示一组同类型数据的数据结构，并且数组是定长的，初始化后，数组的大小不会再动态变化。数组变量是一个指向数组对象实例的引用。

数组创建后就不能改变它的大小，但是可以使用同一个引用变量指向另一个全新的数组，例如：

```
    int elements[ ]  =  new int[ 6 ] ;
    elements  =  new int[ 10 ] ;
```

执行这两行语句后，elements 指向第二个数组，第一个数组实际上丢失了，除非还有其他的引用指向它。

可以使用一种高效率的方法复制数组。System 类中提供了一个特殊的方法 arraycopy( )，它可以实现数组之间的复制。通过下面这个例子说明 arraycopy( ) 方法的使用。

程序 5. 3　数组复制。

```
1      class ArrayTest {
2          public static void main( String args[ ] ) {
3              int elements[ ]  =  { 1, 2, 3, 4, 5, 6 } ;            //初始数组
4              int hold[ ]  = {10, 9, 8, 7, 6, 5, 4, 3, 2, 1 } ;    //更大的另一个数组
5                   //把 elements 数组中的所有元素复制到 hold 数组中，下标从 0 开始
6              System. arraycopy( elements, 1, hold, 2, 4 ) ;
7          }
8      }
```

elements 是一个含 6 个 int 类型数的数组，hold 含有 10 个 int 类型数。第 6 行语句的含义

是：将 elements 中从下标 1 开始的 4 个元素，依次放到 hold 中下标从 2 开始的各位置，即以 elements 中的 2，3，4，5，替换 hole 中的 8，7，6，5。执行完毕，数组 hold 的内容为 10，9，2，3，4，5，4，3，2，1。

在本例中，数组 elements 和 hold 作为方法 arraycopy 的参数使用。当数组作为函数参数时，是将数组引用传给方法，方法中对数组内容的任何改变都将影响到实参数组。

java. util. Arrays 中为数组提供了一系列静态方法。

1）equals(type[ ]，type[ ])可用来判定 type 类型的两个数组的值是否相同，type 可以是基本数据类型，也可以是类类型。如果两个指定的数组彼此相等，则返回 true。如果数组元素为对象，那么将调用对象的 equals( )方法来判断是否相同。

2）sort(type[ ])将 type 类型的数组按照升序排序，如果数组元素为对象，那么将调用对象的 compareTo( )来得到比较结果。

3）fill(type[ ]，type value)将 type 类型的值 value 赋给 type 类型数组的每个元素。

4）binarySearch (type[ ]，type value)采用二分查找法在 type 类型的数组中查找 type 类型的值 value。

第二节　字符串类型

字符串是由有限个字符组成的序列，Java 中的字符串是一个对象，而不是一个以 "\0" 结尾的字符数组。Java 的标准包 java. lang 中封装了 String 类和 StringBuffer 类，可以方便地处理字符串。其中，String 类用于处理不变字符串，StringBuffer 类用于处理可变字符串。

一、字符串的声明

字符串是内存中连续排列的 0 个或多个字符。不变字符串是指字符串一旦创建，其内容就不能改变。比如，对 String 类的实例进行查找、比较、连接等操作时，既不能输入新字符，也不能改变字符串的长度。对于那些需要改变内容并有许多操作的字符串，可以使用 StringBuffer 类。

String 和 StringBuffer 类中都封装了许多方法，用来对字符串进行操作。

Java 程序中的字符串分为常量和变量两种，其中字符串常量是用双引号括起来的一串字符。系统为程序中出现的字符串常量自动创建一个 String 对象，例如：

```
System. out. println("This is a String");
```

将创建 "This is a String" 对象，这个创建过程是隐含的。对于字符串变量，在使用之前要显式声明，并进行初始化。字符串的声明很简单，例如下面两行语句分别声明了两个字符串：

```
String s1;
StringBuffer sb1;
```

也可以创建一个空的字符串：

```
String s1 = new String( );
StringBuffer strb1 = new StringBuffer( );
```

此外，还可以由字符数组创建字符串，如下所示。

```
char chars[ ] = {'a', 'b', 'c'};
String s2 = new String( chars );
```

当然，可以直接用字符串常量来初始化一个字符串：

```
String s3 = "Hello World!";
```

StringBuffer 类不能使用字符串常量来创建，比如：

```
StringBuffer strerr = "This is a test String!";     //错误
```

将返回错误信息。但可以使用 String 类型的变量来创建，比如，使用已经定义的 s3 来创建：

```
String s3 = "Hello World!";
StringBuffer strb3 = new StringBuffer( s3 );
```

二、字符串的操作

字符串创建以后，可以使用字符串类中的方法对它进行操作。

String 类的对象实例是不可改变的，一旦创建就确定下来。对字符串施加操作后并不改变字符串本身，而是又生成了另一个实例。

StringBuffer 类可以处理可变字符串，当修改一个 StringBuffer 类的字符串时，不是再创建一个新的字符串对象，而是直接操作原字符串。Java 为两个类提供的方法不完全相同。

String 类和 StringBuffer 类中共有的常用方法如下。

- length( )：返回字符串的长度，即字符个数。
- charAt(int index)：返回字符串中 index 位置的字符。
- subString(int beginIndex)：截取当前字符串中从 beginIndex 开始到末尾的子串。

String 类中的常用方法如下。

- replace(char oldChar, char newChar)：将当前字符串中出现的所有 oldChar 转换为 new-Char。
- toLowerCase( )：将当前字符串中所有字符转换为小写形式。
- toUpperCase( )：将当前字符串中所有字符转换为大写形式。
- concat(String str)：将 str 连接在当前字符串的尾部。
- startsWith(String prefix)：测试 prefix 是否是当前字符串的前缀。
- trim( )：去掉字符串前面及后面的空白。
- valueOf(type value)：将 type 类型的参数 value 转为字符串形式。

StringBuffer 类中的常用方法如下。

- append(String str)：将参数 str 表示的字符串添加到当前串的最后。

- replace(int start, int end, String str)：使用给定的 str 替换从 start 到 end 之间的子串。
- capacity()：返回当前的容量。

String 类型字符串的连接还可以使用运算符 "+" 来实现。

系统为 String 类对象分配内存时，按照对象中所含字符的实际个数等量分配。而为 StringBuffer 类对象分配内存时，除去字符所占空间外，再另加 16 个字符大小的缓冲区。对于 StringBuffer 类对象，length() 方法获得的是字符串的长度，capacity() 方法返回当前的容量，即字符串长度再加上缓冲区的大小。

程序 5.4 字符串操作。

```
public class StringTest {
    public static void main(String args[]) {
        String s = "This is a test String!";
        System.out.println("before changed, s= " + s);
        String t = s.toLowerCase();
        System.out.println("after changed, s= " + s);
        System.out.println("t= " + t);
        StringBuffer strb = new StringBuffer(s);
        System.out.println("s.length = " + s.length());
        System.out.println("strb.length = " + strb.length());
        t = s.replace('a','o');
        System.out.println("s3.replace = " + t);
        StringBuffer s3s3t = strb.replace(2,4,"at");
        System.out.println("strb.replace = " + s3s3t);
        System.out.println("strb.capacity = " + strb.capacity());
    }
}
```

程序 5.4 的执行结果如图 5-2 所示。

图 5-2　程序 5.4 的执行结果

String 类中有多个比较方法，如 compareTo()、equals()、equalsIgnoreCase()、region-Matches() 等，它们用于实现字符串的比较。方法的名字反映了判定时所依据的判定条件是什么。

此外，Java 中也可以使用关系运算符 "＝＝" 来判定两个字符串是否相等。与 equals() 方法不同的是，"＝＝" 用于判定两个字符串对象是否是同一实例，即它们在内存中的存储空间是否相同。

程序 5.5 字符串比较。

```
class StringTest2{
    public static void main(String args[]) {
        String s1 = "This is the second string.";
        String s2 = "This is the second string.";
        String s3 = new String("This is the second string.");
        String s4 = new String(s1);
        String s5 = s1;
        boolean result121 = s1.equals(s2);              //true
        boolean result122 = s1 == s2;                   //true
        boolean result131 = s1.equals(s3);              //true
        boolean result132 = s1 == s3;                   //false
        boolean result141 = s1.equals(s4);              //true
        boolean result142 = s1 == s4;                   //false
        boolean result151 = s1.equals(s5);              //true
        boolean result152 = s1 == s5;                   //true
        System.out.println(result121+"\t"+ result122+"\t"+result131+"\t" + result132+"\t" +
            result141+"\t" + result142+"\t" + result151+"\t" + result152);
    }
}
```

程序 5.5 中，s1 和 s2 使用相同的字符串常量来定义。从效率角度考虑，相同的字符串常量在系统内部只存在一个，即 s1 和 s2 都指向这同一个常量。所以使用 == 或是 equals 方法来判定时，结果都是相等的。而 s3 是使用字符串常量创建的另一个实例，虽然它与 s1 所含的字符是一样的，但却是不同的实例。故使用 == 判定时，s1 和 s3 是不相等的。类似的，s4 也是另一个实例。而 s5 与 s1 指向同一个实例，所以它们在两种方式下的比较都是相等的。指向同一个实例的两个引用互称为别名。

第三节　Vector 类

与大多数程序设计语言一样，Java 的数组只能保存固定数目的元素，数组空间一经申请就不可再改变，不能再追加数组的空间。为了解决这个问题，Java 中引入了 Vector（向量）类，可以看作可变数组。

一、概述

Vector 是 java.util 包提供的一个非常重要的工具类，它类似于数组，可以使用整数下标来访问各个元素，但是比数组的功能更强大。首先，它是变长数组，Vector 实例的大小可以根据需要来改变。创建了 Vector 的对象后，如果增加或删除了其中的元素，则 Vector 的大小也相应地变大或变小。其次，保存的元素的类型可以不一样。因此可以看作把不同类型的元素按照动态数组进行处理。Vector 类的对象不但可以保存顺序的一列数据，而且提供了许多有用的方法来操作和处理这些数据。

当需要处理由数目不定、类型不同的对象组成的对象序列，或是需要频繁地在对象序列中进行插入/删除/查找操作时，通常使用向量来替代数组。但要注意，Vector 类的实例中只能保存对象类型，而不能是基本数据类型，例如 int 类型。

Vector 类包含的成员变量有 3 个。

- protected int capacityIncrement：增量的大小。如果值为 0，则缓冲区的大小每次倍增。
- protected int elementCount：Vector 对象中元素的数量。
- protected Object elementData[ ]：元素存储的数组缓冲区。

系统内部会记录 Vector 类实例的容量 capacity，实际保存的元素个数由 elementCount 来记录，这个值不能大于容量值。当有元素加入到向量时，elementCount 会相应增大。当向量中添加的元素超过了它的容量后，向量的存储空间以容量增值 capacityIncrement 的大小为单位增长，为以后新的元素加入预留空间。元素保存在数组 elementData 中。

二、Vector 类的方法

1. 构造方法

常用的 Vector 类的 3 个构造方法如下。

- public Vector( )：构造一个空向量。
- public Vector(int initialCapacity)：以指定的初始存储容量 initialCapacity 构造一个空的向量 Vector。
- public Vector(int initialCapacity, int capacityIncrement)：以指定的初始存储容量 initialCapacity 和容量增量 capacityIncrement 构造一个空的向量 Vector。

创建 Vector 的实例时，要指明其中保存的元素的类型。例如，

```
Vector<String> MyVector = new Vector<String>(100, 50);
```

创建的 MyVector 向量序列初始有 100 个字符串的空间，以后一旦空间用尽则以 50 为单位递增，使序列中能够容纳的元素个数为 150，200，…。

2. 添加方法

向 Vector 类对象中添加元素的常用方法如下。

- addElement(E obj)：将指定的组件 obj 添加到本向量的末尾，长度加 1。
- insertElementAt(E obj, int index)：将指定对象 obj 作为组件插入到本向量指定位置 index 处。
- add(int index, E obj)：在本向量的指定位置 index 插入指定的元素 obj。

例 5.9 添加元素。

```
Vector <Double>MyVector = new Vector <Double>( );
for (int i=1; i<=10; i++) { MyVector. addElement( Math. random( ) ); }
System. out. println( MyVector. elementAt(5)+" \t" );
MyVector. insertElementAt(55555d, 5);
System. out. println( MyVector. elementAt(6)+" \t" );
```

例 5.9 中，生成 10 个随机数依次加入到向量 MyVector 中，然后打印下标为 5（即第 6 个）的元素。接下来将 55555d 插入在下标为 5 的位置，原来这个位置及后续各位置的元素均后移一个位置，从打印结果可以看出这一点。random( ) 是 Math 类中的静态方法，返回一个 double 类型值。所以声明向量时指明其元素是<Double>类型的，这是对应于 double 类型的包装类。

3. 元素的修改或删除方法

使用以下方法可以修改或删除 Vector 类对象序列中的元素。

- setElementAt(E obj, int index)：将本向量 index 位置处的组件设置为 obj。
- removeElement(Object obj)：删除本向量中第一个与指定的 obj 对象相同的元素，同时将后面的所有元素均前移一个位置。这个方法返回的是一个布尔值，表示删除操作成功与否。
- removeElementAt(int index)：删除 index 位置的元素，同时将后面的所有元素均前移一个位置。
- removeAllElements( )：清除向量序列中的所有元素，同时向量的大小置为 0。

上述涉及下标 index 的方法中，如果下标 index 是负数或超出实际元素的个数，则抛出异常 ArrayIndexOutOfBoundsException。

例 5.10 先创建了一个 Vector，再删除掉其中的所有字符串对象"to"。

例 5.10   删除元素。

```
Vector<String>MyVector = new Vector<String>(100);
for (int i=0;i<10;i++) {
        MyVector. addElement("welcome");
        MyVector. addElement("to");
        MyVector. addElement("beijing");
}
while (MyVector. removeElement("to"));
```

4. 元素的查找方法

Java 还提供了在向量序列中进行查找的操作，常用的查找方法如下。

- elementAt(int index)：返回指定位置处的元素。这个方法的返回值是 E 类型的对象，在使用之前通常需要进行强制类型转换，将返回的对象引用转换成 Object 类的某个具体子类的对象。例如：String str =（String）MyVector. elementAt(0)；。
- contains(Object obj)：如果本向量中包含指定的元素 obj，则返回 true。
- indexOf（Object obj, int start_index)：从指定的 start_index 位置开始向后搜索，返回所找到的第一个与指定对象 obj 相同的元素的下标位置。若指定的对象不存在，则返回 −1。
- lastIndexOf(Object obj, int start_index)：从指定的 start_index 位置开始向前搜索，返回所找到的第一个与指定对象 obj 相同的元素的下标位置。若指定的对象不存在，则返回−1。

使用 Vector 时，一定要先创建后使用。如果不先使用 new 运算符利用构造函数创建

Vector 类的对象，而直接使用 Vector 的方法（如 addElement( )等方法），则可能造成堆栈溢出或使用 null 指针异常等。

上述涉及下标 index 的方法中，如果下标 index 是负数或超出实际元素的个数，则抛出异常 ArrayIndexOutOfBoundsException。

程序 5.6 向向量中添加不同类型的元素并输出 Vector 元素。

程序 5.6 向量示例。

```
import java. util. * ;
public class MyVector extends Vector{
    public MyVector( ){ super(1, 1); }          //指定 capacity 和 capacityIncrement 的值
    public void addInt( int i){
        addElement( Integer. valueOf( i) );
    }
    public void addFloat( float f){
        addElement( Float. valueOf( f) );
    }
    public void addString( String s){
        addElement( s);
    }
    public void addCharArray( char a[ ] ){
        addElement( a);
    }
    public void printVector( ){
        Object o;
        int length = size( );                    //同 capacity 相比较
        System. out. println( "Number of vector elements is "+length+" and they are:" );
        for ( int i = 0; i < length; i++){
            o = elementAt( i);
            if ( o instanceof char[ ] ){
                System. out. println( String. copyValueOf( ( char[ ] ) o) );
            }
            else System. out. println( o. toString( ) );
        }
    }
    public static void main ( String args[ ] ){
        MyVector v = new MyVector( );
        int digit = 5;
        float real = 3. 14f;
        char letters[ ] = { 'a', 'b', 'c', 'd'};
        String s = new String ( "Hi there!" );
        v. addInt( digit);
        v. addFloat( real);
```

```
                    v. addString( s) ;
                    v. addCharArray( letters) ;
                    v. printVector( ) ;
                }
            }
```

本 章 小 结

数组和字符串都是程序设计中经常使用的数据结构。大多数语言都提供了这两种类型。Java 中，数组和字符串都是对象。

本章介绍了数组的声明、静态和动态初始化数组元素的方式。通过示例介绍了如何访问数组元素。作为一种重要的补充，本章介绍了向量类，可以将它看作变长数组类型。

本章还介绍了 String 类和 StringBuffer 类以及类中对字符串进行操作的相关方法。

思考题与练习题

一、单项选择题

1. 下列选项中，错误的数组定义是 【 　 】

    A. int a[ ][ ] = new int [10, 10];   B. int a[ ][ ] = new int [10][10];

    C. int [ ]a[ ] = new int [10][10];   D. int [ ][ ]a = new int [10][10];

2. 下列选项中，能够实例化一个数组的是 【 　 】

    A. int array1 = {2, 3, 4, 5, 6, 7};   B. int array2[ ] = {2, 3, 4, 5, 6, 7, 8};

    C. int[ ] array3 = int[30];   D. int [ ] array4 = new int[ ];

3. 设字符串变量 s1 = new String("java"), s2 = new String("java")，则以下表达式的值为真的是 【 　 】

    A. s1. compareToIgnoreCase(s2)   B. s1. equals(s2)

    C. s1. compareTo(s2)   D. s1 == s2

4. 以下 Java 程序代码中，能正确创建数组的是 【 　 】

    A. int myArray[ ]; myArray[ ] = new int[5];

    B. int myArray[ ] = new myArray(5);

    C. int[ ] myArray = {1, 2, 3, 4, 5};

    D. int myArray[5] = {1, 2, 3, 4, 5};

5. 以下 Java 程序代码中，能正确创建数组的是 【 　 】

    A. int d[4] = {1, 2, 3, 4};   B. int b[ ] = new int(5);

    C. int c = {1, 2, 3};   D. int a[ ]; a = new int[4];

6. 设有数组定义 int ages[4][7];，则 ages. length 的值是 【 　 】

    A. 4   B. 7   C. 28   D. 11

7. 下列各语句段中，可以生成含 5 个空字符串数组的是 【 　 】

Ⅰ. String a [ ] = new String [5];for (int i = 0; i < 5; a[i++] = "");

Ⅱ. String a [ ] = {"","","","",""};

Ⅲ. String a [5];

Ⅳ. String [ ] a = new String [5];for (int i = 0; i < 5; a[i++] = null);

A. Ⅱ   B. Ⅰ和Ⅱ   C. Ⅰ和Ⅲ   D. Ⅰ、Ⅱ和Ⅳ

二、填空题

1. Java 语言提供的用于处理可变字符串的字符串类是_____。

2. Java 语言提供的用于处理不可改变的字符串类是_____。

3. 使用运算符 = = 判定两个 String 类型的对象是否相等，此时判定的是_____。

4. 数组静态初始化是指_____。

5. 数组动态初始化时，必须使用_____分配空间。

6. 数组下标可以是_____。

7. 执行 String s1 = "023368"; String s2 = s1. replace ("3","6");后，s2 的值是_____。

三、简答题

1. 在 Java 中是如何完成数组边界检查的?

2. 请简述数组创建的过程。如何创建一个对象数组?

3. 数组的内存分配是如何完成的?

4. 程序 5.2 的 for 语句中使用的两个常数（4 和 7）应该如何修改，才能保证数组不发生越界错误?

5. String 类和 StringBuffer 类有什么区别?

6. 是否可以继承 String 类?

四、程序填空题

方法 void moveOddFront (int a[ ])的功能是将数组 a 中的所有奇数都移到数组的前端，而把偶数放于所有奇数的后面，其方法是当发现为偶数时，就让该数留在原来位置，当发现为奇数时，就与前面的第一个偶数交换。程序引入变量 odd 表示移动过程中遇到的奇数个数。

```
void moveOddFront( int a[ ]){
    for( int k = 0, odd = 0; _____; k++)
        if( a[k] %2 == 1){
                int t = a[odd];
                a[odd] = a[k];
                a[k] = t; _____;
        }
}
```

五、程序分析题

1. 阅读下列程序，请写出该程序的输出结果。

```
public class Test1{
```

```java
public static void main(String [ ] args){
    char [ ] a={'1', '2', '3', '4', '5', '6', '7'};
    String s1 = new String(a, 2, 4); String s2 = "JavaWorld!";
    System. out. println(s1);
    System. out. println(s2. indexOf("a"));
    System. out. println(s2. replace("t", "r"));
    System. out. println(s2. substring(4, 6));
    }
}
```

2. 阅读下列程序，请写出该程序的输出结果。

```java
public class Test2{
    public static void main(String args[ ]){
        String s1 = "XYZ", s2 = "XYZ";
        String s3 = new String("XYZ");
        System. out. println("s1 == s2 = " + (s1 == s2) + "\ns1 == s3 = " + (s1 == s3));
    }
}
```

3. 阅读下列程序，请写出调用 Test3(4)的输出结果。

```java
public static void Test3(int n){
    int k, i, j, a[ ][ ] = new int[n][n];
    k=1;
    for(i = 0; i < n; i ++){
        if(i%2 == 0){
            for(j = 0; j <= i; j++)   a[i][j] = k++;
            for(j = i - 1; j >= 0; j--)   a[j][i] = k++;
        }else{
            for(j = 0; j <= i; j++)   a[j][i] = k++;
            for(j = i - 1; j >= 0; j--)   a[i][j] = k++;
        }
    }
    for(i = 0; i < n; i++){
        for(j = 0; j < n; j++)
            System. out. println(a[i][j]+ "\t");
        System. out. println();
    }
}
```

六、程序设计题

1. 编写方法 int[ ] arrayReverse(int[ ]a)，该方法的功能是返回一个新的数组 b，新数组的元素排列顺序与参数数组的元素排列顺序相反。

2. 定义一个一维整数数组，其中存储随机生成的 100 个整数，利用你所熟悉的一种排序方法对它们进行升序排序，输出排序前后的数组内容。

3. 定义一个一维整数数组，其中存储随机生成的 1000 个 1~100 的整数，统计每个整数出现的次数，并输出结果。

4. 编写方法 void moveOddFront（int a[]），其功能是将数组 a 中的所有奇数都移到数组的前端，而把偶数放在所有奇数的后面。

5. 定义一个 Student 数组，保存学生的基本信息，包括姓名、学号、性别，还分别保存 3 门课程的成绩。试编程计算这 3 门课程的平均成绩，并按平均成绩的降序进行排序，输出排序后的结果。

6. 编写方法 int[] delete（int [] a）。该方法仅保留数组 a 中下标为偶数且其值也为偶数的元素，其余的元素全部删除，剩余元素形成一个新数组 b 并返回。

提示：应在删除前对数组元素做标记，以避免删除元素后，后续元素下标值的奇偶性发生变化。

第六章　继承与多态

学习目标：

1. 能够使用 extends 关键字声明子类，能够正确进行对象转型。

2. 能够区分方法覆盖与方法重载，能够调用本类及父类中的方法，能够覆盖父类中的方法。

3. 能够正确使用 final 及 abstract 关键字声明终极成员及抽象成员，能够正确设计接口，让类实现接口。

建议学时： 7 学时。

教师导读：

1. 本章继续介绍有关面向对象的内容。介绍子类与继承、方法的覆盖和多态等概念，此外还介绍终极类及抽象类的概念及用法，最后介绍接口。

2. 本章的内容是面向对象程序设计的精髓所在，考生掌握起来有一定的难度，特别是多态的概念。要让考生理解对象引用的静态类型和动态类型，理解动态绑定机制，要能判明执行的是方法的哪个版本，并给出执行结果。

3. 接口也是重要的概念，是实现多重继承的唯一途径，需要考生全面掌握。

第一节　子　类

Java 中的类层次结构为树状结构，这和自然界中描述一个事物是类似的。例如，可以将动物划分为哺乳动物及爬行动物，然后又对这两类动物继续细分，如图 6-1 所示。

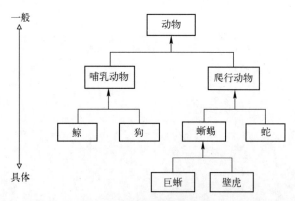

图 6-1　部分动物的分类

哺乳动物及爬行动物都可以看作动物的子类。类似地，鲸和狗可以看作哺乳动物的子类。在 Java 中，也可以用子类和父类来刻画事物，大的更一般的类可以看作父类，而包含在其中的特殊的类是子类。子类与父类的关系是：子类对象"is a"（或"is a kind of"）父类对象，也就是说，子类中的任何一个成员也是父类中的一个成员。这不单单描述了对象之间的关系，在程序设计上还体现着另一大特点，就是使用了继承。使用继承这一面向对象的特性，可以支持软件的可复用性，使代码可以在类之间共享。

一、is a 关系

在程序设计中，有时要建立关于某对象的模型，比如说雇员 Employee，然后从这个最初的模型派生出多个具体化的版本，如经理 Manager。显然，一名 Manager 首先是一名 Employee，他具有 Employee 的一般特性。此外，Manager 还有 Employee 所不具有的额外特性。对于 Employee，可能具有的属性信息包括名字、受雇时间、生日及其他相关信息等，而对于 Manager，可能还具有所管理的团队等属性信息。为此，定义两个类来表示它们。

例 6.1 具有一般性和特殊性的两个类。

```
public class Employee {                    //具有一般性的类
    private String name, jobTitle;
    private Date hireDate, dateOfBirth
    private int grade;
    ......
}

public class Manager {                     //具有特殊性的类
    private String name, jobTitle;
    private Date hireDate, dateOfBirth
    private int grade;                     //以上是与 Employee 共有的属性
    private String department;             //特有的属性
    private Employee [ ] subordinates;     //特有的属性
    ......
}
```

从上面的定义可以看出，Manager 类和 Employee 类之间存在重复部分。实际上，适用于 Employee 的很多属性和方法可以不经修改就被 Manager 所使用。Manager 与 Employee 之间存在 "is a" 关系，即 Manager "is a" Employee。

使用 "is a" 关系要特别注意，有些对象之间虽然也是 "大" 与 "小" 的关系，但并不是一般与特殊的关系，例如汽车包括了车身与发动机，但不能说它们之间存在 "is a" 关系，它们只是整体与部分的关系，一般称为 "has a" 关系。

二、extends 关键字

与一般的面向对象语言一样，Java 提供了派生机制，允许程序员用以前已定义的类来定义一个新类。新类称作子类，原来的类称作父类，也称为基类或超类。两个类中共同的内容放到父类中，特殊的内容放到子类中。在定义类时可以表明一个类是不是另一个类的子类。在 Java 中，用关键字 extends 表示派生，格式如下：

```
修饰符 class 子类名 extends 父类名{
    类体
}
```

例如，public class A extends B 表明 A 类派生于 B 类，A 为子类，B 为父类。如果一个类的定义中没有出现 extends 关键字，则表明这个类派生于 Object 类。Java 中预定义及程序员自己定义的任何类都直接或间接地派生于 Object 类，Object 类是所有类的父类或祖先类。

类的划分要看实际的应用而定，例如，大学学生可以分为全日制学生及非全日制学生两类，也可以分为本科生及研究生两类，还可以按院系分类。如何将大集合划分为小集合，要依具体应用及分类标准而定。

再来考虑例 6.1 中的两个类，很明显，它们具有"is a"关系，所以可以使用派生机制来表示它们，即可以从 Employee 类派生出 Manager 类，现在重新定义这两个类。

例 6.2 类的派生示例。

```
public class Employee {
        private String name, jobTitle;
        private Date hireDate, dateOfBirth;
        private int employeeNumber, grade;
        ……

}
public class Manager extends Employee {          //派生子类
        private String department;               //只列出 Employee 类中没有的属性
        private Employee [ ] subordinates;

}
```

Manager 类中有 Employee 类的所有变量和方法，所有这些变量和方法都继承于父类中的定义。子类中只是定义额外的特性，或者进行必要的修改。

派生机制改善了程序的可维护性，增加了可靠性。对父类 Employee 所做的修改可以延伸至子类 Manager 中。

三、Object 类

Object 类是 Java 程序中所有类的直接或间接父类，处在类层次的最高点，所有其他的类都是从 Object 类派生而来的。Object 类包含了所有 Java 类的公共属性，其构造方法是 Object()，类中主要的方法如下。

- public final Class getClass()：获取当前对象所属的类信息，返回 Class 对象。
- public String toString()：按字符串对象返回当前对象本身的有关信息。
- public boolean equals(Object obj)：比较两个对象是否是同一对象，是则返回 true。

关于对象相等的判别，在 Java 中有两种方式。一种是使用 == 运算符，另一种是使用 equals()方法。这两种方式判定的都是两个对象是否是同一个对象（称为同一）。如果两个对象具有相同的类型及相同的属性值，则称为相等。同一的对象一定相等，但相等的对象不一定同一。看程序 6.1。

程序 6.1 相等判别示例。

```
class BankAccount
{        private String OwnerName;                        //名字
```

```
        private int AccountNumber;                          //账号
        private float Balance;                              //余额
        BankAccount(String name, int num1, float num2) {    //构造方法
            OwnerName = name;
            AccountNumber = num1;
            Balance = num2;
        }
        String getOwnerName() {                             //返回名字
            return OwnerName;
        }
        int getAccountNumber() {                            //返回账号
            return AccountNumber;
        }
        float getBalance() {                                //返回余额数
            return Balance;
        }
    }
    public class EqualsTest {
        public static void main(String args[ ]) {
            BankAccount a = new BankAccount("Bob", 123456, 100.00f);  //创建对象
            BankAccount b = new BankAccount("Bob", 123456, 100.00f);
            //BankAccount b = a;                            //创建 b 的另一种方式
            if (a.equals(b))                                //判定同一
                System.out.println("equals__YES");
            else
                System.out.println("equals__NO");
            if (a==b)                                       //判定同一
                System.out.println("==__YES");
            else
                System.out.println("==__NO");
        }
    }
```

　　输出分别是 equals__NO 和 ==__NO，即两种方式下判断的都是同一性。由于 a 和 b 是两个独立的对象，故它们不是同一的。如果对象 b 不是使用 new 操作符来创建的，而是通过赋值语句 b = a 来创建（如程序中注释掉的语句），再来判断两个对象的相等性时，会看到输出分别是 equals__YES 和 ==__YES。

　　要判断两个对象各个属性域的值是否相同，不能使用从 Object 类继承来的 equals 方法，而需要在类声明中对 equals 方法进行覆盖，即重新修改这个方法。例如，String 类中已经重写了 Object 类的 equals 方法，故可以判别两个字符串的内容是否相同。下面给程序 6.1 中的 BankAccount 类添加 equals 方法。

```
public boolean equals( Object x) {
        if ( this. getClass( ) ! = x. getClass( ) )                        //具有相同的类类型
            return false;
        BankAccount b = ( BankAccount) x;
        return    ( ( this. getOwnerName( ). equals( b. getOwnerName( ) ) )
            && ( this. getAccountNumber( ) = = b. getAccountNumber( ) )
            && ( this. getBalance( ) = = b. getBalance( ) ) ); //判定各个成员变量的值是否相等
    }
```

重写的 equals 方法判定的是对象中的值是否相等，再次运行程序 6.1，得到的输出分别是 equals__YES 和 = =__NO。即虽然不是同一对象，但各属性的值是对应相等的。

四、单重继承

Java 是完全的面向对象语言，具有完全的 OOP 能力。在类的继承机制中，它抛弃了多重继承功能，仅实现了单重继承机制。

多重继承是指从多个类共同派生一个子类，即一个类可以有多个父类，如图 6-2 所示。图中，子类 1 与子类 3 的父类都有两个，分别是父类 1 和父类 2，两个子类都是由多个父类派生得到的。

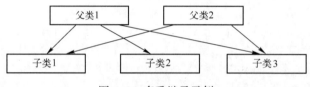

图 6-2　多重继承示例

多重继承关系类似于一个网。如果子类的多个父类中有同名的方法和属性，那么容易造成子类实例的混乱，这是多重继承不可克服的缺点。在 Java 中抛弃了多重继承，只允许单重继承。虽然如此，并没有减弱 Java 在继承方面的能力。Java 中提供了接口这个概念，这是一种特殊的类，多重继承的能力通过接口来实现。总之，在 Java 中，如果一个类有父类，则其父类只能有一个，也就是只允许从一个类中扩展类。这条限制就叫作单重继承。

类的继承关系构成一棵树。任何一个类都是 Object 类的后代。子类可以继承父类中的方法和成员，这个行为可以扩展，也就是说，一个类可以从其所有的祖先类（在树中通往 Object 的路径上的类）中继承属性及行为。

虽然一个子类可以从父类及祖先类中继承所有能继承的方法和成员变量，但它不能继承构造方法。只有两种方式能让一个类得到构造方法，一种方式是自己编写构造方法；另一种方式是，在用户没有编写构造方法的时候，由系统为类提供唯一一个默认的构造方法。

Manager 类的对象可以直接使用其父类 Employee 中定义的公有（及保护）属性和方法，就如同在自己的类中定义了一样。

例 6.3　使用父类的成员。

```
import java. util. Vector;
class Person {
```

```
            public String name;
            public String getName( ) {
                    return name;
            }
            public void setName( String n) {
                    name = n;
            }
    }
    class Employee extends Person {
            public int employeeNumber;
            public int getEmployeeNumber( ) {
                    return employeeNumber;
            }
    }
    class Manager extends Employee {
            public String department;
            public Vector<String> responsibilities;
            public Vector<String> getResponsibilities( ) {
                    return responsibilities;
            }
    }
    public class PersonTest {
            public static void main( String [ ] args) {
                    Employee jim = new Employee( );
                    jim. name = "Jim";
                    jim. employeeNumber = 123456;
                    System. out. println( jim. getName( ) );
                    Manager betty = new Manager( );
                    betty. name = "Betty";
                    betty. employeeNumber = 543469;
                    betty. responsibilities = new Vector<String>( );
                    betty. responsibilities. add( "Internet project" );
                    System. out. println( betty. getName( ) );
                    System. out. println( betty. getEmployeeNumber( ) );
            }
    }
```

子类不能直接访问其父类中定义的私有属性及方法，但可以使用父类中定义的公有（及保护）方法访问私有数据成员。

例 6.4　不能直接访问父类中的私有元素。

```
    class B {
            public int a = 10;
```

```
        private int b = 20;
        protected int c = 30;
        public int getB( ) {
            return b;
        }
    }
public class A extends B {
        public int d;
        public void tryVariables( ) {
            System.out.println(a);              //允许
            System.out.println(b);              //不允许，b 是私有的
            System.out.println(getB( ));        //允许，使用公有方法访问
            System.out.println(c);              //允许
        }
    }
```

五、对象转型

和大多数面向对象的语言一样，Java 允许使用对象的父类类型的一个变量指示该对象，比如对于前面定义的 Employee 类和 Manager 类，可以将子类的对象赋给父类的变量：

```
Employee e = new Manager( );          //子类 Manager 的实例赋给父类变量 e
```

这称为对象转型（Casting）。使用变量 e，可以只访问 Employee 对象的内容，而隐藏 Manager 对象中的特殊内容。这是因为编译器知道 e 是一个 Employee，而不是 Manager。对象引用的赋值兼容原则允许把子类的实例赋给父类的引用。但反过来是错误的，即不能把父类的实例赋给子类的引用，比如：

```
Manager m = new Employee( );          //错误
```

类的变量既可以指向本类实例，又可以指向其子类的实例，这表现为对象的多态性。假定类的继承关系定义如下，层次关系如图 6-3 所示。

```
public class Employee extends Object
public class Manager extends Employee
public class Contractor extends Employee
```

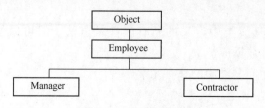

图 6-3　类层次关系

虽然 extends Object 的写法完全合乎语法，但由于 Object 是所有类的父类，因此，这种写法是多余的。在这里，这样写只是为了提醒读者注意类之间的层次关系。

在程序中，有时需要判明一个引用到底指向哪个实例，这可以通过 instanceof 运算符来实现。假定，Employee 类的引用指向一个对象，但分辨不清该对象是 Employee 类、Manager 类还是 Contractor 类。借助于 instanceof，可以判明它的真正类型。

例 6.5 instanceof 的使用示例。

```
public void method(Employee e) {
        if (e instanceof Manager) {                    //Manager 对象的处理
                / * 对 Manager 对象进行处理 * /
        }
        else if (e instanceof Contractor) {            //Contractor 对象的处理
                / * 对 Contractor 对象进行处理 * /
        }
        else {                                          //Employee 对象的处理
                / * 对 Employee 对象进行处理 * /
        }
}
```

如果用 instanceof 运算符已判明父类的引用指向的是子类实例，就可以转换该引用，恢复对象的全部功能。假设已有例 6.3 中定义的类，使用父类 Employee 的引用指向子类 Manager 的实例，然后访问相关的属性。

例 6.6 对象转型示例。

```
public static void main(String [ ] args) {
        Employee betty = new Manager();                 //使用父类引用指向子类实例
        betty. name = "Betty";
        System. out. println(betty. getName());
        betty. employeeNumber = 543469;
        //betty. department = "Test";                    //错误
        if (betty instanceof Manager) {
                Manager m = (Manager)betty;              //将 Employee 类的 betty 转型为 Manager 类
                m. department = "Test";                  //允许
                System. out. println("This is the manager of " + m. department);  //访问 Manager 类中的属性
        }
}
```

department 是 Manager 中的属性，而不是 Employee 中的属性，编译器知道这一点。所以当使用 Employee 类的引用 betty 来访问这个属性（betty. department）时，编译器在 Employee 中找不到 department 成员，所以会报告错误。转型后，编译器将 betty 看作 Manager 的实例，再访问 department 成员时是正确的。

一般，进行对象引用转型时有以下规则：

● 沿类层次向"上"转型总是合法的，例如，把 Manager 引用转型为 Employee 引用。

此种方式下不需要转型运算符，只用简单的赋值语句就可以完成。

- 对于向"下"转型，只能是祖先类转型到后代类，其他类之间是不允许的。例如，把 Manager 引用转型为 Contractor 引用是非法的，因为 Contractor 不是 Manager，这两个类之间没有继承关系。要替换的类（赋值号右侧）必须是当前引用类型（赋值号左侧）的父类，且要使用显式转换。

第二节　方法覆盖与多态

使用类的继承关系，可以从已有的类产生一个新类。在原有特性基础上，增加了新的特性。父类中原有的方法可能不能满足新的要求，因此需要修改父类中已有的方法。这就是方法覆盖（Override），也称为方法重写或是隐藏。子类中定义方法所用的名字、返回值类型及参数列表和父类中方法使用的完全一样，也就是具有相同的方法签名。此时，称子类方法覆盖（重写）了父类中的方法，从逻辑上看就是子类中的成员方法将隐藏父类中的同名方法。

一、方法覆盖及其规则

在面向对象语言程序设计中，方法覆盖是经常用到的概念。通过方法覆盖，可以达到语言多态性的目的。当子类中要做的事情（某个方法）与父类中不完全相同时，就要重写父类中的相关方法。

当子类重写父类方法时，子类与父类使用的是相同的方法名及参数列表，但可以执行不同的功能，当然子类中也可以什么都不做。利用方法隐藏机制，子类对象的操作可以与父类中定义的不完全一样，甚至是完全不一样，从而满足了灵活性的要求。要注意的是，覆盖的同名方法中，子类方法不能比父类方法的访问权限更严格。例如，如果父类中方法 method( ) 的访问权限是 public，则子类中就不能含有 private 的 method( )，否则会出现编译错误。

注意，如果方法名相同，而参数列表不同，则是对方法的重载。调用重载方法时，编译器将根据参数的个数和类型，选择对应的方法执行。重载的方法属于同一个类，覆盖的方法则分属于父类、子类中。

以 Employee 类和 Manager 类中的方法为例，重写方法。

例 6.7　方法重写示例。

```
public class Employee {
        String name;
        int salary;
        public String getDetails( ) {
                return "Name: " + name + "\n" + "Salary: " + salary;
        }
}


public class Manager extends Employee {
        String department;
```

```
        public String getDetails( ) {                //重写
            return "Name: " + name + "\n" + "Manager of " + department;
        }
    }
```

Employee 类和 Manager 类中都有 getDetails( )方法，可以看出，它们返回的字符串是不完全相同的。

程序 6.2 方法覆盖示例。

```
public class Point {
    void print( ) {
        System. out. println("This is the superclass!");
    }
    public static void main(String args[ ]) {
        Point superp = new Point ( );
        superp. print( );                //调用父类方法，输出"This is the superclass!"
        Point3d subp = new Point3d( );   //调用子类方法，输出"This is the subclass!"
        subp. print( );
    }
}

class Point3d extends Point {
    void print( ) {                      //重写
        System. out. println("This is the subclass!");
    }
}
```

如果子类已经重写了父类中的方法，但在子类中还想使用父类中被隐藏的方法，可以使用 super 关键字。

程序 6.3 super 使用示例。

```
class SuperClass {
    void showMyPosition( ) {
        System. out. println("I am in superclass!");
        System. out. println("I will go back now ...");
    }
}

class SubClass extends SuperClass {
    void showMyPosition( ) {
        System. out. println("At first I will go to superclass ...");
        super. showMyPosition( );            //调用父类方法，输出对应的两行信息
        System. out. println("Now I have moved to subclass!");
    }
}
```

```
public class SuperTest{
    public static void main(String args[]){
        SubClass son = new SubClass();        //子类实例
        son.showMyPosition();                 //调用子类方法
    }
}
```

使用 super 时，要注意两个问题。首先，使用 super. method( )调用父类中的方法 method( )，将执行父类方法中的所有操作，其中可能会包括一些原本不希望进行的操作，所以调用时要谨慎。其次，由继承性的机制可以知道，super. method( )语句所调用的这个方法不一定是在父类中加以描述的，它也可能是父类从它的祖先类中继承而来的，因此，有可能需要按继承层次关系依次向上查询才能够找得到。

应用覆盖时必须注意以下两条重要规则：

- 覆盖方法的允许访问范围不能低于原方法。
- 覆盖方法所抛出的异常不能比原方法更多。

以上两条规则均源于多态性和 Java 所具有的"类型安全性"的要求。

例 6.8 重写方法的访问权限示例。

```
class SuperClass{
    public void method( ){/*相关代码*/}
}
class SubClass extends SuperClass{
    private void method( ){/*相关代码*/}      //使用 private 方法覆盖 public 方法，错误
}
```

由于子类 SubClass 中的方法 method( )是 private 类型，而它所覆盖的父类中的原方法是 public 类型，这是不允许的，编译后会出现错误信息。一个重写方法也不能抛出比被重写方法更多的异常事件。

二、调用父类的构造方法

出于安全性的考虑，Java 对于对象的初始化要求是非常严格的。比如，Java 要求，在子类对象初始化之前，必须先完全初始化父类对象。

super 关键字也可以用在构造方法中，其功能为调用父类的构造方法。子类不能从父类继承构造方法，在子类的构造方法中调用父类的构造方法不失为一种良好的程序设计风格。

如果在子类构造方法的定义中没有明确调用父类的构造方法，则系统在执行子类的构造方法时会自动调用父类的默认构造方法（即无参数的构造方法）。

如果在子类构造方法的定义中调用了父类的构造方法，则调用语句必须出现在子类构造方法的第一行。

例 6.9 调用父类的构造方法。

```
class Employee{
```

```
            String name;
            public Employee(String s){              //构造方法
                name = s;
            }
    }
    class Manager extends Employee{
            String department;
            public Manager(String s,String d){       //构造方法
                super(s);                            //调用父类的构造方法,第一行
                department = d;
            }
    }
```

一般来讲,调用 super()时,参数的个数没有限制,只要其参数列表和父类中的某个构造方法的参数列表相符即可。在通常情况下,没有参数的默认构造方法常被用来初始化父类对象。当然,也可以根据具体情况选择父类其他的构造方法。不管怎样,如果要显式调用父类的构造方法,super()调用必须放在子类构造方法的开头位置。比如,下列写法是错误的。

```
    public Manager(String s,String d){
            department = d;
            super(s);                               //错误
    }
```

三、多态

在 Java 中,多态是一个重要概念。有了多态,能够允许同一条方法调用指令在不同的上下文中做不同的事情。

以例 6.3 中定义的 3 个类及例 6.7 中重写的方法为例。Manager 类与 Employee 类之间具有 "is a" 关系,Manager 得到了父类 Employee 的所有的可继承属性,包括数据成员和方法成员。这意味着对 Employee 对象合法的操作,对 Manager 对象也合法。两个类中都有 getDetails()方法,实际上是子类覆盖了父类中的方法。现在假定声明了如下两个实例。

```
    Employee e = new Employee();
    Manager m = new Manager();
```

此时,e.getDetails()与 m.getDetails()将执行不同的代码。e 是 Employee 对象,将执行 Employee 类中的方法,m 是 Manager 对象,执行的是 Manager 类中的方法。这不难理解。但如果像下面这样创建实例:

```
    Employee e = new Manager();
```

那么,e.getDetails()将调用哪个方法?这引出对象是多态(Polymorphism)的概念。对象 e 可以有 Manager 的形式,也可以有 Employee 的形式。

重载方法可以看作是多态的, 父子类之间直接或间接重写的方法名, 要由对象在运行时确定将调用哪个方法, 这也是多态。

实际上, 这正是面向对象语言的一个重要特性。Java 规定, 这种情况下要执行的是与对象真正类型 (运行时类型) 相关的方法, 而不是与引用类型 (编译时类型) 相关的方法。

变量的静态类型是出现在声明中的类型。例如, 变量 e 的静态类型是 Employee。静态类型也称为引用类型, 是在代码编译时确定下来的。运行过程中某一时刻变量指向的对象的类型称为动态类型, 这是它此刻的真正类型。变量的动态类型会随运行进程而改变。本例中 e 的动态类型是 Manager。

调用稍后可能被覆盖的方法的这种处理方式, 称为动态绑定或后绑定。动态绑定一定要到运行时才能确定要执行的方法代码。在编译过程中能确定调用方法的处理方式, 称为静态绑定或前绑定。

例 6.10 多态示例。

```java
class SuperClass{
    public void method(){
        System.out.println("superclass!");
    }
}

class SubClass extends SuperClass{
    public void method(){                    //覆盖方法
        System.out.println("subclass!");
    }
}

public class Test{
    public static void main(String args[]){
        SuperClass superc = new SuperClass();    //静态类型与动态类型一致
        SubClass subc = new SubClass();          //静态类型与动态类型一致
        SuperClass ssc = new SubClass();         //静态类型与动态类型不一致
        superc.method();                         //执行父类的方法,输出 superclass!
        subc.method();                           //执行子类的方法,输出 subclass!
        ssc.method();                            //执行子类的方法,输出 subclass!
    }
}
```

ssc 声明的类型是 SuperClass, 但它指向的是 SubClass 的实例, 所以, ssc.method() 调用的是实例所属类 (子类) 的方法, 而不是所声明的类 (父类) 的方法。

第三节　终极类与抽象类

Java 中有一个重要的关键字 final, 它表示终极, 既可以修饰一个类, 也可以修饰类中的成员变量或成员方法。顾名思义, 用这个关键字修饰的类或类的成员都是不能改变的。如果一个类被定义为 final，则它不能有子类；如果一个方法被定义为 final，则它不能被覆盖；如果一个变量被定义为 final，则它的值不能被改变。

与之相对应的是关键字 abstract，它可以用于类或方法，表示抽象。使用 abstract 修饰的方法的方法体为空，修饰的类必须被子类继承。

一、终极类

有的时候一些类是不能被继承的，Java 中预定义的类 Java. lang. String 就是如此。这样做的目的是保证如果一个方法中有一个指向 String 类的引用，那么它肯定就是一个真正的 String 类型，而不是一个已被更改的 String 的子类。另外一种情况是某个类的结构和功能已经很完整，不需要生成它的子类，这时也应该在这个类的声明中以关键字 final 进行修饰。被标记为 final 的类将不能被继承，这样的类称为终极类或终态类，其声明的格式为

```
final class 终极类名{
      类体
}
```

例 6. 11 定义了一个 final 类 FinalClass，当试图派生它的子类时，会导致错误。

例 6. 11　终极类不能派生子类示例。

```
final public class FinalClass{
      int memberar;
      void memberMethod( ){ };
}
class SubFinalClass extends FinalClass{              //错误
      int submembervar;
      void subMemberMethod( ){ };
}
```

二、终极方法

成员方法也可以被标记为 final，从而成为终极方法或终态方法。被标记 final 的方法将不能被覆盖，从而可以确保被调用的方法是最原始的方法，而不是已被更改的子类中的方法。另外，有时把方法标记为 final 也被用于优化，从而提高编译运行效率。终极方法的定义格式为

```
final 返回值类型 终极方法名 ([参数列表]){
      方法体
}
```

例 6. 12 的程序片断中由于试图重写终极方法，故会出现错误。

例 6. 12　终极方法不能被覆盖。

```
class FinalMethodClass{
```

```
        final void finalMethod ( ) {……}                    //父类中程序代码
    }
    class OverloadClass extends FinalMethodClass {
        void finalMethod( ) {……}                           //子类中程序代码,错误
    }
```

三、终极变量

一个变量被标记为 final,称为终极变量或终态变量,实际上它会成为一个常量,企图改变终极变量的值将引起编译错误。

例 6.13 不能改变终极变量的值的示例。

```
    class Const {
        final float PI = 3. 14f;                    //终极变量
        final String language = "Java" ;
    }
    public class UseConst {
        public static void main( String args[ ] ) {
            Const myconst = new Const( );
            myconst. PI = 3. 1415926f;             //不能再被重新赋值
        }
    }
```

当程序中需要使用一些特殊用途的常量时,可以将它们定义在一个类中,其他的类通过引入该类来直接使用这些常量。这样可以保证常量使用的统一,并为修改提供方便。

如果将一个引用类型的变量标记为 final,那么这个变量将不能再指向其他对象,但它所指向对象中的属性值还是可以改变的。

例 6.14 终极引用的使用示例。

```
    class Car {
        int number = 1234;
    }
    class FinalVariable {
        public static void main( String args[ ] ) {
            final Car mycar = new Car( );           //终极变量,引用类型
            mycar. number = 8888;                   //可以,修改的是 mycar 指向的内存中的值
            mycar = new Car( );                     //错误,不能修改 mycar 本身的值
        }
    }
```

在这里,改变变量 mycar 的成员变量 number 的值是可以的,但如果试图用 mycar 指向其他对象就会引起错误。

四、抽象类

在程序设计过程中，有时需要创建某个类代表一些基本行为，并为其规范定义一些方法，但是又无法或不宜在这个类中就对这些行为加以具体实现，而希望在其子类中根据实际情况去实现这些方法。例如，设计一个名为 Drawing 的类，它代表了不同绘图工具的绘图方法，但这些方法必须以平台无关的方法实现。很显然，在使用一台机器的硬件的同时，又要做到平台无关是不太可能的。因此解决的方法是，在这个类中只定义应该存在什么方法，而具体实现这些方法的工作则由依赖于具体平台的子类去完成。

像 Drawing 类这种定义了方法但没有定义具体实现的类称为抽象类。在 Java 中可以通过关键字 abstract 把一个类定义为抽象类，每一个未被定义具体实现的方法也应标记为 abstract，这样的方法称为抽象方法。

与一般的父类一样，在抽象类中可以包括被它的所有子类共享的公共行为，以及被它的所有子类共享的公共属性。在程序中不能用抽象类作为模板来创建对象，必须生成抽象类的一个非抽象的子类后才能创建实例。

抽象类可以包含常规类能够包含的任何成员方法，因为子类可能需要继承这些方法。当然抽象类中也可以包含构造方法。

抽象类中通常会包含抽象方法，这种方法只有方法的声明，而没有方法的实现，这些方法将在抽象类的子类中被实现。除了抽象方法，抽象类中也可以包含非抽象方法，反之，不能在非抽象的类中定义抽象方法。也就是说，只有抽象类才能具有抽象方法。

如果一个抽象类除了抽象方法外什么都没有，则使用接口更为合适。

抽象类和抽象方法的定义格式为

```
public abstract class 抽象类名 {                    //抽象类
    类体
}

public abstract 返回值类型 抽象方法名([参数列表]);    //抽象方法
```

例 6.15 抽象类示例 1。

```
abstract class Employee {
    int basic = 2000;
    abstract void salary();                //抽象方法
}
class Manager extends Employee {
    void salary() {                        //子类中的实现
        System.out.println("薪资等于 "+basic * 5);
    }
}
class Worker extends Employee {
    void salary() {                        //子类中的实现
        System.out.println("薪资等于 "+basic * 2);
    }
}
```

例 6.16 抽象类示例 2。

```
abstract class ObjectStorage{
    int objectnum = 0;
    Object storage[] = new Object[100];
    abstract void put(Object o);                //注意：没有大括号（"{}"）
    abstract Object get();
}
class Stack extends ObjectStorage{
    private int point=0;
    public void put(Object o){
        storage[point++] = o;
        objectnum++;
    }
    public Object get(){                    //实现不同
        objectnum--;
        return storage[--point];
    }
}
class Queue extends ObjectStorage{
    private int top=0, bottom=0;
    public void put(Object o){
        storage[top++]=o;
        objectnum++;
    }
    public Object get(){                    //实现不同
        objectnum--;
        return storage[bottom++];
    }
}
```

在这里，ObjectStorage 类定义的是一般化的存储结构，其中包括成员变量 objectnum 和 storage，分别用来记录存入的元素个数及其元素本身。两个成员方法 put() 和 get() 只用来说明对于这样的存储结构应该具有存入和取出这两种基本操作，但是对于这两种操作的具体实现则依赖于具体的存储结构，因此这两个方法被定义为抽象方法。相应地，ObjectStorage 类也就成为抽象类，无论是类还是方法都要用关键字 abstract 进行修饰。

抽象类的子类所继承的抽象方法同样还是抽象方法，除非提供了其父类中所有抽象方法的实现代码，否则子类还是抽象类。具体到例 6.16，在 ObjectStorage 的子类中，只有实现了 put() 和 get() 方法，这个子类才不是抽象类。

一个抽象类中可以包含非抽象方法和成员变量。更明确地说，包含抽象方法的类一定是抽象类，但抽象类中的方法不一定都是抽象方法。

抽象类是不能创建对象的，除非通过间接的方法来创建其子类的对象，但是可以定义一个抽象类的引用变量。也就是说，程序中形如 new ObjectStorage( ) 的表示是错误的，但如果子类 Stack 不再是抽象类，则下述表示是正确的：

```
ObjectStorage obst = new Stack( ) ;
```

第四节　接　　口

接口是体现抽象类功能的另一种方式，可将其想象为一个"纯"的抽象类。它允许创建者规定一个类的基本形式，包括方法名、参数列表以及返回值类型，但不规定方法体。因此在接口中所有的方法都是抽象方法，都没有方法体。从这个角度上讲，可以把接口看作特殊的抽象类，接口与抽象类都用来定义多个类的共同属性。

接口还可以实现与抽象类不同的功能。Java 不支持多重继承的概念，一个类只能从唯一的一个类继承而来。但是，这并不意味着 Java 不能实现多重继承的功能。具体来说，Java 允许一个类实现多个接口，从而实现了多重继承的能力，并具有更加清晰的结构。

一、接口的定义

接口的定义格式为

```
[接口修饰符] interface 接口名 [extends 父接口列表]{
    接口体    //方法原型或静态常量
}
```

接口与一般类一样，本身也具有数据成员变量与方法，但数据成员变量一定要赋初值，且此值将不能再更改，而方法必须是"抽象方法"。

仿照例 6.16，例 6.17 使用接口的方式重新定义了一个存储字符的数据结构。

例 6.17　接口的定义。

```
interface CharStorage{             //使用 interface 说明
    void put(char c);              //抽象方法，没有{}
    char get();                    //抽象方法
}
```

这个接口仅仅说明了一种数据存储结构中存在存入（put）和取出（get）这样两种操作，并没有涉及具体实现。在应用时，还需要根据具体的存储结构来实现。

在接口中定义的成员变量都默认为终极静态变量，即系统会为其自动添加 final 和 static 这两个关键字，并且对该变量必须设置初值。

二、接口的实现

接口的实现与类的继承是相似的，不过，实现接口的类不能从该接口的定义中继承任何行为。在实现该接口的类的任何对象中都能够调用这个接口中定义的方法。一个类可以同时实现多个接口。

要实现接口，可以在类的声明中用关键字 implements 来表示。接口中的所有抽象方法必须在类或子类中实现。implements 语句的格式为

```
public class 类名 implements 接口名[,接口名[,接口名]] {
    ……/* 抽象方法及终极静态变量的定义 */
}
```

接续例 6.17，当用栈结构存储数据时可以如下定义。

例 6.18 接口的实现 1。

```
class Stack implements CharStorage {
    private char mem[ ] = new char[10];
    private int point = 0;
    public void put(char c) {
        mem[point] = c;
        point++;
    }
    public char get( ) {
        point--;
        return mem[point];
    }
}
```

例 6.19 接口的实现 2。

```
public interface Insurable {                    //定义接口
    public int getPolicyNumber( );              //抽象方法
    public int getCoverageAmount( );
    public double calculatePremium( );
    public Date getExpiryDate( );
}
public class Car implements Insurable {         //接口的实现
    public int getPolicyNumber( ) { /* write code here */ }      //获取保险单号的代码
    public double calculatePremium( ) { /* write code here */ }  //计算保费的代码
    public Date getExpiryDate( ) { /* write code here */ }       //获取终止日期的代码
    public int getCoverageAmount( ) { /* write code here */ }    //获取投保金额的代码
}
```

Java 程序中，可以在 implements 后面声明多个接口名，也就是一个类可以实现多个接口。接口实际上就是一个特殊的抽象类，同时实现多个接口就意味着具有多重继承的能力。由于在接口中的方法都是抽象方法，并不包含任何的具体代码，对这些抽象方法的实现都在具体的类中完成，因此，即使不同的接口中有同名的方法，类的实例也不会混淆。这正是Java 取消了显式的多重继承机制但还保留了多重继承的能力之所在。

例如，在 AWT 事件处理中就要经常用到接口。下面语句定义的类将实现所有鼠标事件的接口。

```
public class MouseEventClass implements MouseListener, MouseMotionListener{
    ……//所有方法的实现

}
```

如果查阅 Java 的 API 文档就会发现，在 MouseListener 和 MouseMotionListener 两个接口中，分别定义了对鼠标进行各种操作时的响应。由于 MouseEventClass 类声明为同时实现这两个接口，因此在实现时，该类一定要实现这两个接口中的所有方法，否则必须用 abstract 继续声明为一个抽象类。

在实际应用中，并非接口里的所有方法都需要用到。这时有一个简单的方法，即用一对大括号来表示一个方法的空方法体。例如，在鼠标事件的接口（MouseListener 和 MouseMotionListener）中共定义了 6 种事件，假设程序不要求对 MouseUp 事件进行任何响应，则代码可以写为

```
public voidMouseUp( Event e){}          //不进行任何响应
```

实现一个接口的类也必须实现此接口的父接口。

程序 6.4 是一个接口应用实例。定义一个接口 Shape2D，利用它来实现对二维几何图形类 Circle 和 Rectangle 的操作。对二维几何图形而言，面积的计算是很重要的，因此可以把计算面积的方法声明在接口里。求面积时使用的 pi 值是常量，可以把它声明在接口的数据成员里。

程序 6.4 接口应用示例。

```
interface Shape2D{                      //定义 Shape2D 接口
    final double pi = 3.14;             //数据成员一定要初始化
    public abstract double area( );     //抽象方法，不需要定义处理方式
}
//定义 Circle 与 Rectangle 两个类，它们都实现了 Shape2D 接口
class Circle implements Shape2D{
    double radius;
    public Circle( double r){    radius=r; }  //构造方法
    public double area( ){   return ( pi * radius * radius); }   //计算面积
}
class Rectangle implements Shape2D{
    int width,height;
    public Rectangle( int w,int h){          //构造方法
        width=w;
        height=h;
    }
    public double area( ){                   //计算面积
        return ( width * height);
```

```
            }
        }
    //定义测试类
    public class InterfaceTester {
        public static void main(String args[ ]) {
            Rectangle rect = new Rectangle(5, 6);
            System. out. println(" Area of rect = " + rect. area( ));
            Circle cir = new Circle(2. 0);
            System. out. println(" Area of cir = " + cir. area( ));
        }
    }
```

在接口的定义中，Java 允许省略定义数据成员的 final 关键字、方法的 public 及 abstract 关键字，因此程序 6.4 中的接口也可以是这样的：

```
    interface Shape2D {              //定义 Shape2D 接口
        double pi = 3. 14;          //数据成员一定要初始化
        double area( );             //抽象方法，不需要定义处理方式
    }
```

不能直接由接口来创建对象，而必须通过实现接口的类来创建。同抽象类一样，使用接口名作为一个引用变量的类型也是允许的，即可以声明接口类型的变量（或数组），并用它来访问对象。该引用可以用来指向任何实现了该接口的类的实例。使用时将根据动态绑定的原则，视该变量所指向的具体实例来进行操作。例如：

```
    public class VariableTester {
        public static void main(String [ ]args) {
            Shape2D var1, var2;                                      //接口类型的变量
            var1 = new Rectangle(5, 6);                             //接口引用指向类的实例
            System. out. println(" Area of var1 = " + var1. area( )); //视具体的类来调用相关方法
            var2 = new Circle(2. 0);                                //接口引用指向类的实例
            System. out. println(" Area of var2 = " + var2. area( )); //视具体的类来调用相关方法
        }
    }
```

本 章 小 结

本章继续介绍有关面向对象的内容。介绍子类与继承、方法的覆盖和多态等概念，此外还介绍了终极类及抽象类的概念及用法。接口也是重要的概念，是实现多重继承的唯一途径，本章也介绍了接口及类实现接口的方式。

本章的内容是面向对象程序设计的精髓所在，要能使用 extends 关键字声明子类，能够正确进行对象转型。要能够区分方法覆盖与方法重载，能够掌握调用本类及父类中的方法、

覆盖父类中的方法，从而全面掌握多态的概念。

思考题与练习题

一、单项选择题

1. 有如下的类及对象的定义：

```
class parentclass {}
class subclass1 extends parentclass {}
parentclass a = new parentclass ();
subclass1 b = new subclass1();
```

当执行语句 a = b;时，结果是 【   】

    A. 编译时出错   B. 编译时正确，但执行时出错

    C. 执行时完全正确   D. 不确定

2. 有如下的类及对象的定义：

```
class ParentClass {}
class SubClass1 extends ParentClass {}
class SubClass2 extends ParentClass {}
ParentClass a = new ParentClass ();
SubClass1 b = new SubClass1();
SubClass2 c = new SubClass2();
```

当执行语句 b = (SubClass1)c;时，结果是 【   】

    A. 编译时出错   B. 编译时正确，但执行时出错

    C. 执行时完全正确   D. 不确定

3. Java 接口中可能包含的内容是 【   】

    Ⅰ. 没有赋初值的成员变量   Ⅱ. 已赋初值的成员变量

    Ⅲ. 抽象方法   Ⅳ. 构造方法

    A. Ⅰ和Ⅱ   B. Ⅰ和Ⅲ   C. Ⅱ和Ⅲ   D. Ⅱ、Ⅲ和Ⅳ

4. 下列关于抽象类的叙述中，正确的是 【   】

    A. 只能含有抽象方法，不能含有普通方法

    B. 不一定要有抽象方法，必须要有普通方法

    C. 必须含有抽象方法，也可以有普通方法

    D. 既可以有抽象方法，也可以有普通方法

5. 下面的定义正确的是 【   】

    A. class alarmclock { abstract void alarm();}

    B. abstract alarmclock { abstract void alarm();}

    C. class abstract alarmclock { abstract void alarm();}

    D. abstract class alarmclock { abstract void alarm();}

二、填空题

1. Java 中，处在类层次中最高层的是_____。

2. Java 中实现多重继承的机制是_____。

3. Java 中表示抽象类的关键字是_____。

4. Java 中 String 类不能被继承，所以它是一个_____。

5. 如果类 A 继承和扩展类 B，则子类 A 和父类 B 之间的关系是_____。

6. 使用关键字_____修饰的类是不能被扩展的类。

7. 接口上的所有变量都默认为是_____属性。

三、简答题

1. 请写出接口体中可能包含的内容。

2. 什么是抽象类？什么是抽象方法？它们有什么特点和用处？

3. 什么是终极类、终极方法和终极变量？定义终极类型的目的是什么？

4. 什么是接口？接口的作用是什么？它与抽象类有何区别？

5. 关键字 super 在成员方法中的特殊作用是什么？

6. 什么是方法重载？什么是方法重写？它们之间的区别是什么？

7. 什么是对象转型？

8. Java 如何实现多重继承？

9. 什么是多态？

四、程序分析题

阅读下列程序，请写出该程序的输出结果。

```java
import java.util.Vector;
import java.util.Vector;
class Person {
    private String name = "John";
    public String getName() { return name; }
    public void setName(String n) { name = n; }
}
class Employee extends Person {
    private int employeeNumber;
    public int getEmployeeNumber() { return employeeNumber; }
    public void setEmployeeNumber(int number) { employeeNumber = number; }
}
class Manager extends Employee {
    public Vector<String> responsibilities;
    public Vector<String> getResponsibilities() { return responsibilities; }
}
public class PersonTest4 {
    public static void main(String [] args) {
        Employee jim = new Manager();
```

```
        jim. setName("Jim");
        Manager unknown = (Manager)jim;
        unknown. setEmployeeNumber (543469);
        unknown. responsibilities = new Vector <String>();
        unknown. responsibilities. add("Internet project");
        unknown. responsibilities. add("Internet project1");
        System. out. println(jim. getName());
        System. out. println(jim. getEmployeeNumber());
        System. out. println(unknown. getName());
        System. out. println(unknown. getEmployeeNumber());
        System. out. println(unknown. getResponsibilities());
    }
}
```

五、程序设计题

1. 设计并实现一个 MyGraphic 类及其子类，它们代表一些基本的图形，这些图形包括矩形、三角形、圆、椭圆、菱形、梯形等。试给出能描述这些图形所必需的属性及必要的访问方法。

2. 设计并实现一个 Vehicle 类及其子类，比如汽车 automobile、船 ship 及飞机 aircraft，它们代表主要的交通工具，定义必要的属性信息、构造方法及访问方法。可选择的属性包括名称、类型、自重、尺寸、燃料、使用目的、载客人数、载货吨数、最大时速等。可选择的访问方法包括显示自身信息、设置及读取某一属性的方法等。

第七章　输入和输出流

学习目标:

1. 掌握数据流的基本概念和主要的操作方法, 能够实现基本的输入/输出功能。

2. 掌握字节数据流的基本概念, 包括文件数据流、过滤器数据流、缓冲数据流等, 能够使用字节数据流的主要操作方法实现基本的输入/输出功能, 能够使用串接功能完成输入/输出功能。

3. 掌握字符流的基本概念, 包括字符输入流和字符输出流, 能够使用缓冲区输入/输出方法实现基本的输入/输出功能。

4. 掌握文件操作的基本方法, 熟悉对文件操作的 File 类和 RandomAccessFile 随机存取文件类。能够创建 File 对象, 使用文件对话框打开和保存文件, 能够编写文件输入和输出应用程序。

建议学时: 5 学时。

教师导读:

1. 本章主要介绍 Java 语言如何利用数据流的思想处理字节和字符的输入/输出 (包括 stdin、stdout 和 stderr), 此外还将介绍一些对文件和文件中的数据进行处理的方法。

2. 本章要求考生掌握流的概念, 理解 Java 利用流进行数据访问的方法。掌握字符流与字节流的区别和各自的主要方法, 能够利用流进行文件访问。

第一节　数据流的基本概念

几乎所有的程序都离不开信息的输入和输出, 比如从键盘读取数据、从文件中获取或者向文件存入数据、在显示器上显示数据, 这些情况都会涉及有关输入/输出的处理。在 Java 中, 把这些不同类型的输入、输出源抽象为流 (Stream), 其中输入或输出的数据称为数据流 (Data Stream), 用统一的接口来表示。

数据流是指一组有顺序的、有起点和终点的字节集合。程序从键盘接收数据或向文件中写数据, 都可以使用数据流来完成。

流被组织成不同的层次, 如图 7-1 所示。数据流分为输入数据流和输出数据流, 输入数据流只能读不能写, 而输出数据流只能写不能读。从数据流中读取数据时, 必须有一个数据源与该数据流相连。

java. io 包中提供了表示数据流的 4 个基本抽象类, 分别是 InputStream、OutputStream、Reader 和 Writer。此外, 包中还有其他常用的数据流, 因此在涉及数据流操作的程序中, 几乎都要使用引入语句:

```
import java. io. * ;
```

从而能够使用这些由环境本身提供的数据流类。

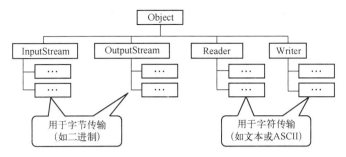

图 7-1　流的不同层次

最初的版本中，java.io 包中的流只有普通的字节流，即以 byte 为基本处理单位的流。字节流用来读写 8 位的数据，由于不会对数据做任何转换，因此可以用来处理二进制的数据。在后面的版本中，java.io 包中又加入了专门用于字符流处理的类，这是以 Reader 和 Writer 为基础派生的一系列的类。

另外，为了使对象的状态能够方便地永久保存下来，java.io 包中又提供了以字节流为基础的用于对象的永久化保存状态的机制，通过实现 ObjectInput 或 ObjectOutput 接口来完成。

一、输入数据流

输入数据流是指只能读不能写的数据流，当向计算机内输入信息时使用。

java.io 包中所有输入数据流都是从抽象类 InputStream 继承而来的，并且实现了其中的所有方法，包括读取数据、标记位置、重置读写指针、获取数据量等。从数据流中读取数据时，必须有一个数据源与该数据流相连。

输入数据流中提供的主要数据操作方法如下。

- int read()：从输入流中读取一个字节的二进制数据。
- int read(byte[] b)：将多个字节读到数组中，填满整个数组。
- int read(byte[] b, int off, int len)：从输入流中读取长度为 len 的数据，从数组 b 中下标为 off 的位置开始放置读入的数据，读取完成后返回读取的字节数。

这 3 个方法提供了访问数据流中数据的方法，所读取的数据都默认为字节类型。第一个 read() 方法将读取的一个字节作为低位，形成一个 0~255 的 int 类型的数值返回。它是一个抽象方法，需要在子类中具体实现。

以上 3 个方法中，当输入流读取结束时，会得到 -1，以标志数据流的结束。在实际应用中，为提高效率，读取数据时经常以系统允许的最大数据块长度为单位读取。也就是说，要与一个后面即将讨论的 BufferedInputStream 相连。

- void close()：关闭数据流。

当结束对一个数据流的操作时应该将其关闭，同时释放与该数据流相关的资源，因为 Java 提供系统级的垃圾自动回收功能，所以当不再使用一个流对象时，系统可以自动关闭。但是，为提高程序的安全性和可读性，建议显式关闭输入/输出流。

- int available()：返回目前可以从数据流中读取的字节数（但实际的读操作所读取的字节数可能大于该返回值）。

- long skip(long l)：跳过数据流中指定数量的字节不读，返回值表示实际跳过的字节数。

对数据流中字节的读取通常是从头到尾顺序进行的，如果需要以反方向读取，则使用回推（Push Back）操作。在支持回推操作的数据流中经常用到如下几个方法。

- boolean markSupported()：用于测试数据流是否支持回推操作，当一个数据流支持mark()和reset()方法时返回 true，否则返回 false。
- void mark(int markarea)：用于标记数据流的当前位置，并划出一个缓冲区，其大小至少为指定参数的大小。
- void reset()：将输入流重新定位到对此流最后调用 mark 方法时的位置。

二、输出数据流

输出数据流是指只能写不能读的流，用于从计算机中输出数据。

与输入流类似，java. io 包中输出数据流大多是从抽象类 OutputStream 继承而来，并且实现了其中的所有方法，这些方法主要提供了关于数据输出方面的支持。

输出数据流中提供的主要数据操作方法如下。

- void write(int i)：将字节 i 写入数据流中，它只输出所读入参数的最低 8 位。该方法是抽象方法，需要在其输出流子类中加以实现，然后才能使用。
- void write(byte b[ ])：将数组 b[ ]中的全部 b. length 个字节写入数据流。
- void write(byte b[ ], int off, int len)：将数组 b[ ]中从下标 off 开始的 len 个字节写入数据流。元素 b[off]是此操作写入的第一个字节，b[off+len−1]是此操作写入的最后一个字节。
- void close()：当结束对输出数据流的操作时应该将其关闭。
- void flush()：刷新此输出流并强制写出所有缓冲的输出字节。

前三个方法用于向输出数据流中写数据。在实际应用中，和操作输入数据流一样，通常以系统允许的最大数据块长度为单位进行写操作。

在目前通用的存储介质中，内存访问的速度是最迅速的，因此，为加快数据传输速度，提高数据输出效率，有时会在提交数据之前把所要输出的数据先暂时保存在内存缓冲区中，然后成批进行输出，每次传输过程都以某特定数据长度为单位进行传输。这种方式下，在数据的末尾一般都会有一部分数据由于数量不够一个批次，而存留在缓冲区里，调用方法 flush()可以将这部分数据强制提交，如图 7-2 所示。

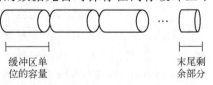

缓冲区单位的容量　　末尾剩余部分

图 7-2　缓冲存储示意

第二节　基本字节数据流类

InputStream 和 OutputStream 两个类都是抽象类。抽象类是不能进行实例化的，因此，在实际应用中经常用到的并不是这两个类，而是一系列基本数据流类，它们都是 InputStream 或 OutputStream 的子类，在实现其父类方法的同时又都定义了其特有的功能。

一、文件数据流

文件数据流包括 FileInputStream 和 FileOutputStream，这两个类用来进行文件的 I/O 处理，其数据源或数据终点都应当是文件。通过所提供的方法可以对本机上的文件进行操作，但是不支持 mark( ) 和 reset( ) 方法。在构造文件数据流时，可以直接给出文件名。

例 7.1 文件数据流示例。

```
FileInputStream fis = new FileInputStream("myFile");
```

这样，便把文件 myFile 作为该数据流的数据源。

同样可以使用 FileOutputStream 向文件中输出字节。

使用文件数据流进行 I/O 操作时，对于类 FileInputStream 的实例对象，如果所指定的文件不存在，则产生 FileNotFoundException 异常。由于它是非运行时异常，因此必须加以捕获或声明。对于 FileOutputStream 类的实例对象，如果所指定的文件不存在，则系统创建一个新文件；如果存在，那么新写入的内容将会覆盖原有数据。如果在读、写文件或生成新文件时发生错误，则会产生 IOException 异常，也需要程序员捕获并处理。

程序 7.1 输入/输出时处理异常示例。

```java
import java.io.*;
public class FileOutputStreamTest {
    public static void main(String args[]) {
        try {
            FileOutputStream out = new FileOutputStream("myFile.dat");
            out.write('H');
            out.write(69);
            out.write(76);
            out.write('L');
            out.write('O');
            out.write('!');
            out.close();
        } catch (FileNotFoundException e) {
            System.out.println("Error: Cannot open file for writing.");
        } catch (IOException e) {
            System.out.println("Error: Cannot write to file.");
        }
    }
}
```

可以使用 FileInputStream 来读取 FileOutputStream 输出的数据。

程序 7.2 读写示例。

```java
import java.io.*;
public class FileInputStreamTest {
```

```
public static void main(String args[ ]) {
    try {
        FileInputStream in = new FileInputStream("myFile.dat");
        while(in.available( ) > 0)
            System.out.print(in.read( ) + " ");
        in.close( );
    } catch (FileNotFoundException e) {
        System.out.println("Error: Cannot open file for reading.");
    } catch (EOFException e) {
        System.out.println("Error: EOF encountered, file may be corrupted.");
    } catch (IOException e) {
        System.out.println("Error: Cannot read from file.");
    }
}
```

文件 myFile. dat 的内容及程序 7.2 的执行结果如图 7-3 所示。

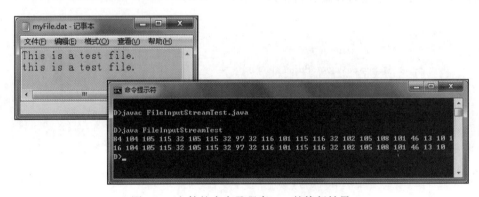

图 7-3　文件的内容及程序 7.2 的执行结果

二、过滤器数据流

接下来介绍另外一种数据流，即过滤器（Filter）。一个过滤器数据流在创建时与一个已经存在的数据流相连，这样在从这样的数据流中读取数据时，它提供的是对一个原始输入数据流的内容进行了特定处理的数据。

1. 缓冲区数据流

缓冲区数据流有 BufferedInputStream 和 BufferedOutputStream，它们是在数据流上增加了一个缓冲区，都属于过滤器数据流。当读写数据时，数据以块为单位先进入缓冲区（块的大小可以进行设置），其后的读写操作则作用于缓冲区。采用这个办法可以降低不同硬件设备之间速度的差异，提高 I/O 操作的效率。与此同时，这两个流还提供了对 mark( )、reset( ) 和 skip( ) 等方法的支持。

在创建该类的实例对象时，可以使用两种方法，一种是使用默认缓冲区的大小，例如：

```
FileInputStream fis = new FileInputStream("myFile");
InputStream is = new BufferedInputStream(fis);
FileOutputStream fos = new FileOutputStream("myFile");
OutputStream os = new BufferedOutputStream(fos);
```

另一种是自行设置缓冲区的大小，例如：

```
FileInputStream fis = new FileInputStream("myFile");
InputStream is = new BufferedInputStream(fis,1024);
FileOutputStream fos = new FileOutputStream("myFile");
OutputStream os = new BufferedOutputStream(fos,1024);
```

一般在关闭一个缓冲区输出流之前，应先使用 flush() 方法，强制输出剩余数据，以确保缓冲区内的所有数据全部写入输出流。

2. 数据输入流和数据输出流

在前面提到的数据流中处理的数据都是指字节或字节数组，这是进行数据传输时系统默认的数据类型。但实际上所处理的数据并非只有这两种类型，遇到这种情况时就要应用一种专门的数据流来处理。DataInputStream 和 DataOutputStream 就是两个这样的过滤器数据流，它们允许通过数据流来读写 Java 基本数据类型，包括布尔型（boolean）、浮点型（float）等。假设 is 和 os 分别是前面已经建立好的输入/输出数据流对象，则数据输入流和数据输出流的创建方式如下。

```
DataInputStream dis = new DataInputStream(is);
DataOutputStream dos = new DataOutputStream(os);
```

在这两个类中之所以能够对这些基本数据类型进行操作，是因为它们提供了一组特定的方法来操作不同的基本数据类型。例如，在 DataInputStream 类中，提供了如下一些方法。

- byte readByte()。
- long readLong()。
- double readDouble()。
- boolean readBoolean()。
- String readUTF()。
- int readInt()。
- float readFloat()。
- short readShort()。
- char readChar()。

从方法名字就可以判断出，上述方法分别对 byte、long、double 和 boolean 等类型进行读取。

与之相对应，在 DataOutputStream 类中提供了如下的方法。

- void writeByte(int aByte)。
- void writeLong(long aLong)。

- void writeDouble(double aDouble)。
- void writeBoolean(boolean aBool)。
- void writeUTF(String aString)。
- void writeInt(int anInt)。
- void writeFloat(float aFloat)。
- void writeShort(short aShort)。
- void writeChar(char aChar)。

同样，上述方法分别对 byte、long、double 和 boolean 等类型进行写入。

可以看出 DataInputStream 的方法与 DataOutputStream 的方法都是成对出现的。如果查阅 API 文档，就会发现在这两个数据流中也都定义了对字符串进行读写的方法，但是，由于字符编码的原因，应该避免使用这些方法。后面将要讲到的 Reader 和 Writer 重载了这两个方法，当对字符串进行操作时应该使用 Reader 和 Writer 两个系列类中的方法。

三、对象流

Java 中的数据流不仅能对基本数据类型的数据进行操作，还提供了把对象写入文件数据流或从文件数据流中读出的功能，这一功能是通过 java.io 包中 ObjectInputStream 和 ObjectOutputStream 两个类实现的。能够输入/输出对象的流称为对象流。

1. 写对象数据流

例 7.2 中的代码段将一个 java.util.Date 对象实例写入文件。

例 7.2 写对象流示例。

```
Date d = new Date();                              //一个对象 d
FileOutputStream f = new FileOutputStream("date.ser");
ObjectOutputStream s = new ObjectOutputStream(f);    //输出文件
try{
    s.writeObject(d);
    s.close();                                    //将对象 d 写入文件，关闭文件
}catch(IOException e){
    e.printStackTrace();
}
```

2. 读对象数据流

读对象和写对象一样简单，但是要注意，方法 readObject() 把数据流以 Object 类型返回，返回内容应该在转换为正确的类名之后再执行该类的方法。

例 7.3 读对象流示例。

```
Date d = null;
FileInputStream f = new FileInputStream("date.ser");
ObjectInputStream s = new ObjectInputStream(f);
try{
    d = (Date)s.readObject();
    s.close();
```

```
  } catch( IOException e ) {
      e. printStackTrace( ) ;
  }
  System. out. println( "Date serialized at " + d) ;
```

四、序列化

1. 序列化的概念

能够记录自己的状态以便将来得到复原的能力，称为对象的持久性（Persistence）。称一个对象是可持久的，意味着可以把这个对象存入磁盘、磁带，或传入另一台机器保存在它的内存或磁盘中。也就是说，把对象存为某种永久存储类型。

对象通过数值来描述自己的状态，记录对象也就是记录下这些数值。把对象转换为字节序列的过程称为对象的序列化，把字节序列恢复为对象的过程称为对象的反序列化。序列化的主要任务是写出对象实例变量的数值。序列化是一种用来处理对象流的机制，所谓对象流就是将对象的内容进行流化。序列化就是为了解决在对对象流进行读写操作时所引发的问题。

如果变量是另一个对象的引用，则引用的对象也要序列化。这个过程是递归的，保存的结果可以看作是一个对象网。

JDK1.1 新增加了接口 java. io. Serializable，并对 Java 虚拟机做了改动以支持将 Java 对象存为数据流的功能。Serializable 接口中没有定义任何方法，只是作为一个标记来指示实现该接口的类可以进行序列化，而没有实现该接口的类的对象则不能长期保存其状态。这意味着只有实现 Serializable 接口的类才能被序列化。当一个类声明实现 Serializable 接口时，表明该类加入了对象序列化协议。在 Java 中，允许可序列化的对象通过对象流进行传输。

例 7.4 序列化示例。

```java
public class Student implements Serializable {
    int id;
    String name;
    int age;
    String department;
    public Student( int id, String name, int age, String department) {
        this. id = id;
        this. name = name;
        this. age = age;
        this. department = department;
    }
}
```

要序列化一个对象，必须与特定的对象输出/输入流联系起来，通过对象输出流将对象状态保存下来，或是将对象保存到文件中，之后再通过对象输入流将对象状态恢复。

该功能是通过 java. io 包中的 ObjectOutputStream 和 ObjectInputStream 两个类实现的。前

者用 writeObject( )方法来直接将对象保存到输出流中，而后者用 readObject( )方法来直接从输入流中读取一个对象。

程序 7.3　对象的存储示例。

```
import java. io. * ;
public class Objectser implements Serializable {
    public static void main( String args[ ] ) {
        Student stu = new Student( 981036, "Li Ming", 16, "CSD" ) ;
        try {
            FileOutputStream fo = new FileOutputStream( "data. ser" ) ;
            ObjectOutputStream so = new ObjectOutputStream( fo ) ;
            so. writeObject( stu ) ;
            so. close( ) ;
        } catch( Exception e ) {
            System. out. println( e ) ;
        }
    }
}
```

对象的恢复见程序 7.4。

程序 7.4　对象的恢复示例。

```
import java. io. * ;
public class ObjectRecov implements Serializable {
    public static void main( String args[ ] ) {
        Student stu ;
        try {
            FileInputStream fi = new FileInputStream( "data. ser" ) ;
            ObjectInputStream si = new ObjectInputStream( fi ) ;
            stu = ( Student ) si. readObject( ) ;
            si. close( ) ;
        } catch( Exception e ) {
            System. out. println( e ) ;
        }
        System. out. println( "ID: "+stu. id+"; name: "+
            stu. name+"; age: "+stu. age+"; dept. : "+stu. department ) ;
    }
}
```

执行程序 7.4，对象的内容输出如图 7-4 所示。

2. 对象结构表

序列化只能保存对象的非静态成员变量，而不能保存任何成员方法和静态成员变量，并且保存的只是变量的值，不能保存变量的任何修饰符，访问权限（如 public、protected、pri-

图7-4 程序7.4的执行结果

vate）对于数据域的序列化没有影响。

有一些对象类不具有可持久性，因为其数据的特性决定了它会经常变化，其状态只是瞬时的，这样的对象是无法保存其状态的，如 Thread 对象或流对象。对于这样的成员变量，必须用 transient 关键字标明，否则编译器将报错。任何用 transient 关键字标明的成员变量，都不会被保存。

另外，序列化可能涉及将对象存放到磁盘上或在网络上发送数据，这时会产生安全问题。对于一些需要保密的数据，不应保存在永久介质中，更不应简单地不加处理地保存下来。为了保证安全，应在这些变量前加上 transient 关键字。如果一个可持久化对象中包含一个指向不可持久化元素的引用，则整个持久化操作将失败。

当数据变量是一个对象时，该对象的数据成员也可以被持久化。对象的数据结构或结构树，包括其子对象树在内，构成了这个对象的结构表。

如果一个对象结构表中包含了一个对不可持久化对象的引用，而这个引用已用关键字 transient 加以标记，则这个对象仍可以被持久化。

例 7.5 整个对象的序列化。

```
public class MyClass implements Serializable {
    public transient Thread myThread;
    private String customerID;
    private int total;
}
```

本例中，由于 myThread 域有 transient 修饰，所以尽管它是不可序列化元素，但其整个对象仍可序列化。类似的，如果对象的成员数据不适合进行序列化，则可以使用关键字 transient 以防止数据被序列化。

例 7.6 数据不被序列化。

```
public class MyClass implements Serializable {
    public transient Thread myThread;
    private transient String customerID;
    private int total;
}
```

其中，尽管变量 customerID 是可序列化元素，但由于有 transient 修饰，所以，整个对象在序列化时不会对它进行序列化。

第三节 基本字符流

从 JDK1.1 开始，java.io 包中加入了专门用于处理字符流的类，它们是以 Reader 和 Writer 为基础派生的一系列类。

同 InputStream 和 OutputStream 类一样，Reader 和 Writer 类也是抽象类，只提供了一系列用于字符流处理的接口。它们的方法与 InputStream 和 OutputStream 类类似，只不过其中的参数换成了字符或字符数组。

一、字符输入流和字符输出流

Java 通过字符输入流和字符输出流，实现了对不同平台之间数据流中数据的转换。同其他程序设计语言使用 ASCII 字符集不同，Java 使用 Unicode 字符集来表示字符串和字符。ASCII 字符集以一个字节（8 bit）表示一个字符，可以认为一个字符就是一个字节（byte）。但 Java 使用的 Unicode 是一种大字符集，用两个字节（16 bit）来表示一个字符，这时字节与字符就不再相同。为实现与其他程序语言及不同平台的交互，Java 提供一种新的数据流处理方案，称作字符输入流（Reader）和字符输出流（Writer）。同数据流一样，在 java.io 包中有许多不同类对其进行支持，其中最重要的是 InputStreamReader 和 OutputStreamWriter。这两个类是字节流和字符输入流、字符输出流的接口，用来作为字节流和字符流之间的中介。使用这两个类进行字符处理时，在构造方法中应指定一定的平台规范，以便把以字节方式表示的流转换为特定平台上的字符表示。

构造方法如下。

- InputStreamReader(InputStream in)：默认规范。
- InputStreamReader(InputStream in, String enc)：指定规范 enc。
- OutputStreamWriter(OutputStream out)：默认规范。
- OutputStreamWriter(OutputStream out, String enc)：指定规范 enc。

借助于这种转换系统，Java 能够充分利用本地平台字符设置的灵活性，同时又可通过内部使用 Unicode 保留平台无关性。

在构造一个 InputStreamReader 或 OutputStreamWriter 时，Java 还定义了 16 位 Unicode 和其他平台的特定表示方法之间的转换规则。由于目前大多使用单字节表示字符，在进行 Java 字符与其他平台转换时如果不进行特定声明，单纯构造一个字符输入流或字符输出流连接到一个数据流，则将字节码作为默认情况和 Unicode 进行转换。

如果读取的字符流不是来自本地的，比如来自网上某处与本地编码方式不同的计算机，那么在构造字符输入流时就不能简单地使用默认编码规范，而应该指定一种统一的编码规范。在英语国家中，字节编码采用 ISO 8859_1 协议。ISO 8859_1 是 Latin-1 编码系统映射到 ASCII 标准，能够在不同平台之间正确转换字符。此外，也可以利用已提供支持的编码形式列表中的一项来指定另一种字节编码方式。编码形式列表可以在 native2ascii 工具文件中找到。

有的时候需要从与本地字符编码方式不同的数据源中读取输入内容。例如，从网络上一台不同类型的机器上读取数据，这时就需要用明确的字符编码方式来构造 InputStreamReader，否则，程序会把读到的字符当作本地表达方法来进行转换，这样可能会引起错误。构造映射到 ASCII 码的标准 InputStreamReader 的方法如下：

```
ir = new InputStreamReader( System. in," 8859_1" ) ;
```

字符输入流提供的方法包括以下几种。
- void close( )。
- void mark(int readAheadLimit)。
- boolean markSupported( )。
- int read( )。
- int read(char[ ] cbuf)。
- int read(char[ ] cbuf, int off, int len)。
- boolean ready( )。
- void reset( )。
- long skip(long n)。

字符输出流提供的方法包括以下几种。
- void close( )。
- void flush( )。
- void write(char[ ] cbuf)。
- void write(char[ ] cbuf, int off, int len)。
- void write(int c)。
- void write(String str)。
- void write(String str, int off, int len)。

二、缓冲区字符输入流和缓冲区字符输出流

像其他 I/O 操作一样，如果格式转换以较大数据块为单位进行，那么效率会提高。为此，java. io 中提供了缓冲流 BufferedReader 和 BufferedWriter。其构造方法与 BufferedInput-Stream 和 BufferedOutputStream 类似。

另外，除了 read( )和 write( )方法外，它还提供了整行字符处理方法，如下所示。
- public String readLine( )：BufferedReader 的方法，从输入流中读取一行字符，行结束标志为 '\ n'、'\ r' 或两者一起。
- public void newLine( )：BufferedWriter 的方法，向输出流中写入一个行结束标志。

把 BufferedReader 或 BufferedWriter 正确连接到 InputStreamReader 或 OutputStreamWriter 的末尾是一个很好的方法。但是要在 BufferedWriter 中使用 flush( )方法，以强制清空缓冲区中的剩余内容，防止遗漏。

程序 7.5 缓冲区示例。

```
import java. io. * ;
class FileToUnicode{
    public static void main(String args[ ]){
```

```
            try{
                FileInputStream fis = new FileInputStream("FileToUnicode. java");
                InputStreamReader dis = new InputStreamReader(fis);
                BufferedReader reader = new BufferedReader(dis);
                String s;
                while( (s = reader. readLine()) != null ){
                    System. out. println("read: " + s);
                }
                dis. close();
            }catch(IOException e){
                System. out. println(e);
            }
        }//main()
}//class
```

程序 7.5 中，读取本程序文件，将其显示在屏幕上，并在行首加上字符串"read:"，如图 7-5 所示。

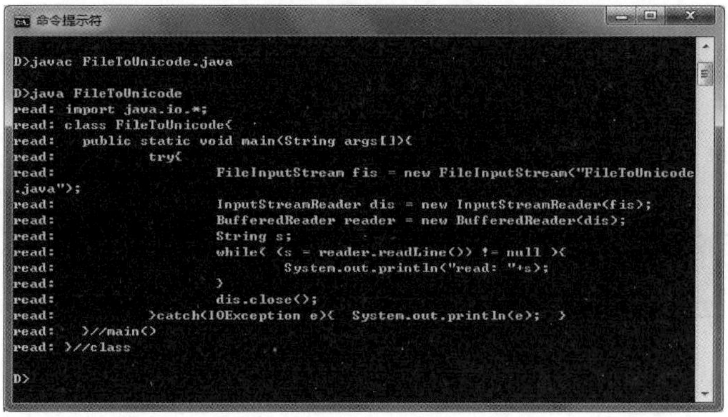

图 7-5　程序 7.5 的执行结果

程序 7.6 从标准输入通道读取字符串信息，然后进行输出。

```
import java. io. * ;
public class CharInput{
    public static void main(String args[ ]) throws IOException{
        String s;
        InputStreamReader ir;
        BufferedReader in;
        ir = new InputStreamReader(System. in);
        in = new BufferedReader(ir);
        while ((s = in. readLine()) != null)
```

```
          System. out. println("Read: " + s);
        }
    }
```

在这里，程序将标准输入流（System. in）串接到一个 InputStreamReader 上，而后又将其串接到一个 BufferedReader 上，把键盘输入的内容经过处理显示在屏幕上，如图 7-6 所示。

图 7-6　程序 7.6 的执行结果

程序 7.7 中使用 PrintWriter 类中的 print( ) 或 println( ) 方法，输出文本格式的内容。这里假定已经定义了 BankAccount 类如下。

```
class BankAccount{
    private String ownerName;
    private int accountNumber;
    private float balance;
    String getOwnerName( ){
        return ownerName;
    }
    void setOwnerName(String ownerName){
        this. ownerName = ownerName;
    }
    int getAccountNumber( ){
        return accountNumber;
    }
    void setAccountNumber(int accountNumber){
        this. accountNumber = accountNumber;
    }
    float getBalance( ){
        return balance;
    }
    void setBalance (float balance){
        this. balance = balance;
    }
```

```
        void deposit(float depo) {
                this. balance += depo;
        };
        BankAccount() {
                this. ownerName = "nobody";
                this. accountNumber = 0;
                this. balance = 0;
        }
        BankAccount(String ownername, int accountnumber) {
                this. ownerName = ownername;
                this. accountNumber = accountnumber;
        }
        BankAccount(String ownername, int accountnumber, float balance) {
                this. ownerName = ownername;
                this. accountNumber = accountnumber;
                this. balance = balance;
        }
    }
```

程序 7.7　输出文本格式的内容。

```
        import java. io. * ;
        public class PrintWriterTest {
                public static void main(String args[ ]) {
                        try {
                                PrintWriter out = new PrintWriter( new FileWriter("myAccount2. txt") );
                                BankAccount aBankAccount = new BankAccount("LiuWei", 2017);
                                out. println( aBankAccount. getOwnerName( ) );
                                out. println( aBankAccount. getAccountNumber( ) );
                                out. println("$" + aBankAccount. getBalance( ) );
                                out. close( );
                        } catch ( FileNotFoundException e) {
                                System. out. println("Error: Cannot open file for writing. ");
                        } catch ( IOException e) {
                                System. out. println("Error: Cannot write to file. ");
                        }
                }
        }
```

　　程序执行后会在当前目录中创建文本文件 myAccount2. txt，里面保存的就是使用 println( )
方法输出的信息。程序 7.8 使用 readLine( )方法从文本文件中缓冲读取内容，执行结果如
图 7-7 所示。

　　程序 7.8　从文本文件中缓冲读取内容。

```java
import java. io. * ;
public class BufferedReaderTest {
    public static void main( String args[ ] ) {
        try {
            BufferedReader in = new BufferedReader( new FileReader( "myAccount2. txt" ) );
            BankAccount aBankAccount = new BankAccount( );
            aBankAccount. setOwnerName( in. readLine( ) );
            aBankAccount. setAccountNumber( Integer. parseInt( in. readLine( ) ) );
            in. read( );
            aBankAccount. deposit( Float. parseFloat( in. readLine( ) ) );
            in. close( );
            System. out. println( aBankAccount );
            System. out. println( aBankAccount. getOwnerName( ) + " " +
                aBankAccount. getAccountNumber( ) + " " + aBankAccount. getBalance( ) );
        } catch ( FileNotFoundException e ) {
            System. out. println( "Error: Cannot open file for reading. " );
        } catch ( EOFException e ) {
            System. out. println( "Error: EOF encountered, file may be corrupted. " );
        } catch ( IOException e ) {
            System. out. println( "Error: Cannot read from file. " );
        }
    }
}
```

图 7-7   程序 7.8 的执行结果

第四节   文件的处理

Java 提供了 File 类,用于处理与文件相关的操作。File 对象可以用来生成与文件(及其所在的路径)或目录结构相关的对象。不同的系统可能会有不同的目录结构表示法,但使用 File 类可以达到与系统无关的目的,这里使用的是抽象的路径表示法。java. io. File 类提供了获得文件基本信息及操作文件的一些方法。

一、File 类

在对一个文件进行 I/O 操作之前，必须先获得有关这个文件的基本信息，如文件能不能被读取、能不能被写入、绝对路径是什么、文件长度是多少等。java. io. File 类提供了获得文件基本信息及操作文件的一些工具。

要创建一个新的 File 对象可以使用以下 3 种构造方法。

第 1 种方法为

```
File myFile;
myFile = new File("mymotd");
```

第 2 种方法为

```
myFile = new File("/","mymotd");
```

第 3 种方法为

```
File myDir = new File("/");
myFile = new File(myDir,"mymotd");
```

根据文件对象的具体情况，选择使用何种构造方法。例如，当在应用程序中只用到一个文件时，那么使用第 1 种构造方法最为实用；但如果使用了同一目录下的几个文件，则使用第 2 种或第 3 种构造方法会更方便。

创建 File 类的对象后，可以应用其中的相关方法来获取文件的信息。

1. 与文件名相关的方法

- String getName( )：获取文件名。
- String getPath( )：获取文件路径。
- String getAbsolutePath( )：获取文件绝对路径。
- String getParent( )：获取文件父目录名称。
- boolean renameTo(File newName)：更改文件名，成功则返回 true，否则返回 false。

2. 文件测定方法

- boolean exists( )：文件对象是否存在。
- boolean canWrite( )：文件对象是否可写。
- boolean canRead( )：文件对象是否可读。
- boolean isFile( )：文件对象是否是文件。
- boolean isDirectory( )：文件对象是否是目录。
- boolean isAbsolute( )：文件对象是否是绝对路径。

3. 常用文件信息和方法

- long lastModified( )：获取文件最后修改时间。
- long length( )：获取文件长度。
- boolean delete( )：删除文件对象指向的文件，成功则返回 true，否则返回 false。

以上方法的使用见程序7.9，执行结果如图7-8所示。

程序7.9 File 类方法使用示例。

```java
import java.io.*;
class UseFile{
    public static void main(String args[]){
        File f = new File("/export/home/d.Java");
        System.out.println("The file is exists? -->"+f.exists());
        System.out.println("The file can write? -->"+f.canWrite());
        System.out.println("The file can read? -->"+f.canRead());
        System.out.println("The file is a file? -->"+f.isFile());
        System.out.println("The file is a directory? -->"+f.isDirectory());
        System.out.println("The file is absolute path? -->"+f.isAbsolute());
        System.out.println("The file's name is -->"+f.getName());
        System.out.println("The file's path is -->"+f.getPath());
        System.out.println("The file's absolute path is -->"+f.getAbsolutePath());
        System.out.println("The file's parent path is -->"+f.getParent());
        System.out.println("The file's last modifered time is -->"+f.lastModified());
        System.out.println("The file's length is -->"+f.length());
        File newfile = new File("newFile");
        f.renameTo(newfile);
        System.out.println("\tRename the file to: "+newfile.getName());
        System.out.println(f+"is exists? -->"+f.exists());
        newfile.delete();
        System.out.println("Delete "+newfile+".....");
        System.out.println(newfile+"is exists? -->"+f.exists());
    }
}
```

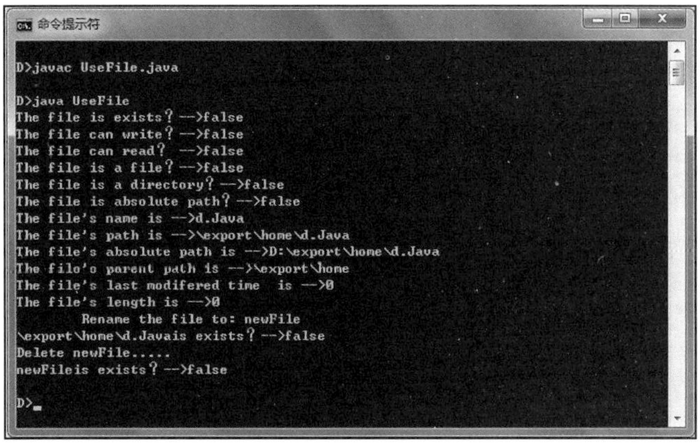

图 7-8　程序 7.9 的执行结果

程序中构造了 File 类的对象，运用各个方法得到文件的各种相关属性，然后将这个文件改名，最后删除。但是要注意，对于文件名以外的其他属性，在 File 类中并没有提供对其进行修改的方法。

4. 目录工具

- boolean mkdir( )：创建新目录。
- boolean mkdirs( )：创建新目录。
- String[ ] list( )：列出符合模式的文件名。

File 类同样可以用来描述一个目录，对其进行的操作也与文件相同，只是不能改变目录名，也不能进行删除，但是可以按模式匹配要求列出目录中所有的文件或子目录。如果目录不存在，可以用 mkdir( ) 和 mkdirs( ) 来生成该目录。两者的区别在于用 mkdirs( ) 可以一次生成多个层次的子目录。

二、随机访问文件

程序在读写文件时不仅要能够从头读到尾，还要能够像访问数据库那样，到一个位置读一条记录，到另一个位置读另一条记录，然后再读另一条——每次都在文件的不同位置进行读取。Java 语言提供了 RandomAccessFile 类来处理这种类型的输入/输出。

创建一个随机访问文件有以下两种方法供选择。

1. 使用文件名

```
myRAFile=new RandomAccessFile(String name, String mode);
```

2. 使用文件对象

```
myRAFile=new RandomAccessFile(File file, String mode);
```

参数 mode 决定是以只读方式（"r"）还是以读写方式（"rw"）访问文件。例如，可以打开一个数据库进行更新：

```
RandomAccessFile myRAFile;
myRAFile = new RandomAccessFile("db/stock.dbf","rw");
```

对象 RandomAccessFile 提供了读写文件的方法，可以使用它的 read( ) 和 write( ) 方法进行文件读写操作，与 DataInputStream 和 DataOutputStream 类中的 read( ) 和 write( ) 方法类似。RandomAccessFile 直接继承 Object，是一个独立的类。

Java 语言提供了移动文件读写指针的几个方法。

- long getFilePointer( )：返回文件指针的当前位置。
- void seek(long pos)：将文件指针置于指定的绝对位置。位置值以从文件开始处的字节偏移量 pos 来计算，pos 为 0 代表文件的开始。
- long length( )：返回文件的长度。位置值为 length( )，代表文件的结尾。

为文件添加信息时可以利用随机访问文件来完成文件输出的添加模式，例如：

```
myRAFile = new RandomAccessFile("java. log","rw");
myRAFile. seek(myRAFile. length());
```

现在文件的读写指针已经移至文件的末尾，如果在这之后使用任何流的 write() 方法，那么所写入的信息都将添加在原文件之后。

本 章 小 结

本章介绍了数据流的基本概念和主要的操作方法，通过这些方法可以实现基本的输入/输出功能。要掌握两种基本的数据流，包括文件数据流、过滤器数据流、缓冲数据流等在内的字节数据流，以及字符输入流和字符输出流在内的字符数据流。

本章还介绍了对文件进行操作的 File 类和 RandomAccessFile 随机存取文件类。要掌握对文件进行操作的基本方法。

思考题与练习题

一、单项选择题

1. File 对象不能用来   【   】

　　A. 命名文件　　　　　　B. 查询文件属性　　　　　C. 读写文件　　　　　D. 删除目录

2. 以下 Java 程序代码中，能创建 BufferedReader 对象的是   【   】

　　A. BufferedReader in = new BufferedReader(new FileReader("a. dat"));

　　B. BufferedReader in = new BufferedReader(new Reader("a. dat"));

　　C. BufferedReader in = new BufferedReader(new FileInputStream ("a. dat"));

　　D. BufferedReader in = new BufferedReader(new InputStream ("a. dat"));

二、填空题

1. 某程序想要随机读写字符文件，能支持这个要求的类是_____。

2. 用于读取字符流的抽象类是_____。

3. Java 中，在字节流和字符流之间起到中介作用，充当字节流和字符输入流之间接口的类是_____。

三、简答题

1. 完成所有输入/输出操作所需的类都包含于哪个软件包中？

2. 什么叫作流？输入/输出流分别对应哪两个抽象类？

3. InputStream 有哪些直接子类？其功能是什么？

4. OutputStream 有哪些直接子类？其功能是什么？

5. 使用缓冲区输出流的好处是什么？为什么关闭一个缓冲区输出流之前，应使用 flush() 方法？

6. 字符输入流和字符输出流的作用是什么？

7. 什么叫作对象的序列化？如何实现对象的序列化？

四、程序设计题

1. 实现一个输入程序，接收从键盘读入的字符串。当字符串中所含字符个数少于程序设定的上限时，输出这个字符串；否则抛出 MyStringException1 异常，在异常处理中要求重新输入新的字符串或中断程序运行。

2. 利用输入/输出流编写一个程序，实现文件复制的功能。程序的命令行参数的形式及操作功能均类似于 DOS 中的 copy 命令。

3. 利用输入/输出流及文件类编写一个程序，显示指定文本文件的内容。程序的命令行参数的形式及操作功能均类似于 DOS 中的 type 命令，同时能够显示文件的有关属性，如文件名、路径、修改时间、文件大小等。

第八章　图形界面设计

学习目标：

1. 掌握 AWT 及 Swing 的特点，了解 AWT 和 Swing 中类的层次结构，能够正确创建简单的框架窗口，能够创建和使用面板，能够通过内容窗格添加组件。

2. 能够熟练使用标签和按钮组件，并处理按钮事件。

3. 掌握 FlowLayout、BorderLayout、GridLayout、CardLayout 及 BoxLayout 等布局管理器的概念及使用方法，能够进行界面布局设计，包括嵌套的布局设计。

4. 掌握事件处理机制，理解委托事件处理模型，掌握响应鼠标和键盘事件。

5. 掌握绘图基础，能够显示不同字体、不同颜色的文字，能够绘制各种基本几何形状的图形，并能给图形着色。

建议学时： 6 学时。

教师导读：

1. 图形用户界面是程序的外观，一定程度上反映了程序的功能。本章介绍进行图形界面设计时组件的布局及事件处理，同时介绍容器和最简单的标签及按钮的概念，其他的组件将在第九章介绍。本章还包括与绘图相关的内容。

2. 要求考生能熟练使用布局管理器控制组件的显示方式，掌握容器、按钮、标签等基本组件的相关内容，掌握委托事件处理模型，能够响应组件上的事件。此外，还需要掌握直接绘制图形的方法和机制，能够对组件的外观进行控制，包括组件的前景色、背景色以及文本的字体等。

第一节　AWT 与 Swing

图形用户界面（Graphical User Interface，GUI）是大多数程序不可缺少的部分，Java 的图形用户界面由各种组件构成，在 java. awt 包和 javax. swing 包中定义了多种用于创建图形用户界面的组件类。设计图形用户界面时一般有 3 个步骤，分别是选取组件、设计布局及响应事件。

早期的 JDK 版本中提供了 Java 抽象窗口工具集（Abstract Window Toolkit，AWT），为程序员创建图形用户界面提供支持。后来的 JDK 版本中，又提供了功能更强的 Swing。AWT 组件定义在 java. awt 包中，Swing 组件定义在 javax. swing 包中。有些组件在 AWT 和 Swing 中都有，如标签和按钮，在 java. awt 包中分别用 Label 和 Button 表示，而在 javax. swing 包中则分别用 JLabel 和 JButton 表示，多数 Swing 组件以字母"J"开头。

Swing 组件与 AWT 组件最大的不同是 Swing 组件在实现时不包含任何本地代码，因此 Swing 组件可以不受硬件平台的限制，而具有更多的功能。基于 AWT 的界面可能会因运行的平台不同而略有差异，而基于 Swing 的界面在任何平台上的显示效果都是一致的。不包含本地代码的 Swing 组件被称为"轻量级"组件，而包含本地代码的 AWT 组件被称为"重量级"组件。当"重量级"组件与"轻量级"组件一同使用时，如果组件区域有重叠，则"重量级"组件总是显示在上面。在 Java 2 平台上推荐使用 Swing 组件。

Swing 组件比 AWT 组件拥有更多的功能，例如，Swing 中的按钮和标签不仅可以显示文本信息，还可以显示图标，或同时显示文本和图标；大多数 Swing 组件可以添加和修改边框；Swing 组件的形状是任意的，而不仅局限于长方形。

Java 的图形用户界面由各种组件构成，组件是构成图形用户界面的基本元素。例如，按钮（JButton）、文本输入框（JTextField）、标签（JLabel）等都是组件。框架（Frame）、面板（Panel）等组件称为容器（Container），它们是特殊的组件，其中还可以嵌套组件，各种组件（包括容器）可以通过 add()方法添加到容器中。Java 语言为每种组件都定义了类，通过这些类或是它们的子类可以创建组件对象。通过相关方法可以对界面进行控制及响应。

第二节 容　　器

组件可以分为容器组件和非容器组件。所谓容器组件是指可以包含其他组件的组件，又分为顶层容器和一般用途容器。而非容器组件则必须要包含在容器中。

显示在屏幕上的所有组件都必须包含在某个容器中，有些容器可以嵌套，在这个嵌套层次的最外层，必须是一个顶层容器。此外，还有一些容器是不能当作顶层容器的，例如，Jpanel 和 JscrollPane。Java 为所有容器类定义了父类 Container，容器的共有操作都定义在 Container 类中。

一、顶层容器

Swing 中提供了 4 种顶层容器，分别为 JFrame、JApplet、JDialog 和 JWindow。JFrame 是一个带有标题行和控制按钮（最小化、恢复/最大化、关闭）的独立窗口，有时称为框架，创建应用程序时需要使用 JFrame。创建小应用程序时使用 JApplet，它被包含在浏览器窗口中。创建对话框时使用 JDialog。JWindow 是一个不带有标题行和控制按钮的窗口，通常很少使用。

JFrame 类常用的构造方法有以下几种。

- JFrame()：构造一个初始时不可见、无标题的新框架窗体。
- JFrame(String title)：创建一个初始时不可见、具有指定标题的新框架窗体。

JFrame 类中定义了一些相关方法，另外也从祖先类中继承了一些方法。常用的方法有以下几种。

- void setBounds(int x, int y, int width, int height)：移动并调整框架大小。左上角位置的横纵坐标分别由 x 和 y 指定，框架的宽、高分别由 width 和 height 指定。
- void setSize(int width, int height)：设置框架的大小，宽度是 width，高度是 height。
- void setBackground(Color bg)：使用颜色 bg 设置框架的背景色。
- void setVisible(boolean aFlag)：设置框架可见或不可见。
- void pack()：调整框架的大小，以适合其子组件的首选大小和布局。
- void setTitle(String title)：设置框架的标题为字符串 title。
- Container getContentPane()：返回此框架窗体的内容窗格对象。

● void setLayout(LayoutManager manager)：设置布局管理器。

程序 8.1 是一个使用 JFrame 创建应用程序的例子，运行该程序，将在屏幕上显示出一个窗口，窗口中有一个按钮，如图 8-1 所示。

程序 8.1 JFrame 示例。

```
import java.awt. * ;
import javax.swing. * ;
public class JFrameDemo {
        public static void main(String s[ ]) {
                JFrame frame = new JFrame("JFrameDemo");    //创建一个 JFrame 的实例,有标题
                JButton button = new JButton("Press me");    //创建一个 JButton 的实例,按钮上
                                                             //有文字
                frame.getContentPane().add(button, BorderLayout.CENTER);
                                                             //将按钮放到 JFrame 的中央
                frame.pack();                                //将 JFrame 设置为适当的大小
                frame.setVisible(true);                      //显示 JFrame
                frame.setDefaultCloseOperation(JFrame.EXIT_ON_CLOSE);    //退出时关闭窗口
        }
}
```

图 8-1　程序 8.1 的执行结果

创建窗口用到的 JFrame 和 JButton 类定义在 javax.swing 包中，而 BorderLayout 则定义在 java.awt 包中，程序的最开始要引入这两个包。主程序中首先创建了一个 JFrame 和一个 JButton。JFrame 是一个顶层级窗口，构造方法的参数指明了窗口的标题。JButton 构造方法的参数指明了按钮上显示的文字。JFrame 可以改变窗口大小，在刚创建时，它的大小为 0，并且不可见，需要使用 frame.pack();语句调整窗口的大小，且使用 frame.setVisible(true);语句来显示 JFrame。pack()之前的语句，是将 JButton 放到 JFrame 的中央。

二、内容窗格

4 个顶层容器中的每一个都有一个内容窗格。除菜单之外，顶层容器中的组件都放在这个内容窗格中。有两种方法可以将组件放入内容窗格中，一种方法是通过顶层容器的 getContent-Pane()方法获得其默认的内容窗格。getContentPane()方法的返回值类型为 java.awt.Container，它仍然是一个容器。然后将组件添加到内容窗格中，例如：

```
Container contentPane = frame.getContentPane();
contentPane.add(button, BorderLayout.CENTER);
```

上面两条语句也可以合并为一条：

```
frame. getContentPane( ). add( button, BorderLayout. CENTER) ;
```

另一种方法是创建一个新的内容窗格，以取代顶层容器默认的内容窗格。通常的做法是创建一个 JPanel 的实例，它是 java. awt. Container 的子类。然后将组件添加到 JPanel 实例中，再通过顶层容器的 setContentPane( )方法将 JPanel 实例设置为新的内容窗格，例如：

```
JPanel contentPane = new JPanel( ) ;                  //创建 JPanel 实例
contentPane. setLayout( new BorderLayout( )) ;        //创建布局管理器
contentPane. add( button, BorderLayout. CENTER) ;     //添加组件
frame. setContentPane( contentPane) ;                 //添加内容窗格
```

顶层容器默认内容窗格的布局管理器是 BorderLayout，而 JPanel 默认的布局管理器是 FlowLayout，因此需要为 JPanel 实例设置一个 BorderLayout 布局管理器。

程序 8.2 改写程序 8.1 中的 JFrame 示例。

```
import java. awt. * ;
import javax. swing. * ;
public class JFrameDemo2 {
        public static void main( String s[ ] ) {
                JFrame frame = new JFrame( "JFrameDemo") ;   //创建一个 JFrame 的实例
                JButton button = new JButton( "Press me") ;  //创建一个 JButton 的实例
                JPanel contentPane = new JPanel( ) ;         //创建一个 JPanel 的实例
                contentPane. setLayout( new BorderLayout( )) ; //为 JPanel 设置 BorderLayout 布局
                                                             //管理器
                contentPane. add( button, BorderLayout. CENTER) ; //将 JButton 放到 JPanel 的中央
                frame. setContentPane( contentPane) ;        //为 JFrame 设置新的内容窗格
                frame. pack( ) ;                             //将 JFrame 设置为适当的大小
                frame. setVisible( true) ;                   //显示 JFrame
                frame. setDefaultCloseOperation( JFrame. EXIT_ON_CLOSE) ; //退出时关闭窗口
        }
}
```

向顶层容器的内容窗格中添加组件时，可以直接调用顶层容器的 add( )方法，这与调用内容窗格的 add( )方法是等价的。运行程序 8.2 后，在屏幕上显示的窗口与图 8-1 所示的窗口效果相同。

三、面板

普通面板（JPanel）和滚动面板（JScrollPane）都是用途广泛的容器。与顶层容器不同的是，面板不能独立存在，必须被添加到其他容器内部。面板可以嵌套，由此可以设计出复杂的图形用户界面。

当容器中组件过多而不能在显示区域内全部显示时，可以让容器显示滚动条，从而显示出全部的组件，使用滚动面板可以实现这个功能。

JPanel 类常用的构造方法有以下几种。

- JPanel( )：创建具有 FlowLayout 布局的新面板。
- JPanel(LayoutManager layout)：创建具有指定布局管理器的新面板。

使用 public Component add(Component comp)方法可以将指定组件追加到面板中。

程序 8.3 创建一个黄色普通面板，通过 add( )方法在面板中添加一个按钮，然后将该面板添加到 JFrame 的一个实例中，JFrame 实例的背景色被设置为蓝绿色。

程序 8.3 面板示例。

```
import java. awt. * ;
import javax. swing. * ;
public class FrameWithPanel {
    public static void main(String args[ ]) {
        JFrame frame = new JFrame("Frame with Panel");    //带标题的 JFrame 实例
        Container contentPane = frame. getContentPane( );    //获取内容窗格
        contentPane. setBackground(Color. CYAN);    //将 JFrame 实例的背景设置
                                                    //为蓝绿色
        JPanel panel = new JPanel( );    //创建一个 JPanel 的实例
        panel. setBackground(Color. yellow);    //将 JPanel 实例的背景设置为黄色
        JButton button = new JButton("Press me");
        panel. add(button);    //将 JButton 实例添加到 JPanel 中
        contentPane. add(panel, BorderLayout. SOUTH);//将 JPanel 实例添加到 JFrame 的南侧
        frame. setSize(300,200);
        frame. setVisible(true);
        frame. setDefaultCloseOperation(JFrame. EXIT_ON_CLOSE);    //退出时关闭窗口
    }
}
```

运行程序 8.3，在屏幕上显示的窗口如图 8-2 所示。

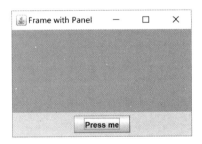

图 8-2 程序 8.3 的执行结果

JScrollPane 是带有滚动条的面板，它是 Container 类的子类。但是只能添加一个组件。所以当有多个组件需要添加时，一般是先将多个组件添加到 JPanel 中，然后再将这个 JPanel 添加到 JScrollPane 中。

JScrollPane 类常用的构造方法有以下几种。

- JScrollPane( )：创建一个空的 JScrollPane，需要时水平和垂直滚动条都可显示。
- JScrollPane(Component view)：创建一个显示指定组件内容的 JScrollPane，只要组件的

内容超过视图大小就会显示水平和垂直滚动条。

JScrollPane 类中常用的方法有以下几种。

1）void setHorizontalScrollBarPolicy（int policy）：确定水平滚动条何时显示在滚动窗格上。参数 policy 的可选值为下列三者之一。

- ScrollPaneConstants. HORIZONTAL_SCROLLBAR_AS_NEEDED：需要时可见。
- ScrollPaneConstants. HORIZONTAL_SCROLLBAR_NEVER：总是不可见。
- ScrollPaneConstants. HORIZONTAL_SCROLLBAR_ALWAYS：总是可见。

2）void setVerticalScrollBarPolicy（int policy）：确定垂直滚动条何时显示在滚动窗格上。参数 policy 的可选值为下列三者之一。

- ScrollPaneConstants. VERTICAL_SCROLLBAR_AS_NEEDED：需要时可见。
- ScrollPaneConstants. VERTICAL_SCROLLBAR_NEVER：总是不可见。
- ScrollPaneConstants. VERTICAL_SCROLLBAR_ALWAYS：总是可见。

AWT 中还有一个滚动条组件，提供了一个允许用户在一定范围的值中进行选择的便捷方式，滚动条的构造方法有以下几种。

- Scrollbar（）：构造一个新的垂直滚动条。
- Scrollbar（int orientation）：构造一个具有指定方向的新滚动条。orientation 指示滚动条的方向，其值是 Scrollbar. HORIZONTAL 或 Scrollbar. VERTICAL，分别指示滚动条是水平滚动条或垂直滚动条。
- Scrollbar（int orientation, int value, int visible, int minimum, int maximum）：构造一个新的滚动条，它具有指定的方向、初始值、可视量、最小值和最大值。orientation 的值如前所述，value 是滚动条的初始值，visible 是滚动条的可视量，通常由滑动块的大小表示，minimum 是滚动条的最小值，maximum 是滚动条的最大值。

第三节　标签及按钮

一、标签

标签（JLabel）对象是最简单的 Swing 组件，通常用于显示提示性的文本信息或图标，不可被编辑，其构造方法有以下 6 种形式。

- JLabel（）：创建一个既不显示文本信息也不显示图标的空标签。
- JLabel（Icon image）：创建一个显示图标的标签。
- JLabel（String text）：创建一个显示文本信息的标签。
- JLabel（Icon image, int horizontalAlignment）：创建一个显示图标的标签，水平对齐方式由 int 型参数 horizontalAlignment 指定。
- JLabel（String text, int horizontalAlignment）：创建一个显示文本信息的标签，水平对齐方式由 int 型参数 horizontalAlignment 指定。
- JLabel（String text, Icon icon, int horizontalAlignment）：创建一个同时显示文本信息和图标的标签，水平对齐方式由 int 型参数 horizontalAlignment 指定。

构造方法中，表示水平对齐方式的 int 型参数 horizontalAlignment 的取值可为

JLabel. LEFT、JLabel. RIGHT 和 JLabel. CENTER 常量，分别表示左对齐、右对齐和居中对齐。例如：

> JLabel label = new JLabel ("Hello",JLabel. RIGHT);

该命令构造一个以右对齐方式显示的标签。

默认情况下，标签内容在垂直方向上居中显示，只包含文本信息的标签在水平方向上左对齐，只包含图标的标签在水平方向上居中显示。通过 setHorizontalAlignment(int alignment) 方法可以设置标签内容的水平对齐方式，通过 setVerticalAlignment(int alignment)方法可以设置标签内容的垂直对齐方式。例如，下面命令将显示内容设置为水平居中、底部对齐。

> label. setHorizontalAlignment(JLabel. CENTER);
> label. setVerticalAlignment(JLabel. BOTTOM);

程序中可以使用 setText(String text)方法修改显示在标签上的文本信息，也可以使用 set-Icon(Icon icon)方法修改标签上的图标。

二、按钮

按钮（JButton）是 Java 图形用户界面的基本组件之一，经常用到的按钮有 4 种形式：JButton、JToggleButton、JCheckBox 和 JRadioButton，它们均是 AbstractButton 的子类或间接子类。各种按钮上都可以设置文本、设置图标、注册事件侦听程序。在 AbstractButton 中定义了按钮所共有的一些方法，如 addActionListener()、setEnabled()、setText()和 setIcon()等。

JButton 是最简单的按钮，常用的构造方法有以下几种。

- JButton()：创建一个既没有显示文本也没有图标的按钮。
- JButton(Icon icon)：创建一个没有显示文本但有图标的按钮。
- JButton(String text)：创建一个有显示文本但没有图标的按钮。
- JButton(String text, Icon icon)：创建一个既有显示文本又有图标的按钮。

例如，下面的这条命令，构造了一个显示文本为"Sample"、带有钻石形状小图标的按钮 。

> JButton   b = new JButton("Sample", new ImageIcon("icon. gif"));

当用户用鼠标单击按钮时，事件处理系统将向按钮发送一个 ActionEvent 事件类对象，如果程序需要对此做出反应，则需要使用 addActionListener()为按钮注册事件侦听程序并实现 ActionListener 接口。

JButton 类的常用方法有以下几种。

- public void setMnemonic(int mnemonic)：设置当前按钮的键盘助记符。
- public void setText(String text)：设置按钮的文本。
- public String getText()：返回按钮的文本。
- public void setToolTipText(String text)：设置要显示的提示文本。
- public void addActionListener(ActionListener l)：为按钮添加事件侦听程序。

程序 8.4 是一个使用 JButton 的例子。程序运行时，每当按动按钮，就会在屏幕上交替显示出两条不同的信息。

程序 8.4 按钮示例。

```
import java. awt. * ;
import java. awt. event. * ;
import javax. swing. * ;
class JButtonExample extends WindowAdapter implements ActionListener {
    JFrame f;
    JButton b;
    JTextField tf;
    int tag = 0;
    public static void main( String args[ ] ) { JButtonExample be = new JButtonExample( );
be. go( ); }
    public void go( ) {
        f = new JFrame( "JButton Example" );
        b = new JButton( "Sample" );
        b. addActionListener( this );
        f. getContentPane( ). add( b, "South" );
        tf = new JTextField( );
        f. getContentPane( ). add( tf, "Center" );
        f. addWindowListener( this );
        f. setSize( 300, 150 );
        f. setVisible( true );
    }
    public void actionPerformed( ActionEvent e) { //实现接口中的 actionPerformed( )方法
        String s1 = "You have pressed the Button!";
        String s2 = "You do another time!";
        if ( tag = = 0) {                      //交替显示两条信息
            tf. setText( s1 ); tag = 1;
        }
        else {
            tf. setText( s2 ); tag = 0;
        }
    }
    //覆盖 WindowAdapter 类中的 windowClosing( )方法
    public void windowClosing( WindowEvent e) {
        System. exit( 0 );
    }      //结束程序运行
}
```

程序 8.4 运行后，显示的窗口如图 8-3 所示。程序运行中，可以通过 setText( )方法动态地改变按钮上显示的文本，通过 setEnabled( )方法改变按钮的状态。

图 8-3 程序 8.4 的执行结果

三、切换按钮、复选按钮及单选按钮

除了普通按钮 JButton 外，还有切换按钮（JToggleButton）、复选按钮（JCheckBox）和单选按钮（JRadioButton）。

JToggleButton 是具有两种状态的按钮，即选中状态和未选中状态，如图 8-4 所示。图中，第 2 个按钮被单击过一次，为选中状态，第 1 个按钮未被单击过，为未选中状态，而第 3 个按钮被单击过两次，又回到未选中状态。

JToggleButton 的构造方法主要有以下几种格式。

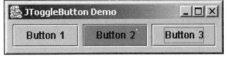

图 8-4 JToggleButton 的两种状态

- JToggleButton( )：创建一个既没有显示文本也没有图标的切换按钮。
- JToggleButton(Icon icon)：创建一个没有显示文本但有图标的切换按钮。
- JToggleButton(Icon icon, boolean selected)：创建一个没有显示文本但有图标和指定初始状态的切换按钮。
- JToggleButton(String text)：创建一个有显示文本但没有图标的切换按钮。
- JToggleButton(String text, boolean selected)：创建一个有显示文本和指定初始状态但没有图标的切换按钮。
- JToggleButton(String text, Icon icon)：创建一个既有显示文本又有图标的切换按钮。
- JToggleButton(String text, Icon icon, boolean selected)：创建一个既有显示文本又有图标和指定初始状态的切换按钮。

构造方法中如果没有指定按钮的初始状态，则默认处于未选中状态。

JCheckBox 和 JRadioButton 都是 JToggleButton 的子类，构造方法的格式与 JToggleButton 相同，它们也都具有选中和未选中两种状态，如图 8-5 所示。

图 8-5 JCheckBox 与 JRadioButton 的两种状态

在 JToggleButton 类中定义了一个 isSelected( )方法，通过该方法可以获知按钮的当前状态：当返回值为 true 时表示处于选中状态，而当返回值为 false 时则表示处于未选中状态。

程序 **8.5** 复选按钮和单选按钮示例。

```java
import java. awt. * ;
import java. awt. event. * ;
import javax. swing. * ;
import javax. swing. border. * ;
public class TwoStatesButtonDemo {
    JFrame frame = new JFrame ("Two States Button Demo");
    JCheckBox cb1 = new JCheckBox("JCheckBox 1");
    JCheckBox cb2 = new JCheckBox("JCheckBox 2");
    JCheckBox cb3 = new JCheckBox("JCheckBox 3");
    JCheckBox cb4 = new JCheckBox("JCheckBox 4");
    JCheckBox cb5 = new JCheckBox("JCheckBox 5");
    JCheckBox cb6 = new JCheckBox("JCheckBox 6");
    JRadioButton rb1 = new JRadioButton("JRadioButton 1");
    JRadioButton rb2 = new JRadioButton("JRadioButton 2");
    JRadioButton rb3 = new JRadioButton("JRadioButton 3");
    JRadioButton rb4 = new JRadioButton("JRadioButton 4");
    JRadioButton rb5 = new JRadioButton("JRadioButton 5");
    JRadioButton rb6 = new JRadioButton("JRadioButton 6");
    JTextArea ta = new JTextArea( );          //用于显示结果的文本区
    public static void main(String args[ ]) {
        TwoStatesButtonDemo ts = new TwoStatesButtonDemo( );
        ts. go( );
    }
    public void go( ) {
        JPanel p1 = new JPanel( );
        JPanel p2 = new JPanel( );
        JPanel p3 = new JPanel( );
        JPanel p4 = new JPanel( );
        JPanel p5 = new JPanel( );
        JPanel pa = new JPanel( );
        JPanel pb = new JPanel( );
        p1. add(cb1);
        p1. add(cb2);
        p1. add(cb3);
        Border etched = BorderFactory. createEtchedBorder( );
        Border border = BorderFactory. createTitledBorder(etched, "JCheckBox");
        p1. setBorder(border);              //设置边框
        p2. add(cb4);
```

```
p2. add(cb5);
p2. add(cb6);
border = BorderFactory. createTitledBorder(etched, "JCheckBox Group");
p2. setBorder(border);        //设置边框
//创建 ButtonGroup 按钮组 1, 并在组中添加按钮
ButtonGroup group1 = new ButtonGroup();
group1. add(cb4);
group1. add(cb5);
group1. add(cb6);
p3. add(rb1);
p3. add(rb2);
p3. add(rb3);
border = BorderFactory. createTitledBorder(etched, "JRadioButton");
p3. setBorder(border);        //设置边框
p4. add(rb4);
p4. add(rb5);
p4. add(rb6);
border = BorderFactory. createTitledBorder(etched, "JRadioButton Group");
p4. setBorder(border);        //设置边框
//创建 ButtonGroup 按钮组 2, 并在组中添加按钮
ButtonGroup group2 = new ButtonGroup();
group2. add(rb4);
group2. add(rb5);
group2. add(rb6);
JScrollPane jp = new JScrollPane(ta);
p5. setLayout(new BorderLayout());        p5. add(jp);
border = BorderFactory. createTitledBorder(etched, "Results");
p5. setBorder(border);        //设置边框
ItemListener il = new ItemListener() {
    public void itemStateChanged(ItemEvent e) {
            JCheckBox cb = (JCheckBox) e. getSource();                //取得事件源
            if (cb == cb1) { ta. append("\n JCheckBox Button 1 "+ cb1. isSelected());
            } else if (cb == cb2) { ta. append("\n JCheckBox Button 2 "+ cb2. isSelected());
            } else if (cb == cb3) { ta. append("\n JCheckBox Button 3 "+ cb3. isSelected());
            } else if (cb == cb4) { ta. append("\n JCheckBox Button 4 "+ cb4. isSelected());
            } else if (cb == cb5) { ta. append("\n JCheckBox Button 5 "+ cb5. isSelected());
            } else { ta. append("\n JCheckBox Button 6 "+ cb6. isSelected());
            }
    }
};
cb1. addItemListener(il);
cb2. addItemListener(il);
```

```
            cb3. addItemListener( il) ;
            cb4. addItemListener( il) ;
            cb5. addItemListener( il) ;
            cb6. addItemListener( il) ;
            ActionListener al = new ActionListener( ) {
                public void actionPerformed( ActionEvent e) {
                    JRadioButton rb = ( JRadioButton) e. getSource( ) ;          //取得事件源
                    if ( rb = = rb1) {
                        ta. append( " \n You selected Radio Button 1 " + rb1. isSelected( ) ) ;
                    } else if ( rb = = rb2) {
                        ta. append( " \n You selected Radio Button 2 " + rb2. isSelected( ) ) ;
                    } else if ( rb = = rb3) {
                        ta. append( " \n You selected Radio Button 3 " + rb3. isSelected( ) ) ;
                    } else if ( rb = = rb4) {
                        ta. append( " \n You selected Radio Button 4 " + rb4. isSelected( ) ) ;
                    } else if ( rb = = rb5) {
                        ta. append( " \n You selected Radio Button 5 " + rb5. isSelected( ) ) ;
                    } else {
                        ta. append( " \n You selected Radio Button 6 " + rb6. isSelected( ) ) ;
                    }
                }
            } ;
            rb1. addActionListener( al) ;
            rb2. addActionListener( al) ;
            rb3. addActionListener( al) ;
            rb4. addActionListener( al) ;
            rb5. addActionListener( al) ;
            rb6. addActionListener( al) ;
            pa. setLayout( new GridLayout( 0,1) ) ;
            pa. add( p1) ;
            pa. add( p2) ;
            pb. setLayout( new GridLayout( 0,1) ) ;
            pb. add( p3) ;
            pb. add( p4) ;
            Container cp = frame. getContentPane( ) ;
            cp. setLayout( new GridLayout( 0,1) ) ;
            cp. add( pa) ;
            cp. add( pb) ;
            cp. add( p5) ;
            frame. setDefaultCloseOperation( JFrame. EXIT_ON_CLOSE) ;
            frame. pack( ) ;
            frame. setVisible( true) ;
        }
    }
```

程序 8.5 中涉及多方面的知识，关于事件的内容，将在第五节介绍。

1）JToggleButton、JCheckBox 和 JRadioButton 等具有两种状态的按钮，不仅可以注册 ActionEvent 事件侦听程序，还可以注册 ItemEvent 事件侦听程序，在 ItemListener 接口中声明了如下方法：

```
public void itemStateChanged(ItemEvent e);
```

当按钮的状态发生改变时，将会调用该方法。

2）多个组件可以使用共同的事件处理程序，例如程序中 6 个 JCheckBox 对象都注册了相同的 ItemEvent 事件处理程序，6 个 JRadioButton 对象都注册了相同的 ActionEvent 事件处理程序，在 ActionEvent、ItemEvent 等事件类对象中，都提供了 getSource()方法，可以获取事件源，该方法的返回值类型为 Object：

```
public Object getSource();
```

需要进行类型转换，例如下面命令将 Object 类型转换为 JRadioButton 类型。

```
JRadioButton rb = (JRadioButton) e.getSource();
```

ItemEvent 中还提供了一个 getItem()方法，作用与 getSource()方法相同。

3）在事件处理程序中，通过 isSelected()方法获取按钮的当前状态，例如：

```
ta.append("\n JCheckBox Button 1 " + cb1.isSelected());
```

4）按钮可以添加到按钮组中，这时首先要创建一个按钮组对象，然后调用按钮组的 add()方法将按钮添加到按钮组。当多个按钮被添加到同一个按钮组后，如果用户选中一个按钮，那么其他按钮就会变为未选中状态，也就是说，只能有一个按钮处于被选中状态。

5）JCheckBox Group 和 JRadioButton Group 分别注册了不同的事件监听程序，在 JCheckBox Group 中，如果先选中 Button 5，然后选中 Button 6，那么将出现下列提示：

```
JCheckBox Button 5 true
JCheckBox Button 5 false
JCheckBox Button 6 true
```

在 JRadioButton Group 中，同样先选中 Button 5，然后选中 Button 6，那么出现的提示是：

```
You selected Radio Button 5 true
You selected Radio Button 6 true
```

因此，对按钮组中的组件，使用 ItemListener 与使用 ActionListener 是有差别的。

6）JCheckBox 加入按钮组之后只能单选，JRadioButton 如果不加入按钮组也可以多选，但是通常用 JCheckBox 表示那些可多选的选择项（不加入按钮组），而用 JRadioButton 表示只能单选的选择项（需要加入按钮组），因此，JCheckBox 被称为复选按钮，而 JRadioButton 被称为单选按钮。

程序 8.5 运行后, 显示的窗口如图 8-6 所示。

图 8-6　程序 8.5 的执行结果

第四节　布局管理器

容器中包含了组件。组件的布局, 包括各组件的位置和大小, 通常由布局管理器负责安排。每个容器, 例如 JPanel 或者顶层容器的内容窗格, 都有一个默认的布局管理器, 可以通过容器的 setLayout ( ) 方法改变容器的布局管理器。

Java 平台提供了多种布局管理器, 本节将介绍较常用的几个。

一、FlowLayout 布局管理器

FlowLayout 定义在 java. awt 包中, 这个布局管理器对容器中组件进行布局的方式是将组件逐个地放置在容器中的一行上, 一行放满后就另起一个新行, 它有 3 种构造方法。

- FlowLayout( )：创建一个默认的 FlowLayout 布局管理器, 居中对齐, 默认的水平和垂直间距是 5 个像素。
- FlowLayout(int align)：创建一个新的 FlowLayout 布局管理器, 对齐方式是指定的, 默认的水平和垂直间距是 5 个像素。
- FlowLayout(int align, int hgap, int vgap)：创建一个新的 FlowLayout 布局管理器, 具有指定的对齐方式以及指定的水平和垂直间距。

在默认情况下, FlowLayout 将组件居中放置在容器的某一行上。如果不想采用这种居中对齐的方式, FlowLayout 的构造方法中提供了一个对齐方式的可选项 align, 可以将组件的对齐方式设为左对齐或者右对齐。align 的可取值有 FlowLayout. LEFT、FlowLayout. RIGHT 和 FlowLayout. CENTER 三种形式, 分别对应组件的左对齐、右对齐和居中对齐方式, 例如：

```
new FlowLayout( FlowLayout. LEFT) ；
```

创建了一个使用左对齐方式的 FlowLayout 实例。

此外, FlowLayout 的构造方法中还有一对可选项 hgap 和 vgap, 可用来设定组件的水平间距和垂直间距。与其他布局管理器不同的是, FlowLayout 布局管理器并不强行设定组件的

大小,而是允许组件拥有它们自己所希望的尺寸。每个组件都有一个 getPreferredSize( ) 方法,容器的布局管理器会调用这一方法来取得每个组件希望的大小。

下面是几个使用 setLayout( ) 方法实现 FlowLayout 的例子。

```
setLayout( new   FlowLayout( FlowLayout. RIGHT, 20, 40) );
setLayout( new   FlowLayout( FlowLayout. LEFT) );
setLayout( new   FlowLayout( ) );
```

程序 8.6 中使用 FlowLayout 管理 JFrame 中的若干个按钮。

程序 8.6　FlowLayout 布局管理器示例。

```
import java. awt. * ;
import javax. swing. * ;
public class FlowLayoutDemo {
    private JFrame frame;
    private JButton button1,button2,button3;
    public static void main( String args[ ] ) {
        FlowLayoutDemo that = new FlowLayoutDemo ( );
        that. go( );
    }
    public void go( ) {
        frame = new JFrame( "Flow Layout" );
        Container contentPane = frame. getContentPane( );        //内容窗格
        contentPane. setLayout( new FlowLayout( ) );
                                            //为内容窗格设置 FlowLayout 布局管理器
        button1 = new JButton( "Ok" );                    //分别创建 3 个按钮
        button2 = new JButton( "Open" );
        button3 = new JButton( "Close" );
        contentPane. add( button1 );                    //向内容窗格中添加 3 个按钮
        contentPane. add( button2 );
        contentPane. add( button3 );
        frame. setSize( 200,100 );                        //设定窗口大小
        frame. setVisible( true );                        //显示窗口
        frame. setDefaultCloseOperation( JFrame. EXIT_ON_CLOSE );    //退出时关闭窗口
    }
}
```

程序 8.6 中,语句 frame. getContentPane( );获取 JFrame 实例默认的内容窗格,然后使用 contentPane. setLayout(new FlowLayout( ));创建了一个 FlowLayout 型的布局管理器,指定给前面已经获得的 JFrame 实例的默认内容窗格。

接下来使用 new JButton("XXX")语句创建了 javax. swing. JButton 类的 3 个实例,这是窗口中的标准按钮,使用 contentPane. add(buttonX);将按钮组件 buttonX 添加到内容窗格中,从这一刻起,3 个按钮的大小和位置便由内容窗格的 FlowLayout 型布局管理器来控制。

刚创建的框架 Frame 还不能显示，可以使用 frame. setVisible（true）进行显示。

程序 8.6 的执行结果如图 8-7a 所示，如果改变 Frame 的大小，Frame 中组件的布局也会随之改变，如图 8-7b 所示。

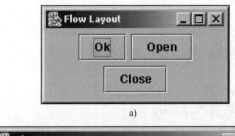

a)

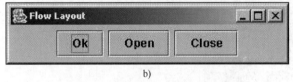

b)

图 8-7　程序 8.6 的执行结果

a）程序 8.6 的结果 1　b）程序 8.6 的结果 2

二、BorderLayout 布局管理器

BorderLayout 是顶层容器中内容窗格的默认布局管理器，它提供了一种较为复杂的组件布局管理方案。每个由 BorderLayout 管理的容器被划分成 5 个区域，分别代表容器的上部（North）、下部（South）、左部（West）、右部（East）和中部（Center），分别使用常量 BorderLayout. NORTH、BorderLayout. SOUTH、BorderLayout. WEST、BorderLayout. EAST 和 BorderLayout. CENTER 来表示。在容器的每个区域，可以加入一个组件。

BorderLayout 定义在 java. awt 包中，BorderLayout 布局管理器有两种构造方法。

● BorderLayout( )：构造一个组件之间没有间距的新 BorderLayout 布局管理器。

● BorderLayout(int hgap, int vgap)：用指定的组件之间的水平和垂直间距构造一个 BorderLayout 布局管理器。

在 BorderLayout 布局管理器的管理下，组件必须通过 add( ) 方法加入到容器中的指定区域，例如，下面的语句将一个按钮加入到框架的 South 区域：

```
frame = new JFrame("Frame Title");
button = new JButton("Press Me");
frame. getContentPane( ). add(button, BorderLayout. SOUTH);        //放到 South 区域
```

最后一行语句也可以写成：

```
frame. getContentPane( ). add(button, "South");
```

如果在 add( ) 方法中没有指定将组件放到哪个区域，则默认会被放置在 Center 区域，例如：

```
frame. getContentPane( ). add(button);
```

语句，把按钮放在框架的中部。

在容器的每个区域，只能加入一个组件，如果试图向某个区域中加入多个组件，那么只有最后一个组件是有效的。例如：

```
frame. getContentPane( ). add( new JButton( "buttonA" ), BorderLayout. SOUTH);
frame. getContentPane( ). add( new JButton( "buttonB" ), BorderLayout. SOUTH);
frame. getContentPane( ). add( new JButton( "buttonC" ), BorderLayout. SOUTH);
```

最后只有 buttonC 显示在 South 区域。如果真的希望在某个区域显示多个组件，可以先在该区域放置一个内部容器，比如 JPanel 组件，然后将所需的多个组件放到 JPanel 中，再将其放到指定的区域。通过内部容器的嵌套可以构造复杂的布局。

对于 East、South、West 和 North 这 4 个边界区域，如果某个区域没有使用，那么它的大小将变为零，此时 Center 区域将会扩展并占据这个未用区域的位置。如果 4 个边界区域均没有使用，那么 Center 区域将会占据整个窗口。

程序 8.7 说明了 BorderLayout 布局管理器的使用方法和特点。

程序 8.7 BorderLayout 布局管理器示例。

```
import java. awt. * ;
import javax. swing. * ;
public class BorderLayoutDemo {
    private JFrame frame;
    private JButton be, bw, bn, bs, bc;
    public static void main(String args[ ]) {
        BorderLayoutDemo that = new BorderLayoutDemo( );
        that. go( );
    }
    void go( ) {
        frame = new JFrame("Border Layout" );
        be = new JButton( "East" );
        bs = new JButton( "South" );
        bw = new JButton( "West" );
        bn = new JButton( "North" );
        bc = new JButton( "Center" );
        frame. getContentPane( ). add( be, BorderLayout. EAST);       //添加按钮到右部
        frame. getContentPane( ). add( bs, BorderLayout. SOUTH);      //添加按钮到下部
        frame. getContentPane( ). add( bw, BorderLayout. WEST);       //添加按钮到左部
        frame. getContentPane( ). add( bn, BorderLayout. NORTH);      //添加按钮到上部
        frame. getContentPane( ). add( bc, BorderLayout. CENTER);     //添加按钮到中部
        frame. setSize( 350,200);
        frame. setVisible( true);
        frame. setDefaultCloseOperation( JFrame. EXIT_ON_CLOSE);      //退出时关闭窗口
    }
}
```

当窗口大小改变时，窗口中按钮的相对位置并不会发生变化，但按钮的大小会随之改变。程序8.7的执行结果如图8-8所示。

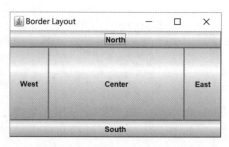

图8-8　程序8.7的执行结果

三、GridLayout 布局管理器

GridLayout 是一种网格式的布局管理器，它将容器空间划分成若干行乘若干列的网格，组件依次放入其中，每个组件占据一格。

GridLayout 定义在 java. awt 包中，有3种构造方法，如下所示。

- GridLayout( )：创建一个只有一行的网格，网格的列数根据实际需要而定。
- GridLayout(int rows, int cols)：创建具有指定行数和列数的网格布局。
- GridLayout(int rows, int cols, int hgap, int vgap)：创建具有指定行数和列数，且有指定水平间距和垂直间距的网格布局。

例如，new GridLayout(3, 2)创建一个3行乘2列的布局管理器。构造方法中 rows 和 cols 中的一个值可以为0，但是不能两个都是0。如果 rows 为0，那么网格的行数将根据实际需要而定；如果 cols 为0，那么网格的列数将根据实际需要而定。

程序8.8　GridLayout 布局管理器示例。

```java
import java. awt. * ;
import javax. swing. * ;
class MyWindow extends JFrame{
        private JButton b1, b2, b3, b4, b5, b6;
        MyWindow( ){
                setTitle("Grid example");
                Container contentPane = getContentPane( );
                contentPane. setPreferredSize( new Dimension(400, 350));        //设置窗口大小
                contentPane. setLayout( new GridLayout(3, 2));//3行2列的 GridLayout 布局管理器
                b1 = new JButton("grid_1");                                      //创建按钮
                b2 = new JButton("grid_2");
                b3 = new JButton("grid_3");
                b4 = new JButton("grid_4");
                b5 = new JButton("grid_5");
                b6 = new JButton("grid_6");
                contentPane. add(b1);                                           //添加按钮
```

```
                    contentPane. add(b2);
                    contentPane. add(b3);
                    contentPane. add(b4);
                    contentPane. add(b5);
                    contentPane. add(b6);
                    pack();
                    setVisible(true);
            }
    }
    public class GridLayoutDemo {
        public static void main(String args[ ]) {
                MyWindow that = new MyWindow();
                that. setDefaultCloseOperation(JFrame. EXIT_ON_CLOSE);
        }
    }
```

　　网格每列的宽度都是相同的，网格每行的高度也是相同的。组件被放入容器的次序决定了它所占据的位置。每行网格从左至右依次填充，一行用完之后转入下一行。如果想在组件之间留有空白，则可以添加一个空白标签。如果网格的个数多于要添加的组件的个数，则空余的网格为空白。如果网格的个数少于要添加的组件的个数，则系统根据需要适当添加。与 BorderLayout 布局管理器类似，当容器的大小改变时，GridLayout 所管理的组件的相对位置不会发生变化，但组件的大小会随之改变。程序 8.8 的执行结果如图 8-9 所示。

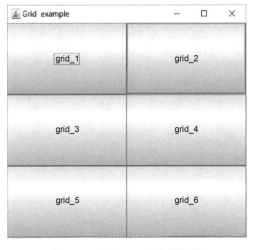

图 8-9　程序 8.8 的执行结果

四、CardLayout 布局管理器

　　CardLayout 是定义在 java. awt 包中的布局管理器，这是一种卡片式的布局管理器，它将容器中的组件处理为一系列卡片，每一时刻只显示出其中的一张，而容器充当卡片的容器。当容器第一次显示时，第一个添加到 CardLayout 对象的组件为可见组件。

卡片的顺序由组件对象本身在容器内部的顺序决定。CardLayout 定义了一组方法，这些方法允许应用程序按顺序浏览这些卡片，或者显示指定的卡片。

CardLayout 有两种构造方法，如下所示。

- CardLayout( )：创建一个默认的无间距的新 CardLayout 布局管理器。
- CardLayout(int hgap, int vgap)：创建一个具有指定的水平和垂直间距的新 CardLayout 布局管理器。

除了可以使用通常的 add( )将组件加入容器外，CardLayout 还有以下一些常用方法。

- public void first(Container parent)：翻转到容器的第一张卡片。
- public void next(Container parent)：翻转到指定容器的下一张卡片。如果当前的可见卡片是最后一个，则此方法翻转到布局管理器的第一张卡片。
- public void previous(Container parent)：翻转到指定容器的前一张卡片。如果当前的可见卡片是第一个，则此方法翻转到布局管理器的最后一张卡片。
- public void last(Container parent)：翻转到容器的最后一张卡片。
- public void show(Container parent, String name)：翻转到已添加到此布局的具有指定 name 的卡片。如果不存在这样的卡片，则不发生任何操作。

程序 8.9 中为 JFrame 实例的内容窗格指定了一个 CardLayout 类型的布局管理器，然后向其中加入了 3 张卡片，每张卡片都是 JPanel 类型的一个实例，并且具有不同的背景色。每当在程序窗口单击鼠标，就会显示下一张卡片。

程序 8.9 CardLayout 布局管理器示例。

```
import java. awt. * ;
import java. awt. event. * ;
import javax. swing. * ;
public class CardLayoutDemo extends MouseAdapter {
    JPanel p1, p2, p3;
    JLabel l1, l2, l3;
    CardLayout myCard;                            //声明一个 CardLayout 对象
    JFrame frame;
    Container contentPane;
    public static void main (String args[ ]) {
        CardLayoutDemo that = new CardLayoutDemo( ); that. go( );
    }
    public void go( ) {
        frame = new JFrame ("Card Test");
        contentPane = frame. getContentPane( );
        myCard = new CardLayout( );
        contentPane. setLayout(myCard);           //设置 CardLayout 布局管理器
        p1 = new JPanel( );
        p2 = new JPanel( );
        p3 = new JPanel( );
        l1 = new JLabel("This is the first JPanel");  //为每个 JPanel 创建一个标签
```

```
                    p1. add(l1);
                    p1. setBackground(Color. yellow);          //设定不同的背景颜色,以便于区分
                    l2 = new JLabel("This is the second JPanel");
                    p2. add(l2);
                    p2. setBackground(Color. green);
                    l3 = new JLabel("This is the third JPanel");
                    p3. add(l3);
                    p3. setBackground(Color. magenta);
                    p1. addMouseListener(this);                //设定鼠标事件的侦听程序
                    p2. addMouseListener(this);
                    p3. addMouseListener(this);
                    //将每个 JPanel 作为一张卡片加入 Frame 的内容窗格
                    contentPane. add(p1, "First");             // "First" 是 p1 的名字
                    contentPane. add(p2, "Second");            // "Second" 是 p2 的名字
                    contentPane. add(p3, "Third");             // "Third" 是 p3 的名字
                    myCard. show(contentPane, "First");        //显示名为 "First" 的卡片
                    frame. setSize(300, 200);
                    frame. setVisible(true);
                    frame. setDefaultCloseOperation(JFrame. EXIT_ON_CLOSE);        }
                    //处理鼠标事件,每当单击鼠标键时,即显示下一张卡片
                    //如果已经显示到最后一张,则重新显示第一张
            public void mouseClicked(MouseEvent e) { myCard. next(contentPane); }
        }
```

程序 8.9 的执行结果如图 8-10 所示。

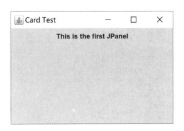

图 8-10   程序 8.9 的执行结果

五、BoxLayout 布局管理器

BoxLayout 是定义在 javax. swing 包中的另一种常用布局管理器,它将容器中的组件按水平方向排成一行或按垂直方向排成一列。当组件排成一行时,每个组件可以有不同的宽度;当组件排成一列时,每个组件可以有不同的高度。

BoxLayout 构造方法只有一个,格式如下。

BoxLayout(Container target, int axis):创建一个将沿给定轴放置组件的布局管理器。

其中，Container 型参数 target 指明是为哪个容器设置此 BoxLayout 布局管理器；int 型参数 axis 指明组件的排列方向，通常使用的是常量 BoxLayout. X_AXIS 或 BoxLayout. Y_AXIS，分别表示按水平方向排列或按垂直方向排列。

程序 8.10 是一个使用 BoxLayout 的例子，其中使用了两个 JPanel 容器，它们的布局管理器分别为垂直和水平方向的 BoxLayout。JPanel 容器中加入了若干标签和按钮，并被添加到 Frame 内容窗格的中部和南部。当容器的大小改变时，组件的相对位置不会发生变化。

程序 8.10 BoxLayout 布局管理器示例。

```
import java. awt. * ;
import javax. swing. * ;
public class BoxLayoutDemo {
        private JFrame frame;
        private JPanel pv, ph;
        public static void main(String args[ ]) {
                BoxLayoutDemo that = new BoxLayoutDemo( );
                that. go( );
        }
        void go( ) {
                frame = new JFrame("Box Layout example");
                Container contentPane = frame. getContentPane( );
                pv = new JPanel( );
                pv. setLayout(new BoxLayout(pv,BoxLayout. Y_AXIS));    //为 pv 设置垂直方向的 BoxLayout
                pv. add(new JLabel(" First"));                          //为 pv 添加标签 label
                pv. add(new JLabel(" Second"));
                pv. add(new JLabel(" Third"));
                contentPane. add(pv, BorderLayout. CENTER);             //将 pv 添加到内容窗格的中部
                ph = new JPanel( );
                ph. setLayout(new BoxLayout(ph, BoxLayout. X_AXIS));
                                                                        //为 ph 设置水平方向的 BoxLayout
                ph. add(new JButton("Yes"));                            //为 ph 添加按钮
                ph. add(new JButton("No"));
                ph. add(new JButton("Cancel"));
                contentPane. add(ph,BorderLayout. SOUTH);               //将 ph 添加到内容窗格的下部
                frame. pack( );
                frame. setVisible(true);
        }
}
```

程序 8.10 的执行结果如图 8-11 所示。

在 javax. swing 包中定义了一个专门使用 BoxLayout 的特殊容器——Box 类，Box 类中提供了创建 Box 实例的静态方法，如下所示。

● public static Box createHorizontalBox( )：使用水平方向的 BoxLayout。

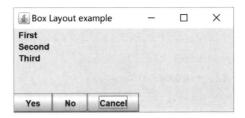

图 8-11 程序 8.10 的执行结果

- public static Box createVerticalBox( )：使用垂直方向的 BoxLayout。

可以使用这两个方法改写程序 8.10，达到与程序 8.10 同样的效果，将这个任务留作习题。

除了创建 Box 实例的静态方法之外，Box 类中还提供了一些创建不可见组件的方法，如下所示。

- public static Component createHorizontalGlue( )。
- public static Component createVerticalGlue( )。
- public static Component createHorizontalStrut(int width)。
- public static Component createVerticalStrut(int height)。
- public static ComponentcreateRigidArea(Dimension d)。

这些不可见组件可以增加可见组件之间的距离，程序 8.11 演示了 Glue、Strut 及 RigidArea 的效果。程序 8.11 执行结果如图 8-12 所示。

程序 8.11 使用不可见组件示例。

```
import java. awt. * ;
import javax. swing. * ;
public class GlueAndStrut {
        private JFrame frame;
        private Box b1, b2, b3, b4;
        public static void main( String args[ ]) {
                GlueAndStrut that = new GlueAndStrut( );
                that. go( );
        }
        void go( ) {
                frame = new JFrame( "Glue And Strut example");
                Container contentPane = frame. getContentPane( );
                contentPane. setLayout( new GridLayout( 4, 1));
                b1 = Box. createHorizontalBox( );
                b1. add( new JLabel( "Box 1: "));
                b1. add( new JButton( "Yes"));
                b1. add( new JButton( "No"));
                b1. add( new JButton( "Cancel"));
                b2 = Box. createHorizontalBox( );
```

```
b2. add( new JLabel( "Box 2: " ) );
b2. add( new JButton( "Yes" ) );
b2. add( new JButton( "No" ) );
b2. add( Box. createHorizontalGlue( ) );
b2. add( new JButton( "Cancel" ) );
b3 = Box. createHorizontalBox( );
b3. add( new JLabel( "Box 3: " ) );
b3. add( new JButton( "Yes" ) );
b3. add( new JButton( "No" ) );
b3. add( Box. createHorizontalStrut( 20 ) );
b3. add( new JButton( "Cancel" ) );
b4 = Box. createHorizontalBox( );
b4. add( new JLabel( "Box 4: " ) );
b4. add( new JButton( "Yes" ) );
b4. add( new JButton( "No" ) );
b4. add( Box. createRigidArea( new Dimension( 50, 90 ) ) );
b4. add( new JButton( "Cancel" ) );
contentPane. add( b1 );
contentPane. add( b2 );
contentPane. add( b3 );
contentPane. add( b4 );
frame. setSize( 300, 200 );
frame. setVisible( true );
    }
}
```

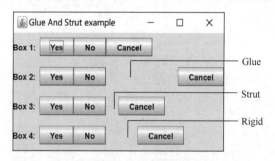

图 8-12　程序 8.11 的执行结果

Box 1 是没有添加不可见组件时的形式，Box 2、Box 3 和 Box 4 是分别添加了不可见组件 Glue、Strut 和 Rigid 之后的效果。Glue 将填满所有剩余水平或垂直空间，Strut 和 Rigid 则具有指定的宽度或高度。

六、空布局

Java 2 平台提供的布局管理器已经可以满足大多数情况下的需要。在特殊场合，也可以不使用布局管理器，而是通过数值指定组件的位置和大小，这时首先需要调用容器的

setLayout(null)将布局管理器设置为空，然后调用组件的 setBounds()方法设置组件的位置和大小，setBounds()方法的格式为

setBounds(int x, int y, int width, int height)

其中，前两个 int 型参数用于设置组件的位置，后两个 int 型参数用于设置组件的宽度和高度。程序 8.12 是一个不使用布局管理器的例子。

程序 8.12 空布局示例。

```java
import java. awt. * ;
import javax. swing. * ;
public class NullLayoutDemo {
        private JFrame frame;
        private JButton b1, b2, b3;
        public static void main(String args[ ]) {
                NullLayoutDemo that = new NullLayoutDemo( );        that. go( );
        }
        void go( ) {
                frame = new JFrame("Null Layout example");
                Container contentPane = frame. getContentPane( );
                contentPane. setLayout(null);                //设置布局管理器为 null
                b1 = new JButton("Yes");
                contentPane. add(b1);                        //添加按钮
                b2 = new JButton("No");
                contentPane. add(b2);
                b3 = new JButton("Cancel");
                contentPane. add(b3);
                b1. setBounds(30, 15, 75, 20);                //设置按钮的位置和大小
                b2. setBounds(60, 60, 75, 50);
                b3. setBounds(160, 20, 75, 30);
                frame. setSize(300, 200 );
                frame. setVisible(true);
                frame. setDefaultCloseOperation(JFrame. EXIT_ON_CLOSE);}
}
```

程序 8.12 执行结果如图 8-13 所示。

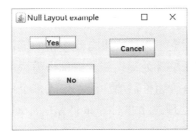

图 8-13　程序 8.12 的执行结果

第五节 事件处理

在 Java 程序运行时，如果用户进行某个操作，比如单击鼠标或者输入字符，程序应当做出适当响应。用户在程序界面所进行的操作称为用户事件，对事件的响应称为事件处理。

一、事件处理模型

Java 中定义了很多事件类，用于描述不同的用户行为，如代表鼠标事件的 MouseEvent 类和代表键盘事件的 KeyEvent 类等。每当用户在组件上进行某种操作时，事件处理系统便会生成一个事件类对象。例如，用鼠标单击按钮，事件处理系统便会生成一个代表此事件的 ActionEvent 事件类对象。操作不同，事件类对象也会不同。

Java 中，为了便于管理，系统将事件分类，称为事件类型。系统为每个事件类型提供一个侦听程序接口，它规定了接收并处理该类事件的方法的规范。为了接收并处理某类用户事件，组件必须注册相应的事件处理程序，这种事件处理程序称为事件侦听程序（Listener，也称为侦听器），它是实现了对应侦听程序接口的一个类。要作为侦听程序对象的类，必须实现相应的接口，并实现接口中规定的响应事件的方法。例如，为了处理按钮上的 Action-Event 事件，需要定义一个实现 ActionListener 接口的侦听程序类。对应 ActionEvent 事件，有 ActionListener 接口：

```
public interface ActionListener extends EventListener {
        public void actionPerformed( ActionEvent e);
}
```

该接口中只定义了一个方法，即 actionPerformed( )，当出现 ActionEvent 事件时，就会调用该方法。

每个组件都有若干个形如 addXXXListener(XXXListener) 的方法，通过这类方法，可以为组件注册事件侦听程序。例如在 JButton 类中有如下的方法：

```
public void addActionListener( ActionListener l)
```

该方法可为 JButton 组件注册 ActionEvent 事件侦听程序，方法的参数是实现了 ActionListener 接口的类的一个实例。也可以删除添加的事件侦听程序，例如下面的方法：

```
public void removeActionListener( ActionListener l)
```

将移除指定的操作侦听器，以便它不再接收来自此按钮的操作事件。

这种事件处理机制称为委托事件处理模型，也称为委派事件处理机制。概括来说，事件被直接送往产生这个事件的组件，组件需要注册一个或多个侦听程序。侦听程序的类中包含了事件处理程序，用来接收和处理这个事件。事件是一个对象，它只向注册的侦听程序报告。事件处理步骤如下。

1）程序中引入 java. awt. event 包。

```
import java. awt. event;
```

2）给所需的事件源对象注册事件侦听程序。

```
事件源对象. addXXXListener( XXXListener);
```

3）实现相应的方法。若某个侦听程序接口包含多个方法，则需要实现所有的方法。

程序 8.13 是一个 ActionEvent 事件处理的例子。程序中定义了一个带单个按钮的框架，按钮组件注册了一个 ButtonHandler 对象作为 ActionEvent 事件的侦听程序，而 ButtonHandler 类实现了 ActionListener 接口，在该类的 actionPerformed( )方法中给出了 ActionEvent 事件的处理代码（本例中是显示一条信息）。当用户单击按钮时，产生 ActionEvent 事件，调用 actionPerformed( )方法，显示字符串"Action occurred"。

程序 8.13　ActionEvent 事件处理示例。

```
import java. awt. *;                                      //对应步骤1)
import javax. swing. *;
public class ActionEventDemo {
        public static void main( String args[ ] ) {
                JFrame frame = new JFrame ( "ActionEvent Demo" );
                JButton b = new JButton( "Press me" );
                b. addActionListener( new ButtonHandler( ) );     //注册事件侦听程序，对应步骤2)
                frame. getContentPane( ). add( b, BorderLayout. CENTER );     //添加按钮
                frame. pack( );
                frame. setVisible( true );
                frame. setDefaultCloseOperation( JFrame. EXIT_ON_CLOSE );
        }
}
```

下面是 ButtonHandler 类的定义。

```
import java. awt. event. *;
public class ButtonHandler implements ActionListener {
        public void actionPerformed( ActionEvent e ) {       //出现 ActionEvent 事件时调用的方法，
                                                             //对应步骤3)
                System. out. println( "Action occurred" );    //显示信息
        }
}
```

ActionListener 接口和 ActionEvent 类均定义在 java. awt. event 包中，因此在程序的开始需要引入这个包。

事件的侦听程序可以定义在一个单独的类中，也可以定义在组件类中。比如，程序 8.13 中，定义在单独的类 ButtonHandler 中；程序 8.14 中，定义在组件 MyButton 类中。

程序 8.14　侦听程序定义在组件类中示例。

```
        import java. awt. * ;
        import javax. swing. * ;
        public class ActionEventDemo2 {
            public static void main(String args[ ]) {
                JFrame frame = new JFrame ( "ActionEvent Demo2" ) ;
                MyButton b = new MyButton( "Close" ) ;        //创建自定义组件 MyButton 的实例
                frame. getContentPane( ). add( b, BorderLayout. CENTER) ;        //添加按钮
                frame. pack( ) ;
                frame. setVisible( true ) ;
                frame. setDefaultCloseOperation( JFrame. EXIT_ON_CLOSE) ;
            }
        }
```

下面是 MyButton 类的定义。

```
        import javax. swing. * ;
        import java. awt. event. * ;
        public class MyButton extends JButton implements ActionListener {
            public MyButton( String text) {
                super( text) ;
                addActionListener( this) ;        //注册事件的侦听程序
            }
            public void actionPerformed( ActionEvent e) { System. exit(0) ; }        //出现 ActionEvent 事
                                                                                    //件时结束
        }
```

在程序 8.14 中，自定义的 MyButton 组件继承自 JButton，同时实现了 ActionListener 接口，因此 MyButton 组件对象可注册事件侦听程序。在 MyButton 的构造方法中，通过 addActionListener(this)将自身注册为自己的侦听程序。当用户单击按钮时，调用 System. exit(0)，结束程序的运行。

二、事件的种类

在 java. awt. event 包和 javax. swing. event 包中还定义了很多其他事件类，如 ActionEvent、ItemEvent、MouseButtonEvent 和 KeyEvent 等，每种事件类都有一个对应的接口，接口中声明了一个或多个抽象的事件处理方法。凡是需要接收并处理事件类对象的类，都需要实现相应的接口。表 8-1 中列出了一些常用的事件类型、产生相关事件的组件、与之相应的接口以及接口中所声明的方法。这些方法的名称均表明了在何种情况下方法会被调用，便于记忆。

程序 8.15 是一个处理鼠标拖动的程序。拖动鼠标而引发的 MouseMotionEvent 事件类对象可以由实现了 MouseMotionListener 接口的类来处理。MouseMotionListener 接口中声明了两个抽象方法，分别用于处理鼠标的拖动和移动。在实现 MouseMotionListener 接口的类里，必

表 8-1　常用事件类型及接口

事 件 类 型	组　　件	接 口 名 称	方法及说明
ActionEvent	JButton、JCheckBox、JComboBox、JMenuItem、JRadioButton	ActionListener	actionPerformed（ActionEvent）单击按钮、选择菜单项或在文本框中按〈Enter〉时
AdjustmentEvent	JScrollBar	AdjustmentListener	adjustmentValueChanged（AdjustmentEvent）当改变滚动条滑块位置时
ComponentEvent	JComponent 类及其子类	ComponentListener	componentMoved（ComponentEvent）组件移动时 componentHidden（ComponentEvent）组件隐藏时 componentResized（ComponentEvent）组件缩放时 componentShown（ComponentEvent）组件显示时
ContainerEvent	JContainer 类及其子类	ContainerListener	componentAdded（ContainerEvent）添加组件时 componentRemoved（ContainerEvent）移除组件时
FocusEvent	同 ComponentEvent	FocusListener	focusGained（FocusEvent）组件获得焦点时 focusLost（FocusEvent）组件失去焦点时
ItemEvent	JCheckBox、JCheckboxMenuItem、JComboBox	ItemListener	itemStateChanged（ItemEvent）选择复选框、选项框、单击列表框、选中带复选框菜单时
KeyEvent	同 ComponentEvent	KeyListener	keyPressed（KeyEvent）键按下时 keyReleased（KeyEvent）键释放时 keyTyped（KeyEvent）击键时
MouseButtonEvent	同 ComponentEvent	MouseListener	mousePressed（MouseEvent）鼠标键按下时 mouseReleased（MouseEvent）鼠标键释放时 mouseEntered（MouseEvent）鼠标进入时 mouseExited（MouseEvent）鼠标离开时 mouseClicked（MouseEvent）单击鼠标时
MouseMotionEvent	同 ComponentEvent	MouseMotionListener	mouseDragged（MouseEvent）鼠标拖放时 mouseMoved（MouseEvent）鼠标移动时
TextEvent	JTextField、JTextArea	TextListener	textValueChanged（TextEvent）文本框、文本区内容修改时
WindowEvent	JFrame、JWindow、JDialog	WindowListener	windowClosing（WindowEvent）窗口关闭时 windowOpened（WindowEvent）窗口打开后 windowIconified（WindowEvent）窗口最小化时 windowDeiconified（WindowEvent）最小化窗口还原时 windowClosed（WindowEvent）窗口关闭后 windowActivated（WindowEvent）窗口激活时 windowDeactivated（WindowEvent）窗口失去焦点时

须同时实现上述两个方法——当然，mouseMoved（）方法的内容可以为空，因为程序中只对鼠标拖动感兴趣。

因为还想控制鼠标进出程序窗口的动作，在窗口底部的文本框内显示相关信息，所以程序还必须实现 MouseListener 接口。从表 8-1 可知，这个接口声明了 5 个抽象方法。故在

TwoListener 的类定义中, 声明同时实现了两个接口 MouseMotionListener 和 MouseListener, 接口名称之间用逗号分隔。另外, 可以在同一个组件上侦听多类事件, 例如:

```
f. addMouseListener(this);
f. addMouseMotionListener(this);
```

这两条语句给 f 注册了两个侦听程序。

当调用事件处理的方法 (如 mouseDragged()) 时, 会传给方法一个参数, 这个参数是一个事件类对象, 其中包含与事件有关的重要信息。例如, MouseEvent 对象中包含了鼠标事件发生时的坐标信息, 可以通过 getX() 和 getY() 方法获得具体数据。程序 8.15 执行结果如图 8-14 所示。

程序 8.15 检测鼠标拖动示例。

```java
import java. awt. * ;
import java. awt. event. * ;
import javax. swing. * ;
//TwoListener 类同时实现 MouseMotionListener 和 MouseListener 两个接口
public class TwoListener implements MouseMotionListener, MouseListener {
        private JFrame frame;
        private JTextField tf;
        public static void main(String args[ ]) {
                TwoListener two = new TwoListener();
                two. go();
        }
        public void go() {
                frame = new JFrame("Two listeners example");
                Container contentPane = frame. getContentPane();
                contentPane. add(new Label ("Click and drag the mouse"), BorderLayout. NORTH);
                tf = new JTextField(30);
                contentPane. add(tf,BorderLayout. SOUTH);
                frame. addMouseMotionListener(this);                 //注册侦听程序
                frame. addMouseListener(this);
                frame. setSize(300,300);
                frame. setVisible(true);
                frame. setDefaultCloseOperation(JFrame. EXIT_ON_CLOSE);
        }
        //实现 MouseMotionListener 接口中的方法
        public void mouseDragged (MouseEvent e) {
                String s = "Mouse dragging: X = " + e. getX() + "Y = " + e. getY();
tf. setText(s);
        }
        public void mouseMoved (MouseEvent e) { }
        //实现 MouseListener 接口中的方法
```

```
                    public void mouseClicked (MouseEvent e) {}
                    public void mouseEntered (MouseEvent e) {
                          String s = "The mouse entered";
                          tf. setText(s);
                    }
                    public void mouseExited (MouseEvent e) {
                          String s = "The mouse has already left the building";
                          tf. setText(s);
                    }
                    public void mousePressed (MouseEvent e) {}
                    public void mouseReleased (MouseEvent e) {}
              }
```

🔲 Two listeners example — □ ×	🔲 Two listeners example — □ ×
Click and drag the mouse	Click and drag the mouse
The mouse has already left the building	The mouse entered

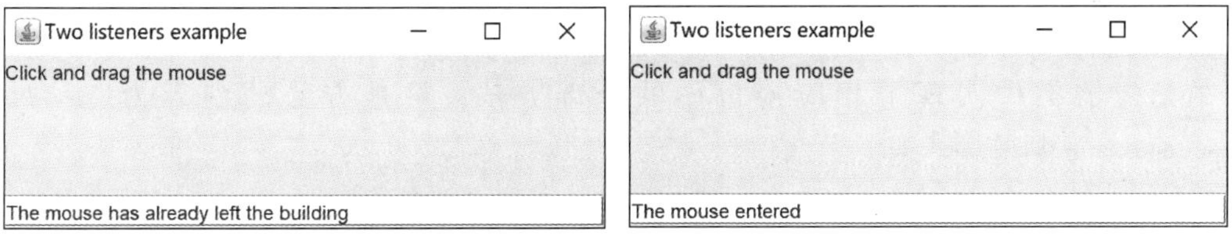

图 8-14　程序 8.15 的执行结果

三、事件适配器

　　事件侦听模式允许为一个组件注册多个侦听程序，通常的做法是在该事件的处理程序中编写需要的所有响应。有时需要在同一程序的不同部分对同一事件进行响应。事件侦听模型允许根据需要多次调用 addListener 方法为某个组件的同一事件注册多个不同的侦听程序，当事件发生时，所有相关的侦听程序都会被调用。即当事件发生时，单个事件的多个侦听程序的调用顺序是不确定的。

　　为了进行事件处理，需要创建实现 Listener 接口的类，而在某些 Listener 接口中，声明了很多抽象方法，为了实现这些接口，需要一一实现这些方法。例如，在 MouseListener 接口中，声明了 5 个抽象方法，在实现 MouseListener 接口的类中，必须同时实现这 5 个方法。然而，在某些情况下，关心的只是接口中的个别方法，例如：

```
    public class MouseClickHandler implements MouseListener{
        //只关心对单击鼠标事件的处理，因此改写 mouseClicked()方法
        public void mouseClicked(MouseEvent e) { /* 进行有关的处理 */ }
        //但是对其他方法，仍然需要给出实现
        public void mousePressed(MouseEvent e) {}
        public void mouseReleased(MouseEvent e) {}
        public void mouseEntered(MouseEvent e) {}
        public void mouseExited(MouseEvent e) {}
    }
```

为了编程方便，Java 为一些声明了多个方法的 Listener 接口提供了相应的适配器类，见表 8-2。

表 8-2 接口及适配器

接口名称	适配器名称
ComponentListener	ComponentAdapter
ContainerListener	ContainerAdapter
FocusListener	FocusAdapter
KeyListener	KeyAdapter
MouseListener	MouseAdapter
MouseMotionListener	MouseMotionAdapter
MouseInputListener	MouseInputAdapter
WindowListener	WindowAdapter

在适配器类中实现了相应接口中的全部方法，只是方法的内容为空。例如，MouseListener 接口的形式如下。

```
public interface MouseListener extends EventListener {
    public void mouseClicked(MouseEvent e);
    public void mousePressed(MouseEvent e);
    public void mouseReleased(MouseEvent e);
    public void mouseEntered(MouseEvent e);
    public void mouseExited(MouseEvent e);
}
```

与其对应的适配器为 MouseAdapter，形式如下。

```
public abstract class MouseAdapter implements MouseListener {
    public void mouseClicked(MouseEvent e) {}
    public void mousePressed(MouseEvent e) {}
    public void mouseReleased(MouseEvent e) {}
    public void mouseEntered(MouseEvent e) {}
    public void mouseExited(MouseEvent e) {}
}
```

这样，在创建新类时，就可以不实现接口，而是只继承某个适当的适配器，并且重写所关心的事件处理方法。程序 8.16 是一个使用适配器的示例。

程序 8.16 适配器示例。

```
import java.awt.*;
import java.awt.event.*;
import java.awt.event.*;
public class MouseClickHandler extends MouseAdapter {
```

```
//只关心对单击鼠标事件的处理，在这里继承 MouseAdapter，并只需覆盖有关的方法
public void mouseClicked( MouseEvent e) { / * 进行有关的处理 * / }
}
```

第六节 绘 图 基 础

在平面上绘图或是显示文字，需要先确定一个平面坐标系。Java 语言约定，显示屏上一个长方形区域为程序的绘图区域，坐标原点（0，0）位于整个区域的左上角。一个坐标点 (x，y) 对应屏幕窗口中的一个像素，这里 x 与 y 必须都是非负整数。x 在水平方向上从左向右递增，y 在竖直方向上从上向下递增。可以设定绘图区域的宽 width 和高 height，从而可以确定绘图区域的大小。

一、颜色

可以使用 java. awt 包中的 Color 类来定义和管理颜色，Color 类的每个对象表示一种颜色。有两种方法可以生成颜色。一种是使用 Java 的 Color 类中预定义的颜色，例如，Color 类中包含 26 个常量，提供了 13 种基本的预定义的颜色。表 8-3 列出了 Color 类中预定义的颜色，使用全大写或全小写都是允许的，例如，Color. black 和 Color.BLACK 都代表黑色。

表 8-3 Java Color 类中预定义的颜色

颜　　色	对　　象	RGB 值
黑色	Color. black	0,0,0
蓝色	Color. blue	0,0,255
青色	Color. cyan	0,255,255
灰色	Color. gray	128,128,128
深灰色	Color. darkGray	64,64,64
浅灰色	Color. lightGray	192,192,192
绿色	Color. green	0,255,0
洋红色	Color. magenta	255,0,255
橙色	Color. orange	255,200,0
粉红色	Color. pink	255,175,175
红色	Color. red	255,0,0
白色	Color. white	255,255,255
黄色	Color. yellow	255,255,0

另一种方法是通过红、绿、蓝三原色的值来组合。每种颜色由三个值来指定，它们一起称为 RGB 值，RGB 分别代表红-绿-蓝。各个值表示对应原色的相对值，使用 1 个字节（8位）来保存，取值范围为 0~255。三种原色的值合在一起来决定实际的颜色值。例如：

```
int r = 255, g = 255, b = 0;
Color myColor = new Color(r, g, b);
```

上述命令使用指定的红、绿、蓝值构造一个新的颜色 myColor。从表 8-3 可知，这个颜色是黄色。

可以使用下面两个定义在 Jcomponent 中的方法，设置组件的前景色和背景色。

- public void setForeground(Color c)：设置前景色。
- public void setBackground(Color c)：设置背景色。

在这两个方法中都需要 java. awt. Color 类的一个实例作参数，包括 Color 类中预定义的颜色常量，比如 Color. red 和 Color. blue，或是自己创建的颜色。

二、字体

显示文字的方法主要有以下 3 种。

- public void drawChars(char[ ] data,int offset,int length,int x,int y)：使用此图形上下文的当前字体和颜色，显示字符数组 data 中从 offset 位置开始、最多 length 个字符。首字符的基线位于此图形上下文坐标系统的 (x, y) 处。
- public void drawString(String aString,int x,int y)：在指定位置显示字符串 aString。
- public void drawBytes(byte[ ] data,int offset,int length,int x, int y)：使用此图形上下文的当前字体和颜色，显示指定的 byte 数组 data 中从 offset 位置开始、最多 length 个字符。首字符的基线位于此图形上下文坐标系统的 (x, y) 处。

文字字型有字体、样式及字号 3 个要素。常用的字体有 Times New Roman、Symbol、宋体、楷体等；基本的样式有 Font. PLAIN（正常）、Font. BOLD（粗体）及 Font. ITALIC（斜体）3 种，也称为字型风格，基本样式可以组合使用，例如，Font. BOLD+Font. ITALIC 表示粗斜体；字号是字的大小，单位是磅。

可以使用 setFont (Font f) 方法对组件中文本的字体进行设定，这个方法需要 java. awt. Font 类的一个实例作参数。在 Java 中并没有预定义的字体常量，因此需要通过给定字体名称、样式和大小自己创建 Font 对象。Font 类的构造方法如下。

Font(String name, int style, int size)：根据指定名称、样式和字号，创建一个新 Font。

Font 构造方法的 3 个参数分别是字体名称、字体的样式和字号。例如：

Font f = new Font("Dialog", Font. PLAIN, 14)；

Font 类中常用的方法如下。

- String getName( )：返回此 Font 的逻辑名称，即字体名称。
- int getSize( )：返回此 Font 的字号大小，四舍五入为整数。
- int getStyle( )：返回此 Font 的样式。
- boolean isBold( )：测试此 Font 对象的样式是否为 BOLD。
- boolean isItalic( )：测试此 Font 对象的样式是否为 ITALIC。
- boolean isPlain( )：测试此 Font 对象的样式是否为 PLAIN。

程序 8. 17 列出当前机器上可用的所有字体示例。

```
import java. awt. * ;
public class ListFonts {
    public static void main(String[ ] args) {
```

```
GraphicsEnvironment env = GraphicsEnvironment. getLocalGraphicsEnvironment( );
String[ ] fontNames = env. getAvailableFontFamilyNames( );
System. out. println("可用字体:");
for( int i = 0; i<fontNames. length; i++)
        System. out. println(" " + fontNames[i]);
    }
}
```

三、Graphics 类的基本功能

Java 标准类库提供了许多类用来显示并管理图形信息，java. awt 包中的 Graphics 类是所有图形处理的基础。Graphics 类是所有图形上下文的抽象父类，允许应用程序在组件以及屏幕图像上进行绘制。这个类提供的功能有建立字体、设定显示颜色、显示图像和文本、绘制和填充各种几何图形等。由 Graphics 对象记录针对绘制图形和文本的一系列设置。

除了控制组件的颜色和显示文本的字体之外，在需要的时候，也可以在组件上绘制图形。当先后绘制的图形有重叠时，如何确定重叠部分的颜色？这称为绘图模式。绘图模式主要有两种，分别是正常模式和异或模式。正常模式下，后绘制的图形覆盖先绘制的图形，使得先绘制的图形被重叠的部分不再可见。异或模式下，当前绘制的颜色、先前绘制的颜色及所选定的某种颜色之间进行某种处理，使用得到的新颜色值进行绘制。

java. awt. Graphics 类中设置绘图模式的方法有以下两种。

- setPaintMode( )：将此图形上下文的绘图模式设置为正常模式，这是默认模式。
- setXORMode(Color c)：将此图形上下文的绘图模式设置为异或模式，参数 c 指定了绘制对象时与窗口进行异或操作的颜色。

选择异或模式下，如果使用同一颜色绘制两遍，则相当于擦除第一次绘制的图形，即恢复原来的状态。

所有绘制都必须通过一个图形对象完成。可以直接在框架（Frame）中显示文本信息，也可以直接在框架中绘图。在某个组件中绘图，一般应该为这个组件所属的子类重写 paint( )方法，在该重写的方法中进行绘图。但在 JComponent 子类的组件中绘图，应重写 paintComponent( )方法，在该方法中进行绘图。例如，继承定义一个文本区子类，要在这样的文本区子对象中绘图，就应该重写这个文本区子类的 paintComponent( )方法。系统自动为程序提供图形对象，并以参数 g 传递给 paint( )方法和 paintComponent( )方法。比如，JPanel 非常适合于绘制自定义图形，其图形对象是作为 paintComponent( )方法的参数获得的。通常的做法是，首先在一个面板中进行绘制，然后将这个面板添加到框架中。要创建自定义图形，需要由 JPanel 类派生一个新类，并重写父类的 paintComponent( )方法。

```
public void paintComponent( Graphics g) {
        ......      //将在这里通过参数 g 编写绘制代码
    }
```

paintComponent( )方法包含一个 Graphics 类型的参数，可以从图形对象或使用 Component 的 getGraphics( )方法得到 Graphics 对象。

java. awt. Component 类中定义了 paint(Graphics g)方法，当组件被显示出来时，将调用该方法。java. awt. Component 中还定义了一个 repaint( )方法，每当需要重绘组件时，可以调用该方法，该方法将自动调用 paint(Graphics g)。javax. swing. JComponent 继承 java. awt. Component，并重写了 paint(Graphics g)方法。在 javax. swing. JComponent 的 paint(Graphics g)方法中，会调用如下 3 个方法。

- paintComponent(Graphics g)：绘制组件。
- paintBorder(Graphics g)：绘制组件的边框。
- paintChildren(Graphics g)：绘制组件中的子组件。

通常情况下，如果需要在组件上绘制图形，只需要重写 JComponent 的 paintComponent (Graphics g)方法，该方法的参数是一个 Graphics 对象。

在 Graphics 中定义了多种绘图方法，分别如下。

- drawArc(int x, int y, int width, int height, int startAngle, int arcAngle)：沿着由左上角为 (x, y)、宽为 width、高为 height 的外接矩形所限定的椭圆绘制一条弧。弧起始于 startAngle，延伸的距离由 arcAngle 定义。
- drawLine(int x1, int y1, int x2, int y2)：绘制一条从点 (x1, y1) 到点 (x2, y2) 的直线。
- drawOval(int x, int y, int width, int height)：绘制由左上角为 (x, y)、宽为 width、高为 height 的外接矩形所限定的一个椭圆。
- drawPolygon(int[ ] xPoints, int[ ] yPoints, int nPoints)：绘制由 x 和 y 坐标数组定义的一系列连接线。每对 (x, y) 坐标定义了一个点。如果第一个点和最后一个点不同，则图形不是闭合的。
- drawRect(int x, int y, int width, int height)：绘制一个矩形，其左上角为 (x, y)、宽为 width、高为 height。
- drawRoundRect(int x, int y, int width, int height, int arcWidth, int arcHeight)：用此图形上下文的当前颜色绘制圆角矩形的边框。矩形的左边和右边分别位于 x 和 x+width，矩形的顶边和底边分别位于 y 和 y+height。
- drawString(String str, int x, int y)：在点 (x, y) 处输出字符串 str，向右扩展。
- draw3DRect((int x, int y, int width, int height, boolean raised))：绘制指定矩形的 3D 突出显示边框。矩形的左上角为 (x, y)、宽为 width、高为 height。raised 表示矩形是凸出平面显示还是凹入平面显示。

还可以用 Graphics 类的方法来指定图形是否要填充。不填充的图形只显示图形的轮廓，而且是透明的，即可以看到下面的图形。上述方法绘制的图形都属于这一类。

与此相对应的，填充的图形在边界内是实心的，并遮挡了下层的图形。这类方法与对应的图形绘制方法相同，只是用当前的前景色填充图形。分别如下。

- fillArc(int x, int y, int width, int height, int startAngle, int arcAngle)。
- fillOval(int x, int y, int width, int height)。
- fillPolygon(int[ ] xPoints, int[ ] yPoints, int nPoints)。
- fillRect(int x, int y, int width, int height)。
- fillRoundRect(int x, int y, int width, int height, int arcWidth, int arcHeight)。

每个图形环境都有一种画图或是画字符串时正使用的前景色，画图所在的每个表面都有背景色。用 Graphics 类中的 setColor 方法可以设置前景色，使用所画组件（如面板）的 set-Background 方法可以设置背景色。

多边形是有多个边的图形，在 Java 中，它由对应于多边形各顶点的点序列（x，y）来定义。常用数组来保存坐标序列。

使用 Graphics 类的方法可以绘制多边形，这类似于矩形和椭圆的绘制。和其他图形一样，多边形也可以画成填充的或不填充的。画多边形的方法分别是 drawPolygon（）和 fillPolygon（）。这两个方法都是重载的，其中使用整数数组当作参数来定义多边形的形式已经在上面列出了，另一个是使用 Polygon 类的对象来定义多边形。

当使用数组作参数时，drawPolygon（）和 fillPolygon（）方法各带 3 个参数。第一个参数是表示多边形各点 x 坐标的整数数组，第二个参数是表示多边形各点 y 坐标的整数数组，第三个参数是一个整数，表示两个数组中有多少个点可用。放在一起来看，前两个参数表示多边形各点的（x，y）坐标。

多边形常是封闭的。线段总是从坐标序列中的最后一个点回到序列中的第一个点。

与多边形类似，折线也包含了连接每个线段的一系列的点。但与多边形不同的是，绘制折线时第一个坐标和最后一个坐标并不自动连接起来。因为折线不封闭，所以也不能填充。它只有一个方法 drawPolyline（），方法中的参数与 drawPolygon（）方法中的参数类似。

当使用 Polygon 类作参数时，可以使用 Java 标准类库 java. awt 包中定义的 Polygon 类的对象来显式地定义多边形。drawPolygon（）和 fillPolygon（）方法都重载了两个方法，并且都仅带一个 Polygon 对象参数。

Polygon 对象封装了多边形的边的坐标。Polygon 类的构造方法可以创建一个初始的空多边形，或是由代表各顶点坐标的整数数组定义的多边形。Polygon 类中有将点添加到多边形中的方法，也有判定给定的点是不是在多边形上的方法。它还有能得到多边形的外接矩形的方法，以及将多边形中的所有点移到另一位置的方法。Polygon 类中的常用方法如下。

- Polygon（）：构造方法，创建空的多边形。
- Polygon（int[ ] xpoints，int[ ] ypoints，int npoints）：构造方法，使用 xpoints 和 ypopints 中的项对应的坐标对（x，y）来创建多边形。
- addPoint（int x，int y）：将由参数指定的点加入到多边形中。
- contains（int x，int y）：如果指定的点含在多边形中，则返回真。
- contains（Point p）：如果指定的点含在多边形中，则返回真。
- getBounds（）：得到多边形的外接矩形。
- translate（int deltaX，int deltaY）：将多边形的各顶点沿 x 轴偏移 deltaX，沿 y 轴偏移 deltaY。

程序 8.18 是一个在组件上绘制图形的例子，在该程序中，自定义了一个 MyButton 类和一个 MyPanel 类，分别继承自 JButton 和 JPanel。这两个自定义类对 paintComponent（Graphics g）方法进行了覆盖，该程序的执行结果如图 8 - 15 所示。注意：在重写 paintComponent（Graphics g）方法时，需要首先调用父类的 paintComponent（Graphics g）方法。

程序 8.18 在组件上绘制图形示例。

```java
import java. awt. * ;
import java. awt. event. * ;
import javax. swing. * ;
class DrawingExample implements ActionListener {
    JFrame frame;
    MyButton button;
    MyPanel panel;
    int tag = 1;
    public static void main( String args[ ] ) {
        DrawingExample de = new DrawingExample( );
        de. go( );
    }
    public void go( ) {
        frame = new JFrame( "Drawing Example" );
        button = new MyButton( "Draw" );
        button. addActionListener( this );
        frame. getContentPane( ). add( button, "South" );      //按钮设置在最下面
        panel = new MyPanel( );
        frame. getContentPane( ). add( panel, "Center" );      //在中间画图
        frame. setDefaultCloseOperation( JFrame. EXIT_ON_CLOSE );
        frame. setSize( 360, 200 );
        frame. setVisible( true );
    }
    public void actionPerformed( ActionEvent e ) {
        if ( tag = = 0 ) {                                     //按钮文字在 Draw 与 Clear 间切换
            tag = 1;
            button. setText( "Draw" );
        }
        else {
            tag = 0;
            button. setText( "Clear" );
        }
        panel. repaint( );                                     //重绘 panel
    }
    class MyButton extends JButton {                           //自定义的按钮
        MyButton( String text ) {
            super( text );
        }
        protected void paintComponent( Graphics g ) {
            super. paintComponent( g );
            g. setColor( Color. red );
            int width = getWidth( );
```

```
                    int height = getHeight();
                    g. drawOval(4, 4, width-8, height-8);              //绘制椭圆
              }
        }
        class MyPanel extends JPanel {                                 //自定义的面板
              protected void paintComponent(Graphics g){
                    super. paintComponent(g);
                    int xpoints[] = {280, 300, 320, 290, 260};
                    int ypoints[] = {120, 120, 130, 150, 130};
                    if (tag == 0) {
                          g. setColor(Color. blue);                    //设置颜色
                          g. drawLine(40, 25, 30, 50);                 //绘制直线
                          g. setColor(Color. green);
                          g. drawRect(100, 50, 100, 46);               //矩形
                          g. setColor(Color. red);
                          g. drawRoundRect(73, 32, 56, 37, 10, 16);    //圆角矩形
                          g. setColor(Color. yellow);
                          g. fillOval(180, 60, 60, 45);                //填充椭圆
                          g. setColor(Color. pink);
                          g. fillArc(250, 32, 90, 60, 15, 30);         //填充圆弧
                          g. setColor(Color. magenta);
                          g. fillPolygon(xpoints, ypoints, 5);         //填充多边形
                          g. setColor(Color. red);
                          g. fillRect(10, 110, 80, 30);
                          g. setColor(Color. green);
                          g. fillRect(50, 120, 80, 30);
                          g. setXORMode(Color. blue);                  //设置为 XOR 绘图模式
                          g. fillOval(90, 130, 80, 30);
                    }
              }
        }
}
```

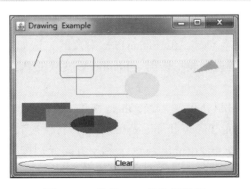

图 8-15　程序 8.18 的执行结果

四、Graphics2D 绘图

为了解决图形对象的局限性，在 Java 1.1 以后的版本中引入了 Java 2D。Java 2D 包括一个继承于 Graphics 类的 Graphics2D 类，增加了许多状态属性，扩展了 Graphics 的绘图功能，可以绘制出更加丰富多彩的图形。Graphics2D 拥有更强大的二维图形处理能力，提供对几何形状、坐标转换、颜色管理以及文字布局等更复杂的控制。

1. 图形状态属性

Graphics2D 类中定义了几种方法，用于添加或改变图形的状态属性。通过设定和修改状态属性，可以指定画笔宽度和画笔的连接方式，设定平移、旋转、缩放或剪裁变换图形；还可以设定填充图形的颜色和图案等。图形状态属性用特定的对象存储，有以下属性。

（1）stroke 属性

stroke 属性控制线的宽度、笔形样式、线段连接方式或短划线图案。创建 BasicStroke 对象后，再调用 setStroke( )方法即可设置 stroke 属性。创建 BasicStroke 对象的方法如下。

- BasicStroke(float w)：指定线的宽度 w。
- BasicStroke(float w, int cap, int join)：指定线的宽度 w、端点样式 cap 及两线段交汇处的连接方式 join。其中，端点样式 cap 的值有 CAP_BUTT（无修饰）、CAP_ROUND（半圆形末端）和 CAP_SQUARE（方形末端，默认值）。两线段交汇处的连接方式 join 的值有 JOIN_BEVEL（无修饰）、JOIN_MTTER（尖形末端，默认值）和 JOIN_ROUND（圆形末端）。

（2）paint 属性

paint 属性控制填充效果。先调用 GradientPaint( )方法确定填充效果，再使用 setPaint( )方法进行设置，GradientPaint( )方法如下。

- GradientPaint(float x1, float y1, Color c1, float x2, float y2, Color c2)：构造一个简单的非周期性的 GradientPaint 对象。从点（x1, y1）到点（x2, y2），c1 是点（x1, y1）处的颜色，c2 是点（x2, y2）处的颜色，颜色从 c1 渐变到 c2。
- GradientPaint(float x1, float y1, Color c1, float x2, float y2, Color c2, Boolean cyclic)：根据 boolean 参数构造一个周期性的或非周期性的 GradientPaint 对象。如果希望渐变到终点的颜色与起点的颜色相同，应将 cyclic 设置为 true。

（3）transform 属性

transform 属性用来实现常用的图形平移、缩放和斜切等变换操作。首先创建 AffineTransform 对象，然后调用 setTransform( )方法设置 transform 属性。最后，使用具有指定属性的 Graphics2D 对象绘制图形。创建 AffineTransform 对象的方法如下。

AffineTransform( )：构造一个表示仿射（Identity）变换的新 AffineTransform。

类中的常用方法如下。

- getRotateInstance(double theta)：旋转 theta 弧度。
- getRotateInstance(double theta, dioble x, double y)：绕旋转中心（x, y）旋转。
- getScaleInstance(double sx, double sy)：x 和 y 方向分别按 sx、sy 比例变换。
- getTranslateInstance(double tx, double ty)：平移变换。
- getShearInstance(double shx, double shy)：斜切变换，shx 和 shy 指定斜拉度。

也可以先创建一个没有 transform 属性的 AffineTransform 对象，然后用以下方法指定图形平移、旋转及缩放变换等属性。

- translate(double dx, double dy)：将图形在 x 轴方向平移 dx 像素，在 y 轴方向平移 dy 像素。
- scale(double sx, double sy)：图形在 x 轴方向缩放 sx 倍，纵向缩放 sy 倍。
- rotate(double arc, double x, double y)：图形以点（x，y）为轴点，旋转 arc 弧度。

例如：

```
AffineTransform trans = new AffineTransform( );            //创建 AffineTransform 对象
Trans. rotate(50. 0 * 3. 1415927/180. 0, 90, 80);          //为 AffineTransform 对象指定绕点旋
                                                           //转变换属性
//为 Graphics2D 对象 g2d 设置具有上述旋转变换功能的"画笔"
Graphics2D g2d = (Graphics2D)g;
g2d. setTransform(trans);
//设已有一个二次曲线对象 curve, 使用 g2d 对象的 draw( )方法绘制这条二次曲线
g2d. draw(curve);
```

（4）clip 属性

clip 属性用于实现剪裁效果。可以调用 setClip( )方法，确定剪裁区的 Shape，从而设置剪裁属性。可以使用连续多个 setClip( )得到它们交集的剪裁区。

（5）composite 属性

composite 属性设置图形重叠区域的效果。先使用方法 AlphaComposite. getInstance(int rule, float alpha)，得到 AlphaComposite 对象，再通过 setComposite( )方法设置混合效果。alpha 值的范围为 0. 0f（完全透明）至 0. 1f（完全不透明）。

2. Graphics2D 类的绘图方法

Graphics2D 类仍然保留了 Graphics 类的绘图方法，同时增加了许多新方法。新方法将几何图形（如线段、圆等）作为一个对象来绘制。在 java. awt. geom 包中声明的一系列类，分别用于创建各种几何图形对象。这些类主要有 Line2D 线段类、RoundRectangle2D 圆角矩形类、Ellipse2D 椭圆类、Arc2D 圆弧类、QuadCurve2D 二次曲线类和 CubicCurve2D 三次曲线类。

使用 Graphics2D 类的新方法画一个图形的步骤通常是：先在重画方法 paintComponent( )或 paint( )中，把参数对象 g 强制转换成 Graphics2D 对象；然后，用上述各图形类提供的静态方法 Double( )创建该图形的对象；最后，以图形对象为参数调用 Graphics2D 对象的 draw( )方法绘制这个图形。

例 8. 1 绘制线段和圆角矩形示例。

```
Graphics2D g2d = (Graphics2D)g;            //将对象 g 类型从 Graphics 转换成 Graphics2D
Line2D line = new Line2D. Double(30. 0, 30. 0, 340. 0, 30. 0);      //创建图形对象
g2d. draw(line);                                                    //绘制线段
RoundRectangle2D rRect = new RoundRectangle2D. Double(13. 0, 30. 0, 100. 0, 70. 0, 40. 0, 20. 0);
g2d. draw(rRect);                                                   //绘制圆角矩形
```

218

也可以先用 java. awt. geom 包提供的 Shape 对象，并用单精度 Float 坐标或双精度 Double 坐标创建 Shape 对象，然后调用 draw( )方法进行绘制。

例 8.2 先创建圆弧对象，然后绘制圆弧。

```
Shape arc = new Arc2D. Float(30, 30, 150, 150, 40, 100, Arc2D. OPEN);   //创建对象
g2d. draw(arc);                                                        //绘制图形对象 arc
```

3. Graphics2D 的几何图形类

Graphics2D 类中提供了一些几何图形类，使用如下的示例语句分别来说明它们的绘制。

1）声明并创建线段对象，起点是（2，3），终点是（200，300）：

```
Line2D line = new Line2D. Double(2, 3, 200, 300);
```

2）声明并创建矩形对象，矩形的左上角是（20，30），宽是80，高是40：

```
Rectangle2D rect = new Rectangle2D. Double(20, 30, 80, 40)
```

3）声明并创建圆角矩形，左上角是（20，30），宽是130，高是100，圆角的长轴是18，短轴是15：

```
RoundRectangle2D rectRound = new RoundRectangle2D. Double(20, 30, 130, 100, 18, 15);
```

4）声明并创建椭圆，左上角是（20，30），宽是100，高是50：

```
Ellipse2D ellipse = new Ellipse2D. Double(20, 30, 100, 50);
```

5）声明并创建圆弧，外接矩形的左上角是（8，30），宽是85，高是60，起始角是5°，终止角是90°，Arc2D. OPEN 表示是一个开弧：

```
Arc2D arc1 = new Arc2D. Double(8, 30, 85, 60, 5, 90, Arc2D. OPEN);
```

与之相似，可以创建弓弧（Arc2D. CHORD）和饼弧（Arc2D. PIE）：

```
Arc2D arc2 = new Arc2D. Double(20, 65, 90, 70, 0, 180, Arc2D. CHORD);   //弓弧
Arc2D arc3 = new Arc2D. Double(40, 110, 50, 90, 0, 270, Arc2D. PIE);    //饼弧
```

在数学上，二次曲线用二阶多项式 $y(x) = ax^2 + bx + c$ 来表示。

绘制一条二次曲线需要确定三个点，分别是始点、控制点和终点。方法 Double( )中的6个参数分别是二次曲线的始点、控制点和终点。下面三条二次曲线有相同的始点和相同的终点，控制点均不同：

```
QuadCurve2D curve1 = new QuadCurver2D. Double(20, 10, 90, 65, 55, 115);
QuadCurve2D curve2 = new QuadCurver2D. Double(20, 10, 15, 63, 55, 115);
QuadCurve2D curve3 = new QuadCurver2D. Double(20, 10, 54, 64, 55, 115);
```

与之相似，可以绘制三次曲线。在数学上，三次曲线用三阶多项式 $y(x) = ax^3 + bx^2 + cx + d$ 来表示。

绘制一条三次曲线需要确定四个点，分别是始点、两个控制点和终点。方法 Double( ) 中的 8 个参数分别是三次曲线的始点、两个控制点和终点。下面三条三次曲线有相同的始点，不同的终点，控制点不完全相同：

```
CubicCurve2D curve1 = new CubicCurve2D. Double(12, 30, 50, 75, 15, 15, 115, 93);
CubicCurve2D curve2 = new CubicCurve2D. Double(12, 30, 15, 70, 20, 25, 35, 94);
CubicCurve2D curve3 = new CubicCurve2D. Double(12, 30, 50, 75, 20, 95, 95, 95);
```

本 章 小 结

本章介绍了进行图形界面设计时组件的布局及事件处理，同时介绍了容器和最简单的标签及按钮的概念。本章还介绍了与绘图相关的内容。

本章介绍的组件包括容器、按钮和标签，布局管理器包括 FlowLayout、BorderLayout、GridLayout、CardLayout 及 BoxLayout 等。

本章介绍的一个重要内容是委托事件处理模型，通过这种机制，能够实现组件上的响应，对程序进行控制，完成人机交互功能。

本章还介绍了直接绘制图形的方法和机制，能够对组件的外观进行控制，包括组件的前景色、背景色以及文本的字体等。

思考题与练习题

一、单项选择题

1. 以下组件中，属于顶层容器的是　　　　　　　　　　　　　　　　　　　　【　　】
   A. JButton　　　　　　B. JLable　　　　　　C. JPanel　　　　　　D. JFrame
2. 以下组件中，属于容器的是　　　　　　　　　　　　　　　　　　　　　　【　　】
   A. JButton　　　　　　B. JLable　　　　　　C. JPanel　　　　　　D. JCheckBox
3. 关于 JLabel 组件，以下叙述正确的是　　　　　　　　　　　　　　　　　　【　　】
   A. JLabel 上只能有文本
   B. JLabel 上只能有图标
   C. JLabel 上或者有文本或者有图标
   D. JLabel 上既可以有文本也可以有图标
4. 在使用 BorderLayout 布局管理器的容器中，如果加入组件没有指定位置，则默认加入到　　　　　　　　　　　　　　　　　　　　　　　　　　　　　　　　　　【　　】
   A. "右" 位置　　　　B. "左" 位置　　　　C. "上" 位置　　　　D. "中" 位置
5. 某 Java 程序的类 A 要利用 Swing 创建框架窗口，则 A 需要继承的类是　　【　　】
   A. JWindow　　　　　B. JFrame　　　　　C. JDialog　　　　　D. JApplet
6. MouseMotionListener 接口能处理的鼠标事件是　　　　　　　　　　　　　　【　　】
   A. 按下鼠标键　　　B. 鼠标单击　　　　C. 鼠标进入　　　　D. 鼠标移动
7. JPanel 的默认布局管理器是　　　　　　　　　　　　　　　　　　　　　　【　　】

    A. GridLayout   B. FlowLayout   C. CardLayout   D. BorderLayout

8. 下面的方法中，属于 MouseListener 接口定义的是 【　　】

    A. mouseclick(MouseEvent)   B. mousePress(MouseEvent)

    C. mouseEntered(MouseEvent)   D. mouseDragged(MouseEvent)

9. 以下术语中，属于文字基本样式属性的是 【　　】

    A. 颜色   B. 宋体   C. 斜体   D. 字号

10. 以下 Java 程序代码中，能正确创建 Font 对象的是 【　　】

    A. Font f1 = new font(Font. PLAIN, 12, "宋体");

    B. Font f2 = new font(Font. PLAIN, "宋体", 12);

    C. Font f3 = new font(12, "宋体", Font. PLAIN);

    D. Font f4 = new font("宋体", Font. PLAIN, 12);

11. 在 Graphics2D 类中，用来确定填充效果的方法是 【　　】

    A. setPaint()   B. setStroke()   C. setTransform()   D. setClip()

二、填空题

1. 不包含本地代码的 Swing 组件被称为_____组件。

2. 包含本地代码的 AWT 组件被称为_____组件。

3. 创建窗口用到的 JFrame 和 JButton 类定义在_____包中。

4. 负责安排组件显示方式的是_____。

5. BorderLayout 将所管理的容器划分为 5 个区域，分别是_____。

6. 用户在程序界面所进行的操作是一个_____。

7. 要想处理某类用户事件，必须要为相应的组件注册_____。

8. 要使得已注册的按钮对象暂时不响应事件，需使用的方法是_____。

9. JScrollbar jb = new JScrollbar(JScrollbar. HORIZONTAL, 50, 8, 0, 300);创建的滚动条对象能表示的最大值是_____。

10. 某应用程序中，定义类 C1 是 JPanel 的子类，在类 C1 的对象中需要绘图，则在 C1 中应重写的方法是_____。

11. 在 Graphics 类中，绘图模式主要有正常模式和_____模式两种。

三、简答题

1. Java 中提供了几种布局管理器？简述它们之间的区别。

2. BorderLayout 布局管理器是如何安排组件的？

3. 如果想以上、中、下的位置安排三个按钮，可以使用哪些布局管理器？

4. Frame 和 Panel 默认的布局管理器分别是什么类型？

5. 什么是事件？事件是怎样产生的？

6. 在 API 文档中查找 Event 类，解释其中 target、when、id、x、y 和 arg 分别表示什么内容。

7. 委托事件处理模型是怎样对事件进行处理的？事件侦听程序的作用是什么？

8. java. awt. event 中定义了哪些事件类？各类对应的接口是什么？各接口中都声明了哪些方法？

四、程序填空题

1. 阅读下列代码，请在空白处填写适当的语句。

```java
import java.awt. * ;
import javax.swing. * ;
public class ExGui {
    private JFrame frame;
    private JButton b1, b2;
    public static void main(String args[ ]) {
        ExGui that = new ExGui( );                      //创建一个 ExGui 实例
        that.go( );
    }
    public void go( ) {
        frame = new JFrame ("GUI example");             //创建一个 JFrame 实例
        Container contentPane = _____;        //获取内容窗格
        contentPane.setLayout(new FlowLayout( ));       //为内容窗格设置 FlowLayout 布局管
                                                        //理器
        b1 = new JButton("Press me");                   //创建 JButton 实例
        b2 = new JButton("Don't press Me");
        contentPane.add(b1);        contentPane.add(b2);        //添加按钮
        frame.pack( );              frame.setVisible(true);
    }
}
```

2. 以下应用程序创建一个窗口，窗口内放置一个面板，在面板中显示一张图片和一段文字。请在空白处填写适当的语句。

```java
import javax.swing. * ;
import java.awt. * ;
public class Test {
    public static void main(String[ ] args) { MyFrame frame = new MyFrame( ); }
}
class MyFrame extends JFrame {
    public MyFrame( ) {
        setTitle("Test29");
        setSize(300, 200);
        Toolkit tool = _____;
        Image img = tool.getImage("text.jpg");
        getContentPane( ).add(new MyPanel (img));
        setVisible(true);
    }
}
```

```
class MyPanel extends JPanel{
    Image myImg;
    MyPanel(Image img){ myImg=img;}
    public void paintComponent(Graphics g){
        if(myImg != null) g. _____ (myImg, 100, 30, this);
        g.drawString("我是一名学生!", 100,140);
    }
}
```

五、程序设计题

1. 编写程序创建并显示一个标题为 "My Frame"、背景为红色的 Frame。

2. 在前一个习题创建的 Frame 中增加一个背景为黄色的 Panel。

3. 在前一个习题创建的 Panel 中加入 3 个按钮，按钮上分别显示 "打开" "关闭" "返回"，在一行内排开。

4. 编写程序，以上、中、下的位置安排 3 个按钮。

5. 使用 createHorizontalBox( )和 createVerticalBox( )方法改写程序 8.10。

6. 设计鼠标控制程序。程序运行时，如果在窗口中移动鼠标，则窗口的底部将显示出鼠标的当前位置。如果移动鼠标的同时还按住〈Ctrl〉或〈Shift〉键，则窗口底部还会显示出 C 或 S。当用户按下键盘上的键时，则程序窗口的底部显示出字母 "D"；当用户松开键盘上的键时，程序窗口的底部显示出字母 "U"。

7. 已知 Graphics 对象 g，获得 Graphics2D 对象 g2d，然后用圆角长方形类创建对象 circle，该对象的左上角坐标是（30，40），半径是 50。请写出实现以上要求的 Java 代码。

8. 已经 Graphics 对象 g，获得 Graphics2D 对象 g2d，然后创建并画出正方形对象 rec，正方形的左上角坐标是（40，50），边长是 70。请写出实现以上要求的代码。

9. 请写出绘制左上角为（150，150）、半径为 80 的绿色圆形的语句。设调用的对象是类型为 Graphics 的 g。

第九章 Swing 组件

学习目标：

1. 能够正确创建组合框和列表，响应组合框和列表事件。

2. 能够正确创建文本域和文本区，处理文本事件，利用文本组件实现数据的输入和输出。

3. 能够在窗口中设置菜单，处理菜单项事件。

4. 能够正确声明和创建对话框。

建议学时： 5 学时。

教师导读：

1. Java 中，所有组件的父类是 Component，组件的共有操作定义在 Component 类中。基本组件包括 JButton、JComboBox、JList、JMenu 和 JTextField。另外还有一些可编辑的组件，包括 JColorChooser、JFileChooser 和 JTestArea。第八章介绍了容器、标签和按钮，本章将介绍其他几类常用的基本组件。

2. 本章的重点是 Java 各类组件的使用方法及组件上的事件处理机制。要求考生能结合第八章的知识，在美观的界面上进行事件响应，完成简单的任务。

第一节 组合框与列表

一、组合框

组合框（JComboBox）是一个下拉式菜单，它有两种形式：不可编辑的和可编辑的，如图 9-1 所示。对于不可编辑的 JComboBox，用户只能在现有的选项列表中进行选择；对于可编辑的 JComboBox，用户既可以在现有选项中选择，也可以输入新的内容。

JComboBox 常用的构造方法有以下两种。

- JComboBox( )：创建一个没有任何可选项的默认组合框。

- JComboBox(Object[ ] items)：根据 Object 数组创建组合框，Object 数组的元素即为组合框中的可选项。

图 9-1 不可编辑的和
可编辑的 JComboBox

例如，下面命令将创建一个具有 5 个可选项的组合框：

```
String[ ] itemList = { "One", "Two", "Three", "Four", "Five" };
JComboBox   jcb = new JComboBox(itemList);   //使用数组 itemList 创建组合框
```

这里是通过字符串数组来创建组合框。实际上，也可以用其他类型的 Object 数组来创建。在组合框对象创建之后，默认是不可编辑的，可以通过 setEditable(true) 方法将其设置为可编辑的。

在 JComboBox 类中定义了相关的方法，可以添加或删除可选项，如下所示。

- void addItem(ObjectanObject)：在末尾位置添加新的可选项。
- Object getItemAt(int index)：返回指定索引序号 index 处的可选项。
- int getItemCount( )：返回列表中的项数。
- void insertItemAt(Object anObject, int index)：在 index 指定的位置添加新的可选项 anObject。
- int getSelectedIndex( )：返回列表中与给定项匹配的第一个选项的索引序号。
- Object getSelectedItem( )：返回当前所选项。
- void removeAllItems( )：删除所有可选项。
- void removeItem(Object anObject)：删除由 anObject 指定的可选项。
- void removeItemAt(int anIndex)：删除由 anIndex 指定的可选项。

组合框上的用户事件既可以通过 ActionListener 处理，也可以通过 ItemListener 处理。用户输入项目后按〈Enter〉键，对应的接口是 ActionListener。而用户选定项目，对应的接口是 ItemListener。不过用户的一次选择操作，会引发两个 ItemEvent 事件，因此通常使用 ActionListener 处理。

程序 9.1 组合框示例。

```java
import java. awt. * ;
import java. awt. event. * ;
import javax. swing. * ;
import javax. swing. border. * ;
public class JComboBoxDemo {
    JFrame frame = new JFrame ("JComboBox Demo");
    JComboBox <String>jcb1, jcb2;
    JTextArea ta = new JTextArea(0, 30);              //用于显示结果的文本区
    public static void main(String args[]) {
        JComboBoxDemo cbd = new JComboBoxDemo();
        cbd. go();
    }
    public void go() {
        JPanel p1 = new JPanel();                      //创建内部 JPanel 容器
        JPanel p2 = new JPanel();
        JPanel p3 = new JPanel();
        JPanel p4 = new JPanel();
        String[] itemList = {"One", "Two", "Three", "Four", "Five"};
        jcb1 = new JComboBox<String>(itemList); p1. add(jcb1);
        jcb1. setSelectedIndex(3);                    //设置第 4 个可选项为当前的显示项
        Border etched = BorderFactory. createEtchedBorder();    //创建边框
        Border border = BorderFactory. createTitledBorder(etched, "Uneditable JComboBox");
        p1. setBorder(border);                        //添加边框
```

```
jcb2 = new JComboBox<String>( );
jcb2. addItem( "Six" );                          //添加 4 个可选项
jcb2. addItem( "Seven" );
jcb2. addItem( "Eight" );
jcb2. addItem( "nine" );
jcb2. setEditable( true );                        //将 jcb2 设置为可编辑的
p2. add( jcb2 );
border = BorderFactory. createTitledBorder( etched, "Editable JComboBox" );
p2. setBorder( border );
JScrollPane jp = new JScrollPane( ta );          //添加滚动条
p3. setLayout( new BorderLayout( ) );
p3. add( jp );
border = BorderFactory. createTitledBorder( etched, "Results" );
p3. setBorder( border );
ActionListener al = new ActionListener( ) {
    public void actionPerformed( ActionEvent e ) {
        JComboBox jcb = ( JComboBox )e. getSource( );
        if ( jcb = = jcb1 ) {                    //将选项插入 jcb2 的第一个位置
            jcb2. insertItemAt( ( String )jcb1. getSelectedItem( ),0 );
            ta. append( "\nItem " + jcb1. getSelectedItem( ) +" inserted" );
        } else {    ta. append( "\n You selected item : " + jcb2. getSelectedItem( ) );
            jcb2. addItem( ( String )jcb2. getSelectedItem( ) );
        }
    }
};
jcb1. addActionListener( al );
jcb2. addActionListener( al );
p4. setLayout( new GridLayout( 0,1 ) );
p4. add( p1 );
p4. add( p2 );
Container cp = frame. getContentPane( );
cp. setLayout( new GridLayout( 0,1 ) );
cp. add( p4 );
cp. add( p3 );
frame. pack( );
frame. setVisible( true );
frame. setDefaultCloseOperation( JFrame. EXIT_ON_CLOSE ); }
}
```

在程序 9.1 中, 每当用户在组合框 jcb1 中进行选择, 被选中的选项就会通过下面的命令被插入到组合框 jcb2 中的第一个位置:

```
jcb2. insertItemAt( jcb1. getSelectedItem( ),0 );
```

其中，getSelectedItem( )方法可获得用户的当前选项。选项的索引序号是从 0 开始的。程序 9.1 的执行结果如图 9-2 所示。

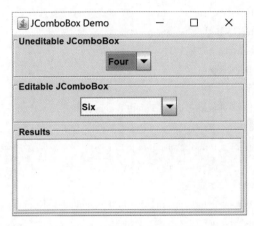

图 9-2　程序 9.1 的执行结果

二、列表

列表（JList）是可供用户进行选择的一系列可选项，常用的构造方法如下。

- JList( )：构造一个空列表。
- JList(Object[ ] listData)：构造一个列表，列表的可选项由对象数组 listData 指定。
- JList(Vector<?> listData)：构造一个列表，使其显示指定 Vector 中的元素。

例如，下面的语句根据 String 数组构造一个包含 4 个可选项的列表。

```
String[ ] data = {"one", "two", "three", "four"};
JList dataList = new JList(data);
```

列表对象本身并不带滚动条，但是当列表可选项较多时，可以将列表对象放入 JScrollPane 中以提供滚动功能。

列表既支持单项选择也支持多项选择，可以使用 JList 中定义的 setSelectionMode(int selectionMode)方法对列表的选择模式进行设置，其中 int 型参数 selectionMode 可为以下常量。

- ListSelectionModel. SINGLE_SELECTION：只能进行单项选择。
- ListSelectionModel. SINGLE_INTERVAL_SELECTION：可进行多项选择，但多个选项必须是连续的。
- ListSelectionModel. MULTIPLE_INTERVAL_SELECTION：多项选择，多个选项可以是间断的，这是选择模式的默认值。

当用户在列表上进行选择时，将引发 ListSelectionEvent 事件。在 JList 中提供了 addListSelectionListener(ListSelectionListener listener)方法，用于注册对应的事件侦听程序。在 ListSelectionListener 接口中，只包含一个方法：

```
public void valueChanged(ListSelectionEvent e);
```

当列表的当前选项发生变化时，将会调用该方法。

在 JList 类中定义了相关的方法，常用的有以下几种。

- public int getSelectedIndex()：返回所选项第一次出现的索引；如果没有所选项，则返回−1。
- public Object getSelectedValue()：返回所选的第一个值，如果选择为空，则返回 null。
- public void setVisibleRowCount(int visibleRowCount)：设置不使用滚动条可以在列表中显示的首选行数。

程序 9.2 列表示例。

```java
import java. awt. * ;
import java. awt. event. * ;
import javax. swing. * ;
public class JListDemo {
    JFrame frame = new JFrame ("JList Demo");
    JList list;
    DefaultListModel listModel;
    JPanel panel; JTextField tf; JButton button;
    public static void main(String args[ ]){
        JListDemo ld = new JListDemo();
        ld. go();
    }
    public void go() {
        listModel = new DefaultListModel();
        listModel. addElement("one ");              //添加可选项
        listModel. addElement("two ");
        listModel. addElement("three ");
        listModel. addElement("four ");
        list = new JList(listModel);                //创建列表
        //将列表放入滚动窗格 JScrollPane 中
        JScrollPane jsp = new JScrollPane(list,
            JScrollPane. VERTICAL_SCROLLBAR_AS_NEEDED,
            JScrollPane. HORIZONTAL_SCROLLBAR_AS_NEEDED);
        Container cp = frame. getContentPane();
        cp. add(jsp);
        tf = new JTextField(15);                    //输入新可选项的文本域
        button = new JButton("add new item");
        button. addActionListener( new ActionListener(){
            public void actionPerformed( ActionEvent e) {
                listModel. addElement( tf. getText());   //添加新的可选项
            }
        });
        panel = new JPanel();
        panel. add(tf);
```

```
        panel. add(button);
        cp. add(panel,BorderLayout. SOUTH);
        frame. pack();
        frame. setVisible(true);
        frame. setDefaultCloseOperation(JFrame. EXIT_ON_CLOSE);
    }
}
```

当程序运行时，在文本域中输入字符串，并单击按钮，可以动态地为列表添加可选项。程序 9.2 的执行结果如图 9-3 所示。

图 9-3　程序 9.2 的执行结果

在列表对象创建之后，也可以使用 JList 中定义的 setModel（ListModel model）方法设置新的 ListModel。

第二节　文 本 组 件

文本组件可用于显示信息和提供用户输入功能，在 Swing 中提供了文本域（JTextField）、口令输入域（JPasswordField）、文本区（JTextArea）等多个文本组件，这些文本组件有一个共同的父类——JTextComponent，在 JTextComponent 中定义了文本组件所共有的一些方法。主要有以下几种。

- String getSelectedText()：从文本组件中提取被选中的文本内容。
- String getText()：从文本组件中提取所有文本内容。
- String getText(int offs, int len)：从文本组件中提取指定范围的文本内容。
- void select(int selectionStart, int selectionEnd)：在文本组件中选中指定的起始和结束位置之间的文本内容。
- void selectAll()：在文本组件中选中所有文本内容。
- void setEditable(boolean b)：设置为可编辑或不可编辑状态。
- void setText(String t)：设置文本组件中的文本内容。
- void setDocument(Document doc)：设置文本组件的文档。
- void copy()：复制选中的文本到剪贴板。
- void cut()：剪切选中的文本到剪贴板。
- void paste()：将剪贴板的内容粘贴到当前位置。

JComponent 类中的常用方法如下。

public boolean requestFocusInWindow( )：请求当前组件获得输入焦点。

一、文本域

文本域是一个单行的文本输入框，可用于输入少量文本，常用的构造方法如下。

- JTextField( )：构造一个空文本域。
- JTextField(int columns)：构造一个具有指定列数的空文本域，int 型参数 columns 指定文本域的列数。
- JTextField(String text)：构造一个显示指定初始字符串的文本域，String 型参数 text 指定要显示的初始字符串。
- JTextField(String text, int columns)：构造一个具有指定列数并显示指定初始字符串的文本域，String 型参数 text 指定要显示的初始字符串，int 型参数 columns 指定文本域的列数。

文本域还有以下常用方法。

- void addActionListener(ActionListener l)：添加指定的操作侦听程序，接收操作事件。
- void removeActionListener(ActionListener l)：移除指定的操作侦听程序，不再接收操作事件。
- void setFont(Font f)：设置当前字体。
- void setHorizontalAlignment(int alignment)：设置文本的水平对齐方式。有效值包括 JTextField. LEFT、JTextField. CENTER、JTextField. RIGHT、JTextField. LEADING 和 JTextField. TRAILING。
- int getColumns( )：返回文本域的列数。

例如：

```
JTextField tf = new JTextField("Single Line",30);
```

这条命令创建一个列数为 30、初始字符串为 "Single Line" 的文本域。在构造方法中所指定的列数，是一个希望的数值，由于组件的大小和位置通常是由布局管理器决定的，因此，指定的这些数据很可能被忽略。

可以用 setEditable(boolean)方法将文本域设定为可编辑或不可编辑状态。

二、文本区

文本区是一个多行多列的文本输入框，常用的构造方法如下。

- JTextArea( )：构造一个空文本区。
- JTextArea(String text)：构造一个显示指定初始字符串的文本区，String 型参数 text 指定要显示的初始字符串。
- JTextArea(int rows, int columns)：构造一个具有指定行数和列数的空文本区，int 型参数 rows 和 columns 分别指定文本区的行数和列数。
- JTextArea(String text, int rows, int columns)：构造一个具有指定行数和列数并显示指定初始字符串的文本区，String 型参数 text 指定要显示的初始字符串，int 型参数 rows

和 columns 分别指定文本区的行数和列数。

例如，语句：

```
JTextArea ta = new JTextArea("Initial text", 4, 30);
```

创建一个 4 行、30 列、显示初始字符串 "Initial text" 的文本区。

与文本域类似，构造方法中指定的行数和列数只是希望的数值，文本区的大小仍然是由布局管理器决定的。

文本区本身不带滚动条，由于文本区内显示的内容通常比较多，因此一般将其放入滚动窗格 JScrollPane 中。例如：

```
JTextArea ta = new JTextArea();
JScrollPane jsp = new JScrollPane(ta);                //给文本区添加滚动条
```

除了前面提到的 JTextComponent 类中的常用方法外，在 JTextArea 类中还定义了多种对文本区进行操作的方法，分别如下。

- void append(String str)：将指定文本 str 追加到文本区。
- void insert(String str, int pos)：将指定文本 str 插入到文本区的特定位置 pos 处。
- void replaceRange(String str, int start, int end)：用指定文本 str 替换文本区中从起始位置 start 到结尾位置 end 的内容。

可以为文本区注册普通的事件侦听程序，但是由于文本区中可输入的文本是多行的，用户按〈Enter〉键的结果只是向缓冲区输入一个字符，并不能表示输入的结束。因此，当需要识别用户"输入完成"时，通常要在文本区旁放置一个"Apply"或"Commit"之类的按钮。

程序 9.3 文本域及文本区示例。

```
import java.awt.*;
import java.awt.event.*;
import javax.swing.*;
import javax.swing.border.*;
public class JTextAreaDemo {
    JFrame frame = new JFrame("JTextArea Demo");
    JTextArea ta1, ta2;
    JButton copy, clear;
    public static void main(String args[]) {
        JTextAreaDemo tad = new JTextAreaDemo();
        tad.go();
    }
    public void go() {
        ta1 = new JTextArea(3, 15);
        ta1.setSelectedTextColor(Color.red);       //设置选中文本的颜色为红色
        ta2 = new JTextArea(7, 20);
        ta2.setEditable(false);                     //设置为不可编辑的
```

```
JScrollPane jsp1 = new JScrollPane(ta1,   JScrollPane. VERTICAL_SCROLLBAR_ALWAYS,
    JScrollPane. HORIZONTAL_SCROLLBAR_ALWAYS);        //设置滚动条
JScrollPane jsp2 = new JScrollPane(ta2, JScrollPane. VERTICAL_SCROLLBAR_ALWAYS,
    JScrollPane. HORIZONTAL_SCROLLBAR_ALWAYS);        //设置滚动条
copy = new JButton("Copy");
//将 ta1 中的选中文本或所有内容复制到 ta2 中
copy. addActionListener(new ActionListener() {        //响应 Copy 按钮上的事件
    public void actionPerformed(ActionEvent e) {
        if (ta1. getSelectedText()! =null)
            ta2. append(ta1. getSelectedText()+"\n");
        else
            ta2. append("\n"+ta1. getText()+"\n");
    }
});
clear = new JButton("Clear");
clear. addActionListener(new ActionListener() {        //响应 Clear 按钮上的事件
    public void actionPerformed(ActionEvent e) {       //将 ta2 中的内容清空
        ta2. setText("");
    }
});
JPanel panel1 = new JPanel();
JPanel panel2 = new JPanel();
Border etchedBase = BorderFactory. createEtchedBorder();        //设置一个基础边框
Border etched1 = BorderFactory. createTitledBorder(etchedBase,"输入区");   //为边框加标题
Border etched2 = BorderFactory. createTitledBorder(etchedBase,"复制区");   //加标题
panel1. setBorder(etched1);                            //为组件添加边框
panel2. setBorder(etched2);
panel1. add(jsp1);
panel1. add(copy);
panel2. add(jsp2);
panel2. add(clear);
Container cp = frame. getContentPane();
cp. add(panel1, BorderLayout. CENTER);
cp. add(panel2,BorderLayout. SOUTH);
frame. setDefaultCloseOperation(JFrame. EXIT_ON_CLOSE);
frame. pack();
frame. setVisible(true);
frame. setDefaultCloseOperation(JFrame. EXIT_ON_CLOSE);
    }
  }
```

程序 9.3 创建了两个文本区和两个按钮,当用户单击"Copy"按钮时,第一个文本区中选中的内容(或全部内容,选中的内容用红色表示)将被添加到第二个文本区中;当用

户单击"Clear"按钮时，第二个文本区中的内容将被清空。用户可在第一个文本区中进行编辑，但第二个文本区被设置为不可编辑的，不能进行输入，只能用来显示信息。程序 9.3 的执行结果如图 9-4 所示。

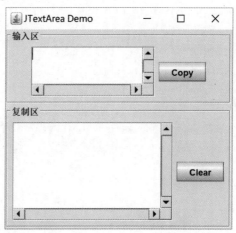

图 9-4 程序 9.3 的执行结果

第三节 菜 单 组 件

菜单是最常用的 GUI 组件之一，Swing 包中提供了多种菜单组件，包括 JMenuBar、JMenuItem、JMenu、JCheckBoxMenuItem、JRadioButtonMenuItem 和 JPopupMenu 等。菜单有下拉式菜单和弹出式菜单两种，本节介绍下拉式菜单，这是最常用的一类菜单。

一、菜单栏及菜单

菜单栏是窗口中的主菜单，用来包容一组菜单。比如图 9-5 所示的菜单栏中包含了 3 个下拉式菜单，这三个菜单的名字分别是"File""Option"和"Help"，比如"File"中列出了 4 个菜单项。

菜单栏只有一种构造方法，即 JMenuBar( )。JFrame、JApplet 和 JDialog 等类中都定义了 setJMenuBar(JMenuBar menu)方法，可以把菜单栏放到窗口的上方，例如：

```
JFrame frame = new JFrame("Menu Demo");     //菜单窗口标题是"Menu Demo"
JMenuBar mb = new JMenuBar( );              //创建菜单栏
frame. setJMenuBar(mb);                     //放到框架的上方
```

JMenuBar 上也可以注册一些事件侦听程序，但通常情况下，对 JMenuBar 上的用户事件都不进行处理。

菜单的常用构造方法如下。

● JMenu( )：构造没有文本的新菜单。

● JMenu(String s)：构造具有指定标签的新菜单，String 型参数 s 指定了菜单上的文本。

● JMenu(String s, boolean b)：构造具有指定标签的新菜单，指示该菜单是否可以分离。

菜单可以被加入到菜单栏或者另一个菜单中。想要得到如图 9-6 所示的两个菜单，其代码见例9.1。

例 9.1 创建两个菜单的示例。

```
JMenuBar menubar = new JMenuBar();              //创建菜单栏
JMenu   menu1 = new JMenu("File");              //创建菜单 File
JMenu   menu2 = new JMenu("Edit");              //创建菜单 Edit
menubar. add( menu1);                           //加入到菜单中
menubar. add( menu2);
```

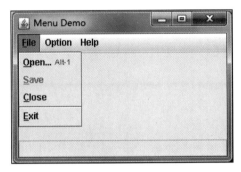

图 9-5 菜单栏及菜单

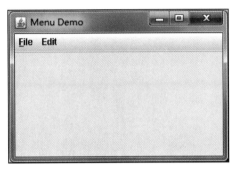

图 9-6 含两个菜单项的菜单

二、菜单项

如果将整个菜单系统看作一棵树，那么菜单项就是这棵树的叶子，是菜单系统的最下面一级。常用的菜单项构造方法有以下几种。

- JMenuItem()：创建不带有设置文本或图标的菜单项。
- JMenuItem(Icon icon)：创建一个只显示图标的菜单项，图标由 Icon 型参数 icon 指定。
- JMenuItem(String text)：创建一个只显示文本的菜单项，文本由 String 型参数 text 指定。
- JMenuItem(String text, Icon icon)：创建一个同时显示文本和图标的菜单项，文本由 String 型参数 text 指定，图标由 Icon 型参数 icon 指定。
- JMenuItem(String text, int mnemonic)：创建一个显示文本且有快捷键的菜单项，文本由 String 型参数 text 指定，快捷键由 int 型参数 mnemonic 指定。

在例 9.1 所示的两个菜单项中，继续给"File"添加菜单项并设置快捷键，见例 9.2。

例 9.2 添加菜单项示例。

```
//JMenu   menu1 = new JMenu("File");                   //例 9.1 中已经建立了 File 菜单
//创建 3 个菜单项"Save""Load"和"Quit"
JMenuItem mi1 = new JMenuItem("Save", KeyEvent. VK_S);  //设置了快捷键〈Ctrl+S〉
JMenuItem mi2 = new JMenuItem ("Load");
JMenuItem mi3 = new JMenuItem ("Quit");
menu1. add( mi1);                                       //File 下含 3 个菜单项
menu1. add( mi2);
menu1. add( mi3);
```

快捷键也可以在菜单项被创建之后,通过 setMnemonic(char mnemonic)方法进行设置。

在类中还定义了一个 setAccelerator(KeyStroke keyStroke)方法,使用该方法可以为菜单项设置加速键,例如下面的命令首先创建了一个菜单项,然后为其设置快捷键和加速键。

```
JMenuItem menuItem = new JMenuItem("Open...");
menuItem. setMnemonic(KeyEvent. VK_O);
menuItem. setAccelerator(KeyStroke. getKeyStroke(KeyEvent. VK_1, ActionEvent. ALT_MASK));
```

在 Menu 类中定义有 addSeparator()和 insertSeparator(int index)方法,通过这些方法,可以在某个菜单的各个菜单项间加入分隔线,例如:

```
menu1. add(mi1);
menu1. add(mi2);
menu1. addSeparator();
menu1. add(mi3);
```

上述命令在菜单项 mi2 和 mi3 间加入了一条分隔线。此外,在 javax. swing 包中还定义了一个 JSeparator 类,也可以通过如下命令在菜单项间加入分隔线。

```
menu1. add(mi1);
menu1. add(mi2);
menu1. add(new JSeparator());
menu1. add(mi3);
```

菜单项中还可以含有菜单项,组成嵌套的菜单。例如:

```
menu = new JMenu("Option");                      //建立 Option 菜单
menubar. add(menu);                              //添加到菜单栏中
menu. add("Font...");                           //菜单项 Font 加到 Option 中
submenu = new JMenu("Color...");                //建立子菜单 Color,与 Font 同级
menu. add(submenu);                             //菜单项 Color 加到 Option 中
menuItem = new JMenuItem("Foreground");         //Color 的下一级菜单项
submenu. add(menuItem);                         //菜单项 Foreground 加到 Color 中
menuItem = new JMenuItem("Background");         //Color 的下一级菜单项,与 Foreground 同级
submenu. add(menuItem);                         //菜单项 Background 加到 Color 中
```

当菜单中的菜单项被选中时,将会引发一个 ActionEvent 事件,因此通常需要为菜单项注册 ActionListener 以便对事件做出响应。例如:

```
menuItem. addActionListener(this);              //注册侦听器
```

程序 9.4 中设计了一个最简单的含菜单的程序窗口,菜单栏中含有 3 个菜单,其中第二个菜单中又含有子菜单,如图 9-7 所示。程序中还为菜单项设置了侦听程序、快捷键和加速键等。

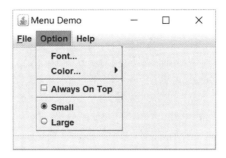

图 9-7　程序 9.4 的执行结果

程序 9.4　菜单示例。

```
import java. awt. * ;
import java. awt. event. * ;
import javax. swing. * ;
public class MenuDemo    implements ItemListener, ActionListener{
    JFrame frame = new JFrame ("Menu Demo");
    JTextField tf = new JTextField();
    public static void main(String args[ ]) {
        MenuDemo menuDemo = new MenuDemo();
        menuDemo. go();
    }
    public void go() {
        JMenuBar menubar = new JMenuBar();                     //菜单栏
        frame. setJMenuBar(menubar);
        JMenu menu, submenu;                                   //菜单和子菜单
        JMenuItem menuItem;                                    //菜单项
        menu = new JMenu("File");                              //建立 File 菜单
        menu. setMnemonic(KeyEvent. VK_F);                     //设置快捷键
        menubar. add(menu);
        menuItem = new JMenuItem("Open...");                   //File 中的菜单项
        menuItem. setMnemonic(KeyEvent. VK_O);                 //设置快捷键
        menuItem. setAccelerator(KeyStroke. getKeyStroke(
            KeyEvent. VK_1, ActionEvent. ALT_MASK));           //设置加速键
        menuItem. addActionListener(this);                     //注册侦听程序
        menu. add(menuItem);
        menuItem = new JMenuItem("Save",KeyEvent. VK_S);
        menuItem. addActionListener(this);                     //注册侦听程序
        menuItem. setEnabled(false);                           //设置为不可用
        menu. add(menuItem);
        menuItem = new JMenuItem("Close");
        menuItem. setMnemonic(KeyEvent. VK_C);
        menuItem. addActionListener(this);                     //注册侦听程序
```

```java
menu. add( menuItem) ;
menu. add( new JSeparator( ) ) ;                            //加入分隔线
menuItem = new JMenuItem( "Exit") ;
menuItem. setMnemonic( KeyEvent. VK_E) ;
menuItem. addActionListener( this) ;                        //注册侦听程序
menu. add( menuItem) ;
menu = new JMenu( "Option") ;                               //建立 Option 菜单
menubar. add( menu) ;
menu. add( "Font. . .") ;                                    //Option 中的菜单项
submenu = new JMenu( "Color. . .") ;                        //建立子菜单
menu. add( submenu) ;
menuItem = new JMenuItem( "Foreground") ;
menuItem. addActionListener( this) ;                        //注册侦听程序
menuItem. setAccelerator( KeyStroke. getKeyStroke(
    KeyEvent. VK_2, ActionEvent. ALT_MASK) ) ;             //设置加速键
submenu. add( menuItem) ;
menuItem = new JMenuItem( "Background") ;
menuItem. addActionListener( this) ;
menuItem. setAccelerator( KeyStroke. getKeyStroke(
    KeyEvent. VK_3, ActionEvent. ALT_MASK) ) ;             //设置加速键
submenu. add( menuItem) ;
menu. addSeparator( ) ;                                      //加入分隔线
JCheckBoxMenuItem cm = new JCheckBoxMenuItem( "Always On Top") ;
cm. addItemListener( this) ;
menu. add( cm) ;
menu. addSeparator( ) ;
JRadioButtonMenuItem rm = new JRadioButtonMenuItem( "Small" ,true) ;
rm. addItemListener( this) ;
menu. add( rm) ;
ButtonGroup group = new ButtonGroup( ) ;
group. add( rm) ;
rm = new JRadioButtonMenuItem( "Large") ;
rm. addItemListener( this) ;
menu. add( rm) ;
group. add( rm) ;
menu = new JMenu( "Help") ;                                  //建立 Help 菜单
menubar. add( menu) ;
menuItem = new JMenuItem( "about. . ." ,new ImageIcon( "dukeWaveRed. gif") ) ;
menuItem. addActionListener( this) ;
menu. add( menuItem) ;
tf. setEditable( false) ;                                    //设置为不可编辑的
Container cp = frame. getContentPane( ) ;
```

```
            cp. add( tf,BorderLayout. SOUTH) ;
            frame. setDefaultCloseOperation( JFrame. EXIT_ON_CLOSE) ;
            frame. setSize( 300,200) ;
            frame. setVisible( true) ;
        }
        public void itemStateChanged( ItemEvent e) {        //实现 ItemListener 接口中的方法
            int state = e. getStateChange( ) ;
            JMenuItem amenuItem = ( JMenuItem) e. getSource( ) ;
            String command = amenuItem. getText( ) ;
            if ( state = = ItemEvent. SELECTED)
                tf. setText( command+" SELECTED" ) ;
            else
                tf. setText( command+" DESELECTED" ) ;
        }
        public void actionPerformed( ActionEvent e) {        //实现 ActionListener 接口中的方法
            tf. setText( e. getActionCommand( ) ) ;
            if ( e. getActionCommand( ) = = " Exit" ) {
                System. exit( 0) ;
            }
        }
    }
}
```

三、复选菜单项和单选菜单项

复选菜单项和单选菜单项是两种特殊的菜单项，在复选菜单项前面有一个小方框，在单
选菜单项前面有一个小圆圈，如图 9-8 所示。可
以对这两类菜单项进行选中或不选中的操作，使
用方法与复选按钮和单选按钮类似。

复选菜单项（或单选菜单项）与普通菜单项
类似，可以显示文本和图标。由于复选菜单项
（或单选菜单项）具有选中和不选中状态，因此
在构造方法中可以用 boolean 型参数指定菜单项的
初始状态。以下是几个常用的复选菜单项构造
方法。

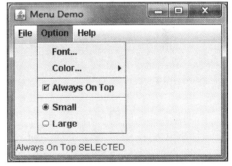

图 9-8　复选菜单项和单选菜单项

- JCheckBoxMenuItem( )：创建一个未设置文本或图标、最初也未被选定的复选菜单项。
- JCheckBoxMenuItem(Icon icon)：创建一个有图标、最初未被选定的复选菜单项。
- JCheckBoxMenuItem(String text)：创建一个带文本、最初未被选定的复选菜单项。
- JCheckBoxMenuItem(String text, boolean b)：创建具有指定文本和选择状态的复选菜
  单项。
- JCheckBoxMenuItem(String text, Icon icon)：创建带有指定文本和图标、最初未被选定
  的复选菜单项。

- JCheckBoxMenuItem(String text, Icon icon, boolean b)：创建具有指定文本、图标和选择状态的复选菜单项。

单选菜单项的构造方法基本相同，主要有以下几种。

- JRadioButtonMenuItem()：创建一个未设置文本或图标的单选按钮菜单项。
- JRadioButtonMenuItem(Icon icon)：创建一个带图标的单选按钮菜单项。
- JRadioButtonMenuItem(Icon icon, boolean selected)：创建一个具有指定图标和选择状态的单选按钮菜单项，但无文本。
- JRadioButtonMenuItem(String text)：创建一个带文本的单选按钮菜单项。
- JRadioButtonMenuItem(String text, boolean selected)：创建一个具有指定文本和选择状态的单选按钮菜单项。
- JRadioButtonMenuItem(String text, Icon icon)：创建一个具有指定文本和图标的单选按钮菜单项。
- JRadioButtonMenuItem(String text, Icon icon, boolean selected)：创建一个具有指定的文本、图标和选择状态的单选按钮菜单项。

例如：

```
JCheckBoxMenuItem mi1=new JCheckBoxMenuItem("Persistent");     //显示 Persistent、初态为未选中
JCheckBoxMenuItem mi2=new JCheckBoxMenuItem("transient",true); //显示 transient、初态为选中
```

当菜单项的状态发生改变时，会引发 ItemEvent 事件，可以使用 ItemListener 中的 itemStateChanged() 对此事件进行响应。

通常在建立菜单系统时，可以首先创建一个菜单栏，并通过 setMenuBar() 方法将其放入某个框架中。然后创建若干个菜单，通过 add() 方法将它们加入菜单栏中。最后创建各个菜单项，通过 add() 方法将它们加入不同的菜单中。

第四节　对话框组件

一、对话框

对话框是一个临时的可移动窗口，且依赖于其他窗口，当它所依赖的窗口消失或最小化时，对话框也将消失。当窗口还原时，对话框会自动恢复。一般，要先创建一个窗口类，再创建一个对话框类，且让对话框依附于窗口。

对话框分为强制型和非强制型两种。强制型对话框被关闭之前，其他窗口无法接收任何形式的输入，也就是该对话过程不能被中断，这样的窗口也称为模式窗口。非强制型对话框可以中断对话过程，去响应对话框之外的事件。

对话框的构造方法主要有以下几种。

- JDialog(Dialog owner)：创建一个没有标题但将指定的对话框作为其所有者的无模式对话框。
- JDialog(Dialog owner, boolean modal)：创建一个没有标题但有指定所有者的对话框，boolean 型参数 modal 指定对话框是有模式或无模式。

- JDialog(Dialog owner, String title)：创建一个具有指定标题和指定所有者的无模式对话框。
- JDialog(Dialog owner, String title, boolean modal)：创建一个具有指定标题和指定所有者的对话框，boolean 型参数 modal 指定对话框是有模式或无模式。
- JDialog(Frame owner)：创建一个没有标题但将指定的框架作为其所有者的无模式对话框。
- JDialog(Frame owner, boolean modal)：创建一个没有标题但有指定所有者的对话框，boolean 型参数 modal 指定对话框是有模式或无模式。
- JDialog(Frame owner, String title)：创建一个具有指定标题和指定所有者框架的无模式对话框。
- JDialog(Frame owner, String title, boolean modal)：创建一个具有指定标题和指定所有者框架的对话框，boolean 型参数 modal 指定对话框是有模式或无模式。

上述构造方法中都带有一个 Dialog 型或 Frame 型的参数，这个参数指定了对话框的拥有者，也就是它的依赖窗口。例如，命令：

```
JDialog dialog = new JDialog( frame, "Dialog", true);
```

创建了一个标题为 "Dialog" 的模式对话框，该对话框为框架 frame 所拥有。

刚刚创建的对话框是不可见的，需要调用 setVisible(true)方法才能将其显示出来。当对话框不需要显示时，调用 setVisible(false)方法可以隐藏对话框。

对话框可对各种窗口事件进行侦听，如激活窗口和关闭窗口等。与框架类似，对话框也是顶层容器，可以向对话框的内容窗格中添加各种组件。

程序 9.5 构造了一个对话框，当用户按下框架中的按钮时，对话框将被显示出来，如图 9-9 所示。

程序 9.5 对话框示例。

```
import java. awt. * ;
import java. awt. event. * ;
import javax. swing. * ;
public class JDialogDemo implements ActionListener {
    JFrame frame ;
    JDialog dialog ;
    JButton button ;
    public static void main( String args[ ] ) {
        JDialogDemo jd = new JDialogDemo( );
        jd. go( );
    }
    public void go( ) {
        frame = new JFrame ( "JDialog Demo" );
        dialog = new JDialog( frame, "Dialog", true);
        dialog. getContentPane( ). add( new JLabel( "Hello, I'm a Dialog") );    //添加组件
```

```
                    dialog. setSize(60, 40);                  //设置对话框的大小
                    button = new JButton("Show Dialog");
                    button. addActionListener(this);          //为按钮添加侦听程序
                    Container cp = frame. getContentPane();    //内容窗格
                    cp. add(button,BorderLayout. SOUTH);
                    frame. setDefaultCloseOperation(JFrame. EXIT_ON_CLOSE);
                    frame. setSize(200, 150);
                    frame. setVisible(true);                  //让对话框显示
                }
              public void actionPerformed(ActionEvent e) {
                    dialog. setVisible(true);                 //显示对话框
                }
            }
```

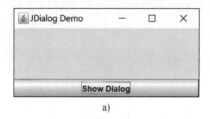
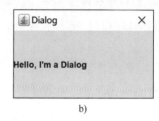

a)   b)

图 9-9 程序 9.5 的执行结果

a) 程序 9.5 的主窗口 b) 弹出的对话框

二、标准对话框

JDialog 类通常用于创建自定义的对话框,除此之外,在 Swing 中还提供了用于显示标准对话框的 JOptionPane 类。在 JOptionPane 类中定义了多个 showXxxDialog 形式的静态方法,可以分为以下 4 种类型。

- showConfirmDialog:确认对话框,显示问题,要求用户进行确认(yes、no、cancel)。
- showInputDialog:输入对话框,提示用户进行输入。
- showMessageDialog:信息对话框,显示信息,告知用户发生了什么情况。
- showOptionDialog:选项对话框,显示选项,要求用户进行选择。

除了 showOptionDialog 之外,其他 3 种方法都定义有若干个不同格式的同名方法,例如 showMessageDialog 有 3 个同名方法。

- showMessageDialog(Component parentComponent, Object message)。
- showMessageDialog(Component parentComponent, Object message, String title, int message-Type)。
- showMessageDialog(Component parentComponent, Object message, String title, int message-Type, Icon icon)。

这些形如 showXxxDialog 方法的参数大同小异,不外乎以下几种类型。

1)Component parentComponent:对话框的父窗口对象,其屏幕坐标将决定对话框的显示位置;此参数也可以为 null,表示采用默认的 Frame 作为父窗口,此时对话框将设置在屏

幕的正中。

2）String title：对话框的标题。

3）Object message：显示在对话框中的描述信息。该参数通常是一个 String 对象，也可以是一个图标、一个组件或者一个对象数组。

4）int messageType：对话框所传递的信息类型。可以为以下常量：

- ERROR_MESSAGE。
- INFORMATION_MESSAGE。
- WARNING_MESSAGE。
- QUESTION_MESSAGE。
- PLAIN_MESSAGE。

除 PLAIN_MESSAGE 之外，其他每种类型都对应于一个默认图标，如图 9-10 所示。

error   information   warning   question

图 9-10　默认图标

5）int optionType：对话框上按钮的类型，可以为以下常量：

- DEFAULT_OPTION。
- YES_NO_OPTION。
- YES_NO_CANCEL_OPTION。
- OK_CANCEL_OPTION。

除此之外，也可以通过 options 参数指定其他形式。

- Object[ ] options：对话框上的选项。在输入对话框中，通常以组合框形式显示。在选项对话框中，则是指按钮的选项类型。该参数通常是一个 String 数组，也可以是图标或组件数组。
- Icon icon：对话框上显示的装饰性图标，如果没有指定，则根据 messageType 参数显示默认图标。
- Object initialValue：初始选项或输入值。

例如语句：

```
JOptionPane. showMessageDialog( frame, "File not found. ", "An error", JOptionPane. ERROR_MES-
SAGE);
```

显示一个信息对话框，如图 9-11 所示。

而语句：

```
JOptionPane. showOptionDialog( frame, "Click OK to continue", "Warning",
JOptionPane. DEFAULT_OPTION, JOptionPane. WARNING_MESSAGE, null, options, options[0]);
```

显示一个选项对话框，如图 9-12 所示。

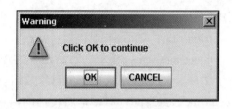

图 9-11　信息对话框　　　　　　　　　图 9-12　选项对话框

三、文件对话框

文件对话框是专门用于对文件（或目录）进行浏览和选择的对话框，常用的构造方法有 3 种形式。

- JFileChooser( )：构造一个指向用户默认目录的文件对话框。
- JFileChooser(File currentDirectory)：使用给定的 File 作为路径来构造一个文件对话框。
- JFileChooser(String currentDirectoryPath)：构造一个使用给定路径的文件对话框。

刚刚创建的文件对话框是不可见的，可以调用以下方法将其显示出来。

- showOpenDialog(Component parent)：弹出一个"打开"文件对话框。
- showSaveDialog(Component parent)：弹出一个"保存"文件对话框。

showOpenDialog( )方法将显示一个"打开"文件对话框，如图 9-13 所示。showSaveDialog( )方法显示"保存"文件对话框。上述两个方法中都有一个 Component 型参数，该参数指定文件对话框的"父组件"。"父组件"决定了文件对话框的显示位置，如果该参数为 null，则文件对话框显示在屏幕正中。

图 9-13　"打开"文件对话框

对于文件对话框中的事件，一般都无须进行处理。当用户进行文件选择之后，可以通过 getSelectedFile( )方法取得用户所选择的文件。

程序 9.6 是一个使用文件对话框的例子，主窗口如图 9-14a 所示。当用户单击 Open 按钮时，显示"打开"文件对话框，如图 9-14b 所示；当用户单击 Save 按钮时，显示"保存"文件对话框；当用户单击 Delete 按钮时，显示"删除"文件对话框。"保存"文件对话框和"删除"文件对话框与图 9-14b 的形式类似，只是窗口最下面的按钮不同，完成的任务也不同。用户进行选择之后，所选文件的路径和文件名将被显示在窗口中部的文本区内。

程序 9.6 使用文件对话框示例。

```java
import java. awt. * ;
import java. awt. event. * ;
import javax. swing. * ;
import java. io. * ;
public class JFileChooserDemo implements ActionListener {
    JFrame frame = new JFrame ( "JFileChooser Demo" ) ;
    JFileChooser fc = new JFileChooser( ) ;
    JTextField tf = new JTextField( ) ;
    JButton openButton , saveButton , deleteButton ;
    public static void main( String args[ ] ) {
        JFileChooserDemo fcd = new JFileChooserDemo( ) ;
        fcd. go( ) ;
    }
    public void go( ) {
        ImageIcon openIcon = new ImageIcon( "open. gif" ) ;
        openButton = new JButton( "Open a File. . . " , openIcon) ;
        openButton. addActionListener( this) ;
        ImageIcon saveIcon = new ImageIcon( "save. gif" ) ;
        saveButton = new JButton( "Save a File. . . " , saveIcon) ;
        saveButton. addActionListener( this) ;
        ImageIcon deleteIcon = new ImageIcon( "delete. gif" ) ;
        deleteButton = new JButton( "Delete a File. . . " ,deleteIcon) ;
        deleteButton. addActionListener( this) ;
        JPanel jp = new JPanel( ) ;
        jp. add( openButton) ;
        jp. add( saveButton) ;
        jp. add( deleteButton) ;
        Container cp = frame. getContentPane( ) ;
        cp. add( jp ,BorderLayout. CENTER) ;
        cp. add( tf ,BorderLayout. SOUTH) ;
        frame. setDefaultCloseOperation( JFrame. EXIT_ON_CLOSE) ;
        frame. setSize( 300 ,200) ;
        frame. setVisible( true) ;
    }
    public void actionPerformed( ActionEvent e) {
        JButton button = ( JButton)e. getSource( ) ;
        if ( button = = openButton) {                          //"打开" 文件对话框
            int select = fc. showOpenDialog( frame) ;
            if ( select = = JFileChooser. APPROVE_OPTION) {
                File file = fc. getSelectedFile( ) ;
                tf. setText( "Opening: " + file. getName( ) ) ;
```

```
            | else |    tf. setText("Open command cancelled by user"); |
      |
      if (button = = saveButton) |                    //"保存"文件对话框
         int select = fc. showSaveDialog( frame);
         if (select = = JFileChooser. APPROVE_OPTION) |
            File file = fc. getSelectedFile( );
            tf. setText("Saving: " + file. getName( ) );
         | else |
            tf. setText("Save command cancelled by user");
         |
      |
      if (button = = deleteButton) |                    //"删除"文件对话框
         int select = fc. showDialog( frame,"删除");
         if (select = = JFileChooser. APPROVE_OPTION) |
            File file = fc. getSelectedFile( );
            tf. setText("Deleting: " + file. getName( ) );
         | else |    tf. setText("Delete command cancelled by user"); |
      |
   |
|
```

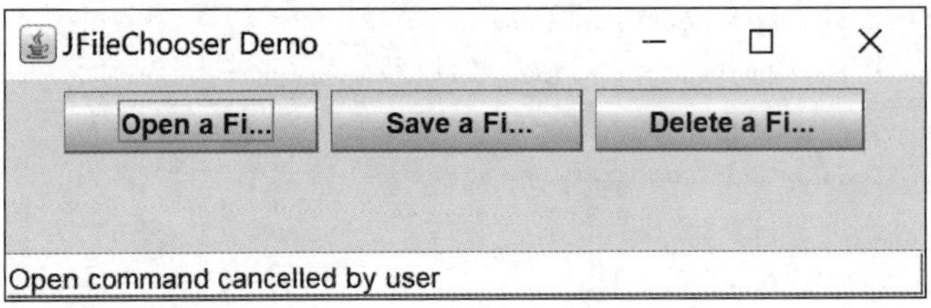

a)

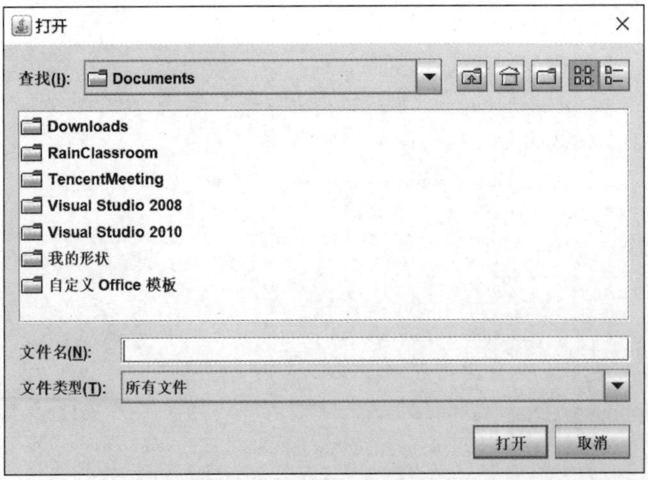

b)

图 9-14　程序 9.6 的执行结果

a) 程序 9.6 的主窗口　b) "打开"文件窗口

本 章 小 结

本章介绍了 Swing 组件，包括组合框、列表、文本域、文本区、菜单和对话框等。使用这些组件，再配合第八章介绍的内容，可以实现美观的图形界面的设计，响应组件上的事件，实现相应的功能。

思考题与练习题

一、单项选择题

1. 表示组合框的类名是 【　　】

    A. JComboBox   B. JList   C. JTextField   D. JTextArea

2. 具有构造方法 JMenuBar( ) 的类是 【　　】

    A. 菜单项   B. 单选菜单项   C. 复选菜单项   D. 菜单栏

3. 能够实现多行文本输入的组件是 【　　】

    A. 文本域   B. 口令输入域   C. 文本区   D. 对话框

4. 设已有 JFrame 对象 f，String 对象 s，则构造强制型对话框的方法是 【　　】

    A. JDialog( )   B. JDialog(f, s, true)

    C. JDialog(f, s)   D. JDialog(f, s, false)

5. 某 Java 程序用 javax. swing 包中的类 JFileChooser 来实现打开和保存文件对话框，该程序通过文件对话框首先获得的信息是 【　　】

    A. 文件长度   B. 文件路径   C. 文件内容   D. 文件对象

二、程序设计题

1. 请写出将文本区对象 ta 放置于滚动面板 jsp，并将 jsp 添加到当前框架窗口的内容面板中的 Java 语句。

2. 编写一个程序，使之具有如图 9-15 所示的界面，并实现简单的控制：按"Clear"按钮时清空两个文本框的内容；按"Copy"按钮时将"Source"文本框的内容复制到"Target"文本框；按"Close"按钮则结束程序的运行。

3. 编写一个程序，使之具有如图 9-16 所示的界面，每当在右侧的"Select Name"选择框中选中一个人的名字时，便在左侧的"Information"文本区中显示此人的情况介绍；当按"Close"按钮时，则结束程序的运行。

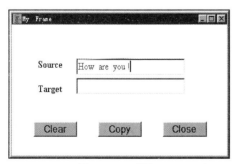

图 9-15　习题 2

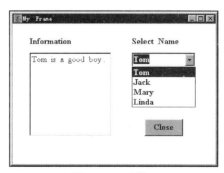

图 9-16　习题 3

第十章 多 线 程

学习目标：

1. 能够叙述线程和多线程的概念，线程各种状态之间转换的条件，线程的优先级。
2. 能够使用 Thread 类和 Runnable 接口创建线程。
3. 能够对线程进行控制，实现线程之间的互斥和同步。

建议学时： 6 学时。

教师导读：

1. 程序是一段静态的代码，它是应用程序执行的蓝本。学习一门程序设计语言，就是学习如何用这种语言编写程序。本书前面章节中写的代码都是程序。除程序这个概念之外，还有进程和线程的概念。本章介绍线程的概念，介绍创建线程的两种方式，还将介绍控制线程同步的基本知识。

2. 线程和多线程是重要的概念，要求考生全面掌握。要了解线程运行的状态及转换关系，掌握创建线程的两种方法，并能对线程进行基本控制，达到线程间的同步与互斥。

第一节　线程和多线程

一、线程的概念

对于一般程序而言，其结构大都可以划分为一个入口、一个出口和一个顺次执行的语句序列。在程序要投入运行时，系统从程序入口开始按语句的顺序（其中包括顺序、分支和循环结构）完成相应指令直至结尾，从出口退出，整个程序结束。这样的语句结构称为进程，它是程序的一次动态执行，对应了从代码加载、执行至执行完毕的一个完整过程；或者说进程就是程序在处理机中的一次运行。在这样的一个结构中，不仅包括了程序代码，同时也包括了系统资源的概念。具体来说，一个进程既包括其所要执行的指令，也包括了执行指令所需的任何系统资源，如 CPU、内存空间、I/O 端口等，不同进程所占用的系统资源相对独立。

线程是进程执行过程中产生的多条执行线索，是比进程单位更小的执行单位，在形式上同进程十分相似——都是用一个按序执行的语句序列来完成特定的功能。不同的是，它没有入口，也没有出口，因此其自身不能自动运行，而必须栖身于某一个进程之中，由进程触发执行。在系统资源的使用上，属于同一进程的所有线程共享该进程的系统资源，但是线程之间切换的速度比进程切换要快得多。

在单 CPU 的计算机内部，从微观上讲，一个时刻只能有一个作业被执行。实现多线程就是要在宏观上使多个作业被同时执行。多线程可以使系统资源（特别是 CPU）的利用率得到提高，整个程序的执行效率也将得到提高。

为了达到多线程的效果，Java 语言把线程或执行环境（Execution Context）当作一个封装对象，包含 CPU 及自己的程序代码和数据，由虚拟机提供控制。Java 类库中的 java. lang. Thread 类允许创建这样的线程，并可控制所创建的线程。

二、线程的结构

在 Java 中，线程由 3 部分组成。
- 虚拟 CPU，封装在 java. lang. Thread 类中，它控制着整个线程的运行。
- 执行的代码，传递给 Thread 类，由 Thread 类控制按序执行。
- 处理的数据，传递给 Thread 类，是在代码执行过程中所要处理的数据。

当一个线程被构造时，它由构造方法参数、执行代码、操作数据来初始化，这三方面是各自独立的。一个线程所执行的代码与其他线程可以相同也可以不同，一个线程访问的数据与其他线程可以相同也可以不同。

与传统的进程相比，多线程编程简单，效率高。使用多线程可以在线程间直接共享数据和资源，而多进程之间不能做到这一点。多线程适合用于开发有多种交互接口的程序。多线程的机制可以减轻编写交互频繁、涉及面多的程序的困难，如侦听网络端口的程序。程序中可以同时侦听多种设备，如网络端口、串口、并口以及其他外设等。

对多线程的支持是 Java 语言的一个重要特色，它提供了 Thread 类来实现多线程。

三、线程的状态

Java 的线程是通过 java. lang 包中定义的 Thread 类来实现的。当生成一个 Thread 类的对象后就产生了一个线程。通过该对象实例，可以启动线程、终止线程或暂时挂起线程等。

Thread 类本身只是线程的虚拟 CPU，线程所执行的代码或者说线程所要完成的功能，是通过 run( )方法来完成的，run( )方法称为线程体，包含在一个特定的对象中。实现线程体的特定对象是在初始化线程时传递给线程的。在一个线程被建立并初始化以后，Java 的运行时系统自动调用 run( )方法，建立线程的目的得以实现。

线程一共有 4 种状态，分别是新建（new）、可运行状态（runnable）、死亡（dead）及阻塞（blocked），如图 10-1 所示。

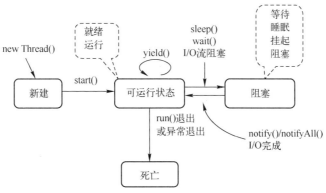

图 10-1　线程的 4 个状态及转换关系

1. 新建
线程对象刚刚创建，还没有启动，此时还处于不可运行状态。此时刚创建的线程处于新建状态，但已有了相应的内存空间以及其他资源。

2. 可运行状态

此时的线程已经启动，处于线程的 run( )方法之中。这种情况下线程可能正在运行，也可能没有运行，只要 CPU 一空闲，马上就会运行。可以运行但没在运行的线程都排在一个队列中，这个队列称为就绪队列。可运行状态中，正在运行的线程处于运行状态，等待运行的线程处于就绪状态。一般，单 CPU 情况下，最多只有一个线程处于运行状态，可能会有多个线程处于就绪状态。

调用线程的 start( )方法可使线程处于"可运行"状态。

3. 死亡

线程死亡的原因有两个：一是 run( )方法中最后一个语句执行完毕，二是当线程遇到异常退出时便进入了死亡状态。

4. 阻塞

一个正在执行的线程因特殊原因，被暂停执行，就进入阻塞状态。阻塞时线程不能进入就绪队列排队，而必须等到引起阻塞的原因消除，才可重新进入队列排队。

引起阻塞的原因很多，不同的原因要用不同的方法解除，如 sleep( )和 wait( )是两个常用的引起阻塞的方法。

5. 中断线程

在程序中常常调用 interrupt( )来终止线程。interrupt( )不仅可以中断正在运行的线程，而且也能中断处于 blocked 状态的线程，此时 interrupt( )会抛出一个 InterruptedException 异常。

Java 提供了几个用于测试线程是否被中断的方法，如下所示。

- void interrupt( )：向一个线程发送一个中断请求，同时把这个线程的"interrupted"状态置为 true。若该线程处于"blocked"状态，会抛出 InterruptedException 异常。
- static boolean interrupted( )：检测当前线程是否已被中断，并重置状态"interrupted"值。即如果连续两次调用该方法，则第二次调用将返回 false。
- boolean isInterrupted( )：检测当前线程是否已被中断，不改变状态"interrupted"值。

第二节　创建线程

创建线程有两种方法，一种是定义一个继承 Thread 类的子类，另一种是实现 Runnable 接口。

一、继承 Thread 类创建线程

java. lang. Thread 是 Java 中用来表示线程的类，如果将一个类定义为 Thread 的子类，那么这个类的对象就可以用来表示线程。

Thread 类中一个典型的构造方法如下：

```
Thread( ThreadGroup group, Runnable target, String name)。
```

其中，name 是新线程的名称，且是线程组 group 中的一员，而 target 必须实现 Runnable 接

口，它是另一个线程对象，当本线程启动时，将调用 target 的 run( ) 方法；当 target 为 null 时，启动本线程的 run( ) 方法。在 Runnable 接口中只定义了一个方法，即 void run( )，该方法作为线程体。任何实现 Runnable 接口的对象都可以作为一个线程的目标对象。构造方法中各参数都可以缺省。

Thread 类本身也实现了 Runnable 接口。

定义一个线程类，它继承 Thread 类并重写 run( ) 方法。由于 Java 只支持单继承，用这种方法定义的类不能再继承其他类。

用 Thread 类的子类创建线程的过程包括以下 3 步。

1）从 Thread 类派生出一个子类，在类中一定要实现 run( )。

```
class Lefthand extends Thread {
    public void run( ){ …… }                     //线程体
}
```

2）用该类创建一个对象，如 Lefthand left = new Lefthand( );。

3）用 start( ) 方法启动线程，如 left. start( );。

程序 10.1 用 Thread 类的子类创建线程。

```
class Lefthand extends Thread {
    public void run( ){                          //线程体
        for( int i = 0; i <= 5; i++){
            System. out. println("I am Lefthand!");     //输出 6 次信息
            try{
                sleep(500);                      //线程等待一会
            }catch(InterruptedException e){}
        }
    }
}
class Righthand extends Thread {
    public void run( ){                          //线程体
        for( int i = 0; i <= 5; i++){
            System. out. println("I am Righthand!");    //输出 6 次信息
            try{
                sleep(300);                      //线程等待一会
            }catch(InterruptedException e){}
        }
    }
}
public class ThreadTest {
    static Lefthand left;
    static Righthand right;
    public static void main(String[ ] args){
        left = new Lefthand( );                  //创建两个线程
```

```
        right = new Righthand( );
        left. start( );                    //启动两个线程
        right. start( );
    }
}
```

程序 10.1 中定义了 Lefthand 和 Righthand 两个类，它们都是 Thread 的子类，所以都是线程类，也都覆盖了父类中的 run( )方法。在测试类 ThreadTest 中，分别创建了线程对象，并且不需要给出任何参数。然后使用 start( )方法启动线程。两个线程的线程体是不一样的，它们输出不同的信息。当启动线程后，它们的执行顺序依系统来决定，所以输出的结果带有部分随机性，一次执行结果如图 10-2 所示。

图 10-2　程序 10.1 的某次执行结果

二、实现 Runnable 接口创建线程

Runnable 是 Java 中实现线程的接口，从根本上讲，任何实现线程功能的类都必须实现该接口。前面所用到的 Thread 类实际上就是因为实现了 Runnable 接口，所以它的子类才相应具有线程功能。

Runnable 接口中只定义了一个 run( )方法，也就是线程体。用 Runnable( )接口实现多线程时，也必须实现 run( )方法，需要使用 start( )启动线程，但此时常用 Thread 类的构造方法来创建线程对象。

Thread 的构造方法中包含一个 Runnable 实例的参数，即必须定义一个实现 Runnable 接口的类并产生一个该类的实例，对该实例的引用就是适合于这个构造方法的参数。

例 10.1　编写线程体。

```
public class xyz implements Runnable{
    int i;
    public void run( ){
        while（true）{
            System. out. println("Hello " + i++);
```

```
        |
      |
    |
```

利用 xyz 类可以构造一个线程，代码如下。

```
Runnable r = new xyz();
Thread t = new Thread(r);
```

这样，就定义了一个由 t 表示的线程，它用来执行 xyz 类的 run() 方法中的程序代码（Runnable 接口要求实现方法 public void run()）。这个线程使用的数据由 r 所引用的 xyz 类的对象提供，三者之间的关系可以用图 10-3 来表示。

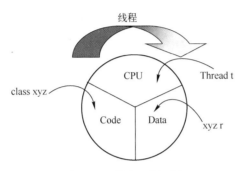

图 10-3　线程运行环境

实现 Runnable 接口创建线程的示例见程序 10.2。

程序 10.2　Runnable 接口创建线程示例。

```
class TwoThread implements Runnable{
    private int i;
    public void run(){
        for( ; i < 20; i++)
        {   System. out. println(Thread. currentThread(). getName() + "\t" + i);
            if( i == 20 )
            {   System. out. println(Thread. currentThread(). getName() + "\t" + "over"); }
        }
    }
}
public class MyThreadTest{
    public static void main(String[ ] args){
        for(int i = 0; i < 10; i++)
        {   System. out. println(Thread. currentThread(). getName() + "\t" + i);
            if(i == 5)
            {   TwoThread t1 = new TwoThread();
                Thread thread1 = new Thread(t1, "线程 1");
                Thread thread2 = new Thread(t1, "线程 2");
```

```
                    thread1. start( ) ;
                    thread2. start( ) ;
```

程序 10. 2 中，TwoThread 是实现了 Runnable 接口的类，所以可以使用它来创建线程 t1。然后又将 t1 作为 Thread 构造方法中的 target 创建了两个线程 thread1 和 thread2。这两个线程使用的是同一个 t1，它们共享 t1，即都执行 t1 的 run( ) 方法。

执行程序时，先输出几次主线程 main 的名字。之后，随机输出主线程与两个新线程共享的信息。

三、创建线程两种方法的适用条件

既然两种方法创建线程的效果相同，那么使用哪种方法更好？如何决定选择两种方法中的哪一种？下面分别列出了每种方法的适用范围。

1. 适用于采用实现 Runnable 接口方法的情况

因为 Java 只允许单继承，如果一个类已经继承了 Thread，就不能再继承其他类，在一些情况下，就被迫采用实现 Runnable 的方法。另外，由于原来的线程采用的是实现 Runnable 接口的方法，可能会出于保持程序风格的一贯性而继续使用这种方法。

2. 适用于采用继承 Thread 方法的情况

当一个 run( ) 方法置于 Thread 类的子类中时，this 实际上引用的是控制当前运行系统的 Thread 实例，所以，代码不必写得像下面这样烦琐。

```
    Thread. currentThread( ). getState( ) ;
```

而可简单地写为

```
    getState( ) ;
```

使用继承 Thread 的方法，可以直接调用 Thread 类中的方法，代码直观，所以许多 Java 程序员愿意使用继承 Thread 的方法。

第三节　线程的基本控制

一、线程的启动

虽然一个线程已经被创建，但它实际上并没有立刻运行。要使线程真正在 Java 环境中运行，必须通过 start( ) 方法来启动，start( ) 方法也在 Thread 类中。在程序 10. 2 中，只需执行：

```
    thread1. start( ) ;
    thread2. start( ) ;
```

此时，线程中的虚拟 CPU 已经就绪。

API 中提供了以下有关线程的操作方法。

- start()：启动线程对象，让线程从新建状态转为就绪状态。
- run()：用来定义线程对象被调度之后所执行的操作，用户必须重写 run() 方法。
- yield()：强制终止线程的执行。
- isAlive()：测试当前线程是否在活动。
- sleep(int millisecond)：使线程休眠一段时间，时间长短由 millisecond 决定，单位为毫秒。
- voidwait()：使线程处于等待状态。

二、线程的调度

虽然就绪线程已经可以运行，但这并不意味着这个线程一定能够立刻运行。显然，在一台实际上只具有一个 CPU 的机器上，CPU 在同一时间只能分配给一个线程做一件事。那么当有多于一个的线程工作时，CPU 是如何分配的？这就是线程的调度问题。

在 Java 中，线程调度通常是抢占式，而不是时间片式。抢占式调度是指可能有多个线程准备运行，但只有一个在真正运行。一个线程获得执行权，这个线程将持续运行下去，直到它运行结束或因为某种原因而阻塞，再或者有另一个高优先级线程就绪，最后一种情况称为低优先级线程被高优先级线程所抢占。

每个线程都有一个优先级，Java 的线程调度采用如下的优先级策略。

- 优先级高的先执行，优先级低的后执行。
- 每个线程创建时都会被自动分配一个优先级，默认时，继承其父类的优先级。
- 任务紧急的线程，其优先级较高。
- 同优先级的线程按"先进先出"的调度原则。

Thread 类有 3 个与线程优先级有关的静态量，分别如下。

- MAX_PRIORITY：最高优先级，值为 10。
- MIN_PRIORITY：最低优先级，值为 1。
- NORM_PRIORITY：默认优先级，值为 5。

java. lang. Thread 类中有关优先级的几个常用方法如下。

- void setPriority(int newPriority)：重置线程优先级。
- int getPriority()：获得当前线程的优先级。
- static void yield()：暂停当前正在执行的线程，即让当前线程放弃执行权。

一个线程被阻塞的原因是多种多样的，可能是因为执行了 Thread. sleep() 调用，故意让它暂停一段时间；也可能是因为需要等待一个较慢的外部设备，如磁盘或用户操作的键盘。所有被阻塞的线程按次序排列，组成一个阻塞队列。而所有就绪但没有运行的线程则根据其优先级排入一个就绪队列。当 CPU 空闲时，如果就绪队列不空，队列中第一个具有最高优先级的线程将运行。当一个线程被抢占而停止运行时，它的运行态被改变并放到就绪队列的队尾；同样，一个被阻塞（可能因为睡眠或等待 I/O 设备）的线程就绪后通常也放到就绪队列的队尾。

由于 Java 线程调度不是时间片式，所以在程序设计时要合理安排不同线程之间的运行顺序，以保证给其他线程留有执行的机会。为此，可以通过间隔地调用 sleep( ) 做到这一点，见例 10.2。

例 10.2 调度。

```
public class Xyz implements Runnable{
    public void run( ) {
        while(true) {
            ……//执行若干操作
            //给其他线程运行的机会
            try{
                Thread. sleep(10) ;
            }catch( InterruptedException e) { }
        }
    }
}
```

sleep( ) 是 Thread 类中的静态方法，因此可以通过 Thread. sleep(x) 直接调用。参数 x 指定了线程在再次启动前必须休眠的最小时间，以毫秒为单位。同时该方法可能引发中断异常 InterruptedException，因此要进行捕获和处理。这里说"最小时间"是因为这个方法只保证在一段时间后线程回到就绪状态，至于它是否能够获得 CPU 运行，则要视线程调度而定，所以，通常线程实际被暂停的时间都比指定的时间要长。

除 sleep( ) 方法以外，Thread 类中的另一个方法 yield( ) 可以给其他同等优先级线程一个运行的机会。如果在就绪队列中有其他同优先级的线程，yield( ) 把调用者放入就绪队列的队尾，并允许其他线程运行；如果没有这样的线程，则 yield( ) 不做任何工作。

sleep( ) 调用允许低优先级线程运行，而 yield( ) 方法只给同优先级线程运行的机会。

三、结束线程

当一个线程从 run( ) 方法的结尾处返回时，一种情况是它自动消亡并且不能再被运行，可以将其理解为自然死亡。另一种情况是遇到异常使得线程结束，可以将其理解为强迫死亡。还可以使用 interrupt( ) 方法中断线程的执行。

在程序代码中，可以利用 Thread 类中的静态方法 currentThread( ) 来引用正在运行的线程。有时候可能不知道一个线程的运行状态，这时可以使用 isAlive( ) 方法来获取一个线程是否还处于活动状态的信息。活动状态不意味着这个线程正在执行，而只说明这个线程已被启动。

四、挂起线程

有几种方法可以用来暂停一个线程的运行，暂停一个线程也称为挂起。在挂起之后，必须重新唤醒线程进入运行。挂起线程的方法有以下几种。

1. sleep( ) 方法

sleep( ) 方法用于暂时停止一个线程的执行。通常，线程不是休眠期满后就立刻被唤醒，因为此时其他线程可能正在执行，重新调度只在以下几种情况下才会发生。

- 被唤醒的线程具有更高的优先级。
- 正在执行的线程因为其他原因被阻塞。
- 程序处于支持时间片的系统中。

大多数情况下，后两种条件不会立刻发生。

2. wait( )和 notify( )/notifyAll( )方法

wait( )方法导致当前的线程等待，直到其他线程调用此对象的 notify( )方法或 notifyAll( )方法，才能唤醒线程。

3. join( )方法

join( )方法将引起现行线程等待，直至 join( )方法所调用的线程结束。比如在线程 B 中调用了线程 A 的 join( )方法，直到线程 A 执行完毕后，才会继续执行线程 B。可以想象成将线程 A 加入到当前线程 B 中。

join( )方法在调用时也可以使用一个以毫秒计的时间值：

```
void join( long timeout) ;
```

此时 join( )方法将挂起现行线程 timeout 毫秒，或直到调用的线程结束，实际挂起时间以二者中时间较少的为准。

第四节　线程的互斥

一、互斥问题的提出

通常，一些同时运行的线程需要共享数据。此时，每个线程就必须要考虑与它一起共享数据的其他线程的状态与行为，否则就不能保证共享数据的一致性，因而也就不能保证程序的正确性。

下面设计一个代表栈的类。这个类没有采取措施处理溢出，栈的能力也很有限。

例 10.3　栈示例。

```java
class Stack{
    int idx = 0;
    char data[ ] = new char[6];
    public void push( char c){
        data[idx] = c;
        idx ++;
    }
    public char pop( ){
        idx --;
        return data[idx];
    }
}
```

栈具有"后进先出"模式，它使用下标值 idx 表示栈中下一个放置元素的位置。现在设想有两个独立的线程 A 和 B 都具有对这个类的同一个对象的引用，线程 A 负责入栈，线程 B 负责出栈。要求线程 A 放入栈中的数据都要由线程 B 读出，不重不漏。表面上，通过以上的代码，数据将被成功地移入移出，但因为入栈方法 push( ) 及出栈方法 pop( ) 中含有多条语句，执行过程中仍然存在潜在的问题。

假设此时栈中已经有字符 1 和 2，当前线程 A 要入栈一个字符 3，调用 push(3)，执行了语句 data[idx]=c;后被其他线程抢占了，此时尚未执行 idx ++语句。故 idx 指向最后入栈的字符的下标，示意如下：

```
data  1  2  3
idx = 2        ^
```

如果此时线程 A 马上被唤醒，可以继续修正 idx 的值，从而完成一次完整的入栈操作。否则，入栈操作执行了一半。若恰巧线程 B 此时正占有 CPU，调用 pop( )，执行出栈操作，则它返回的字符是 2，因为它先执行 idx --语句，idx 的值变为 1，返回的是 data[1]处的字符，即字符 2。字符 3 被漏掉了。

这个简单例子说明的就是多线程访问共享数据时通常会引起的问题。产生这种问题的原因是对共享资源访问的不完整性。为了解决这类问题，需要寻找一种机制来保证对共享数据操作的完整性，这种完整性称为共享数据操作的同步，共享数据叫作条件变量。

可以选择的一种方法是禁止线程在完成代码关键部分时被切换。这个关键代码部分，对于线程 A 就是入栈操作及下标值增加这两个动作，对于线程 B 就是下标值递减及出栈操作这两个动作。它们要么一起完成，要么都不执行。在 Java 中，提供了一个特殊的锁定标志来处理共享数据的访问。

二、对象的锁定标志

在 Java 语言中，引入了"对象互斥锁"的概念，也称为监视器，使用它来实现不同线程对共享数据操作的同步。"对象互斥锁"阻止多个线程同时访问同一个条件变量。Java 可以为每一个对象的实例配有一个"对象互斥锁"。

在 Java 语言中，有两种方法可以实现"对象互斥锁"：

- 用关键字 synchronized 来声明一个方法或一段代码块，该方法或代码块在执行时会获取对象实例的内置锁，其他线程必须等待锁的释放才能访问该方法或代码块中的共享数据。
- 使用关键字 volatile 来声明一个共享数据（变量）。但是，使用 volatile 关键字只能保证数据的可见性和有序性，无法实现对共享数据的原子操作，因此不能完全替代使用 synchronized 实现同步。

这样的处理方式下，可以将一个对象想象成一间实验室，它被众多实验人员共用，但任何时候实验室只允许一组实验人员在里面做实验，否则就会引起混乱。为了进行控制，在门口设置一把锁，实验室没人的时候锁是开放的，有人员进入后首先将门锁上，然后开始工作，其后如果再有人希望进入，会因为门已被锁而只能等候，直到里面的实验人员完成工作后将锁打开才可以进入。这种机制保证了在一组人员工作的过程中不会被另一组人员打断，即保证了数据操作的完整性。在同一时刻只能有一个任务访问的代码区称为临界区。

现在修改例 10.3，增加对象访问的同步性，见例 10.4。

例 10.4 锁定标志示例 1。

```
class stack {
    int idx = 0;
    char data[ ] = new char[6];
    public void push(char c) {
        synchronized (this) {                    //增加同步标志
            data[idx] = c;
            idx ++;
        }
    }
}
```

当线程执行到被同步的语句时，它将传递的对象参数设为锁定状态，禁止其他线程对该对象的访问。同样道理，如果 pop( ) 方法不进行修改，则当它被其他线程调用时，仍会破坏对象的一致性。因此，必须用同样办法修改 pop( ) 方法，见例 10.5。

例 10.5 锁定标志示例 2。

```
public char pop( ) {
    synchronized (this) {                    //增加同步标志
        idx --;
        return data[idx];
    }
}
```

现在 pop( ) 和 push( ) 操作的部分增加了一个对 synchronized(this) 的调用，在第一个线程拥有锁定标志时，如果另一个线程企图执行 synchronized(this) 中的语句，它将从 this 对象中索取锁定标志。因为这个标志不可得，故该线程不能继续执行。实际上这个线程将加入一个等待队列，该等待队列与对象锁定标志相连，当标志被返还给对象时，等待标志的第一个线程将得到该标志并继续运行。

因为等待一个对象的锁定标志的线程要等到持有该标志的线程将其返还后才能继续运行，所以在不使用该标志时将其返还就显得十分重要了。事实上，当持有锁定标志的线程运行完 synchronized( ) 调用包含的程序块后，这个标志将会被自动返还。Java 保证了该标志通常能够被正确地返还，即使被同步的程序块产生了一个异常，或者某个循环中断跳出了该程序块，这个标志也能被正确返还。同样，如果一个线程两次调用了同一个对象，在退出最外层后这个标志也将被正确释放，而在退出内层时则不会执行释放。

用 synchronized 标识的代码段或方法即为"对象互斥锁"锁住的部分。如果一个程序内有两个或以上的方法使用 synchronized 标志，则它们在同一个"对象互斥锁"管理之下。

一般情况下，大多使用 synchronized 关键字在方法的层次上实现对共享资源操作的同步，很少使用 volatile 关键字声明共享变量。

synchronized( ) 语句的标准写法为

```
    public void push( char c ) {
        synchronized( this ) {
            ......
        }
    }
```

由于 synchronized( ) 语句的参数必须是 this，因此，Java 语言允许使用下面这种简洁的写法：

```
    public synchronized void push( char c ) {
        ......
    }
```

比较以上两种写法，可以看出，前一种比后一种更为妥帖。如果把 synchronized 用作方法的修饰字，则整个方法都将视作同步块，这可能会使持有锁定标志的时间比实际需要的时间要长，从而降低效率。另一方面，使用前一种方法来作标志可以提醒用户在发生同步。

第五节　线程的同步

为了完成多个任务，常创建多个线程，它们可能毫不相关，但有时它们完成的任务在某种程度上有一定的关系，此时就需要线程之间有一些交互。在 Java 中，使用一对方法 wait( ) 和 notify( )／notifyAll( ) 来实现线程的交互。

一、同步问题的提出

操作系统中的生产者消费者问题，就是一个经典的同步问题。举一个简单的例子，有两个人，一个人在洗盘子，另一个人在烘干。这两个人各自代表一个线程，他们之间有一个共享的对象——盘架，洗好而等待烘干的盘子放在盘架上。两个人在没有事情做时都愿意歇着。显然，盘架上有洗好的盘子时，烘干的人才能开始工作；而如果洗盘子的人洗得太快，洗好的盘子占满了盘架时，他就不能再继续工作了，而要等到盘架上有空位置才行。

这个示例说明的问题是，生产者生产一个产品后就放入共享对象中，而不管共享对象中是否已有产品。消费者从共享对象中取用产品，但不检测是否已经取过。

若共享对象中只能存放一个数据，可能出现以下问题。

● 生产者比消费者快时，消费者会漏掉一些数据没有取到。

● 消费者比生产者快时，消费者取相同的数据。

在 Java 语言中，可以用 wait( ) 和 notify( )／notifyAll( ) 方法来协调线程间的运行速度关系，这些方法都定义在 java. lang. Object 类中。

二、解决方法

为了解决线程运行速度问题，Java 提供了一种建立在对象实例之上的交互方法。Java 中的每个对象实例都有两个线程队列和它相连。第一个用来排列等待锁定标志的线程。第二个则用来实现 wait( ) 和 notify( ) 的交互机制。

java. lang. Object 类中定义了三个方法，即 wait( )、notify( )和 notifyAll( )。

wait( )方法导致当前的线程等待，它的作用是让当前线程释放其所持有的"对象互斥锁"，进入 wait 队列（等待队列）；而 notify( )/notifyAll( )方法的作用是唤醒一个或所有正在等待队列中等待的线程，并将它（们）移入等待同一个"对象互斥锁"的队列。notify( )/notifyAll( )方法和 wait( )方法都只能在被声明为 synchronized 的方法或代码段中调用。notify( )方法最多只能释放等待队列中的第一个线程，如果有多个线程在等待，则其他的线程将继续留在队列中。notifyAll( )方法能够释放所有等待线程。

再来看前面洗盘子的例子。线程 A 代表洗盘子，线程 B 代表烘干，它们都有对对象 drainingBoard 的访问权。假设线程 B（烘干线程）想要进行烘干工作，而此时盘架是空的，则应表示如下：

```
if (drainingBoard. isEmpty( ))
    drainingBoard. wait( );              //盘架空时则等待
```

当线程 B 执行了 wait( )调用后，它不可再执行，并加入到对象 drainingBorad 的等待队列中。在有线程将它从这个队列中释放之前，它不能再次运行。

那么，烘干线程怎样才能重新运行？这应该由洗刷线程来通知它已经有工作可以做了，运行 drainingBoard 的 notify( )调用可以做到这一点：

```
drainingBoard. addItem( plate );              //放入一个盘子
drainingBoard. notify( );
```

此时，drainingBoard 的等待队列中第一个阻塞线程从队列中释放出来，并可重新参与运行的竞争。

注意，在这里使用 notify( )调用时，没有考虑到是否有正在等待的线程。事实上，应该只在增加盘子后使得盘架不再空时才执行这个调用。如果在等待队列中没有阻塞线程时调用了 notify( )方法，则这个调用不做任何工作。notify( )调用不会被保留到以后再发生效用。另外，notify( )方法最多只能释放等待队列中的第一个线程，如果有多个线程在等待，则其他的线程将继续留在队列中。notifyAll( )方法能够在程序设计需要时释放所有等待线程。

使用这个机制，程序能够非常简单地协调洗刷线程和烘干线程，而且并不需要了解这些线程的身份。每当执行了一项操作，使得另一个线程能够开始工作，就通知对象 drainingBoard（调用 notify( )）；每当由于盘架空或满而不能继续工作时，就等待对象 drainingBoard（调用 wait( )）。

在调用一个对象的 wait( )、notify( )/notifyAll( )时，必须首先持有该对象的锁定标志，因此这些方法必须在同步程序块中调用。这样，应该将代码改写为

```
synchronized( drainingBoard) {
    if (drainingBoard. isEmpty( ))
        drainingBoard. wait( );
}
```

和

```
synchronized( drainingBoard) |
    drainingBoard. addItem( plate) ;
    drainingBoard. notify( ) ;
|
```

线程执行被同步的语句时必须要拥有对象的锁定标志,因此如果烘干线程被阻塞在 wait( ) 状态,洗刷线程是否永远不会执行到 notify( )语句了? 实际的实现过程中是不会出现这种情况的,因为在执行 wait( )调用时,Java 将首先把锁定标志返回给对象,因此即使一个线程由于执行 wait( )调用而被阻塞,它也不会影响其他等待锁定标志的线程的运行。然而,为了避免打断程序的运行,当一个线程被 notify( )后,它并不会立即变为可执行状态,而仅仅是从等待队列中移入锁定标志队列中。这样,在重新获得锁定标志之前,它仍旧不能继续运行。

此外,在实际实现中,wait( )方法既可以被 notify( )终止,也可以通过调用线程的 interrupt( )方法来终止。后一种情况下,wait( )会抛出一个 InterruptedException 异常,所以需要把它放在 try/catch 结构中。

本 章 小 结

线程和多线程是重要的概念,Java 提供了语言级的线程控制,这是非常重要的特点。

本章介绍了线程的概念,线程各种状态之间转换的条件,线程的优先级,以及使用 Thread 类和 Runnable 接口创建线程的两种方式,还介绍了控制线程互斥和同步的基本知识。

思考题与练习题

一、单项选择题

1. 以下方法中,可以使新创建的线程投入运行的是 【   】

   A. start( )　　　　B. yield( )　　　　C. run( )　　　　D. wait( )

2. 以下能作为表示线程优先级的数值,并且级别最低的是 【   】

   A. 0　　　　　　　B. 1　　　　　　　C. 5　　　　　　　D. 16

3. 子线程自动获得的优先级是 【   】

   A. 最低优先级　　　　　　　　　　B. 父线程的优先级

   C. 最高优先级　　　　　　　　　　D. 系统进程的优先级

二、填空题

1. 称为线程体的方法是_____。

2. 列出能够暂时停止当前线程运行的一个方法_____。

3. Java 中实现同步机制的 3 个方法是_____。

4. 通常情况下,多线程之间有_____和同步两种情况。

5. 当线程进入临界段后,发现暂时不能继续运行,需要与别的线程进行同步,则要调用的方法是_____。

三、简答题

1. 什么叫作线程？什么叫作多线程？

2. 什么叫作线程的生命周期？线程的一个生命周期包括哪些状态？各状态之间是如何进行转换的？

3. 有几种创建线程的方法？分别是什么？

4. Thread 类中包含了哪些基本的方法？

5. 为什么要在多线程系统中引入同步的机制？

6. 在例 10.3 中，会出现字符输出重复的情况吗？请描述在什么情况下会出现这种情况。

四、程序设计题

创建两个 Thread 子类，第一个类的 run( ) 方法用于最开始的启动，并捕获第二个 Thread 对象的引用，然后调用 wait( )。第二个类的 run( ) 方法应在几秒以后为第一个线程调用 notifyAll( )，使第一个线程能打印出一条消息。

附　　录

附录 A　Eclipse 安装使用简介

Eclipse 是一款非常优秀的跨平台的集成开发环境（Integrated Development Environment, IDE），它由 3 部分组成：平台、开发工具箱和外挂开发环境。在平台上使用不同的外挂开发环境，可以开发不同语言的程序。例如，使用外挂开发程序 JDT（Java Development Toolkit）可以开发 Java 程序，使用外挂开发程序 CDT（C Development Toolkit）可以开发 C/C++程序。JDT 包括三个组件，分别是用户界面（User Interface）、核心和调试程序。

1. Eclipse 的安装

可以从 Eclipse 官网下载相关软件。

Eclipse 官网地址是：https://www.eclipse.org/downloads/。在下载页面中选择适合自己计算机操作系统的版本，并选择相应的镜像服务器，如图 A-1 所示。单击相应的下载按钮下载。

图 A-1　下载镜像链接

下载的文件是一个压缩包文件，以 Windows 64bit 为例，下载到本机的文件名是 eclipse-inst-jre-win64.exe。在本机的下载目录中，找到该文件并双击，开始安装。

双击后的界面如图 A-2 所示。

安装时需要选择工作空间目录。例如，图 A-3 所示的窗口中显示的是系统默认的工作空间目录，这是保存程序的地方。建议读者选择其他的分区，尽量不要选择安装 Windows 系统的 C 盘分区。

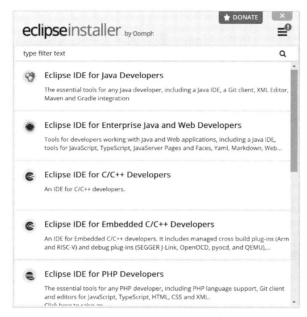

图 A-2 安装初始界面

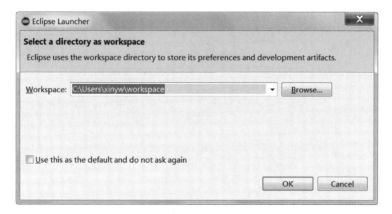

图 A-3 默认的工作空间目录

单击"Browse"按钮,选择你的工作空间目录,如 F:\eclipse,如图 A-4 所示。

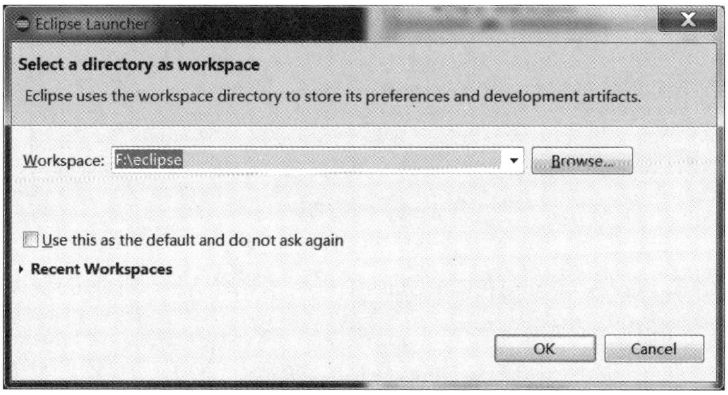

图 A-4 选择自己的工作空间目录

2. 创建一个程序

设置好工作空间目录后，启动 Eclipse。窗口的左上角如图 A-5 所示。

图 A-5　Eclipse 窗口的菜单

选择 File→New→Java Project 命令，创建一个项目。在图 A-6 所示的窗口中键入项目名，如 HelloWorld，单击"Finish"按钮。

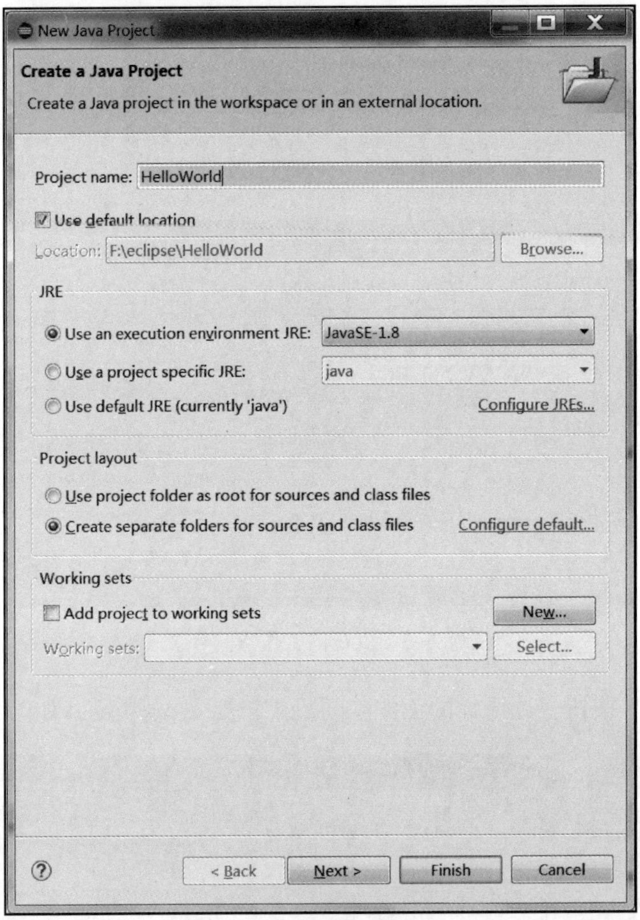

图 A-6　创建新项目

然后创建类文件，选择 File→New→Class 命令，在图 A-7 所示的窗口中键入类名，如 HelloWorld，单击"Finish"按钮。

然后创建源文件，选择 File → New → File 命令，选中类名，并键入文件名，如 HelloWorld。在如图 A-8 所示的窗口中输入程序。

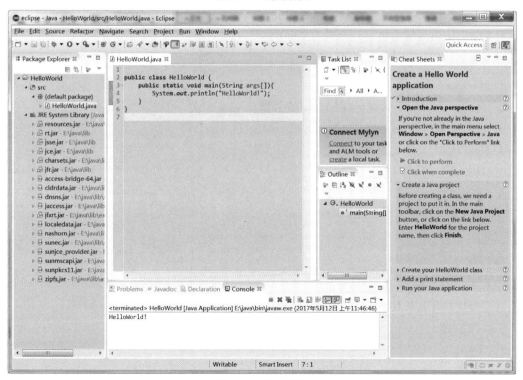

图 A-7　创建新类

图 A-8　输入程序

编程完成后，可以开始运行程序。

单击 Run as→Java Application，在屏幕下方显示运行结果。

编程的过程中，如果某行的语句有错误，会在对应行的左侧显示一个红色的叉，需要修改该行的内容。

附录 B　部分习题参考答案

第一章

一、单项选择题

C D C A D A C

二、填空题

1. javac MyTest. java

2. Testll. class

3. Java 虚拟机

4. public static void

5. 字节码文件

6. 编译

7. MyFirstTest. class

第二章

一、单项选择题

D A A D B D A A A

二、填空题

1. boolean

2. 自动变量或局部变量/临时变量/栈变量

3. 短路操作

4. int

5. 自动类型转换

6. 强制类型转换

7. 4

8. true

第三章

一、单项选择题

D C C D C B B B B D B

二、填空题

1. do-while while

2. switch

3. int char

4. 布尔

5. 赋值语句

6. for while do-while

7. if switch

8. 引入/import

四、程序填空题

1. money<=m*k、1+r

2. return、f2=f3

第四章

一、单项选择题

D C B D C

二、填空题

1. 参数列表

2. 方法重载

3. 构造方法

4. 值传送

第五章

一、单项选择题

A B B C D A B

二、填空题

1. StirngBuffer

2. String

3. 两个对象在内存中的存储空间是否相等

4. 在数组声明的同时给数组元素赋初值

5. new 运算符

6. 整型常量或表达式

7. 026668

四、程序填空题

k < a. length、odd ++

第六章

一、单项选择题

C A D D D

二、填空题

1. Object

2. 使用接口

3. abstract

4. 终极类

5. is a 关系

6. final

7. final 和 static

四、程序分析题

Jim

543469

Jim

543469

Internet project，Internet project1

第七章

一、单项选择题

D A

二、填空题

1. RandomAccessFile

2. java. io. Reader

3. InputStreamReader

第八章

一、单项选择题

D C D D B D B C C D A

二、填空题

1. 轻量级

2. 重量级

3. javax. swing

4. 布局管理器

5. 上、下、左、右、中

6. 用户事件

7. 事件侦听程序

8. removeActionListener(ActionListener l)

9. 300

10. paintComponent(Graphics g)方法

11. 异或

四、程序填空题

1. (frame. getContentPane( ) ;)

2. getToolkit( )、drawImage

第九章

一、单项选择题

A D C B B

第十章

一、单项选择题

A B B

二、填空题

1. run( )方法

2. sleep( )/yield( )

3. wait( )、notify( )和 notifyAll( )

4. 互斥

5. wait( )

参 考 文 献

［1］郑莉，张宇 . Java 语言程序设计［M］. 北京：清华大学出版社，2021.

［2］王克宏 . Java 语言入门［M］. 北京：清华大学出版社，1996.

［3］ECKEL B. Java 编程思想：第 4 版［M］. 陈昊鹏，译 . 北京：机械工业出版社，2007.

［4］辛运帏，饶一梅 . Java 程序设计［M］. 北京：清华大学出版社，2017.

后　　记

经全国高等教育自学考试指导委员会同意，由电子、电工与信息类专业委员会负责高等教育自学考试《Java 语言程序设计》教材的审稿工作。

本教材由南开大学辛运帏教授负责编写。电子、电工与信息类专业委员会组织了本教材的审稿工作。参与本教材审稿的有重庆邮电大学李伟生教授、深圳职业技术学院乌云高娃教授，谨向他们表示诚挚的谢意。

全国考委电子、电工与信息类专业委员会最后审定通过了本教材。

全国高等教育自学考试指导委员会

电子、电工与信息类专业委员会

2023 年 5 月